LA ALTA ZARAGOZA

Un rincón natural de la provincia, en el Pirineo

COLECCIÓN ESTUDIOS

GEOGRAFÍA

LA ALTA ZARAGOZA

Un rincón natural de la provincia, en el Pirineo

Eduardo Viñuales Cobos

Roberto Del Val Tabernas

Institución Fernando el Católico
Excma. Diputación de Zaragoza
2025

A los que aman la Naturaleza de corazón.

A los que defienden el Medio Ambiente con convicción.

Publicación número 4067
de la Institución «Fernando el Católico»
Organismo autónomo de la Excma. Diputación de Zaragoza
Plaza de España, 2 • 50071 Zaragoza (España)
Tels. [34] 976 28 88 78/79 • Fax [34] 976 28 88 69
ifc@dpz.es
www.ifc.dpz.es

Textos y coordinación:
Eduardo Viñuales Cobos.
Roberto Del Val Tabernas.

Colaboradores y agradecimientos:
En este viaje por la Alta Zaragoza en las diferentes etapas, algunas personas nos han acompañado y mostrado este territorio, otras nos han narrado y contado muchas historias y sucesos, los hay que han escrito y no pocos han fotografiado estos paisajes, han dibujado o realizado mapas… A todos ellos sobre este paraíso de fronteras y naturaleza deslumbrante, nuestro abrazo y agradecimiento sincero.

Gracias, por lo tanto, a Adrián Solana, Alberto Martínez Embid, Álvaro Capalvo, Ana Baquero, Ana Isabel Lapeña, Antonio Casas, Armando Soria, Arturo Erlanz, Baltasar Guayar, Carlos Forcadell, Clemente Lorente, al colegio público Andrés Oliván de Salvatierra de Esca y al CRA Río Aragón de Berdún (a Derick Elibo, Evan Dindurra, Iranzu García, Iván Ansó, José Giménez, Laura Gómez, Mireya Abadiano, Yarmet Elibo, y a la profesora Marta Quílez), al colegio público Luis Gil de Sangüesa (a Ander Huarte, Ander Iso, Andrea Garcés, Asier Pérez, Candela Guayar, Janet Abigail Rios, Samuel García, y las profesoras María José Zabaleta y Noelia Oneca), a Conchita Muñoz, David Serrano, Diego Quesada, Domingo Moreno, Eduardo Primo, Edurne Ibarbia, Emilio Pérez Bujarrabal, Estela Martínez, Esther Charles, Eugenio Monesma, Félix Sanz, Fernando Lorente, Francisco Ferrer, Guillermo Prudencio, Ignacio Delgado, Ignacio Marín, Iker Aramendía, Iñaki Ayerra, Iosu Antón, Isaac Moreno, Javier Ibañez, Javier Samitier, Javier Train, Jesús Aspurz, José Alfonso López, José Antonio Sesé, José Ignacio Canudo, José Luis Clemente, José Luis Latas, José Manuel Nicolau, José María Satué, José Miguel García, José Miguel Navarro, José Ramón Marcuello, José Vicente Murillo, Juan Antonio Gil, Juan Manuel Arnal, Juana Samitier, Lourdes Bronte, Luis Lorente, Luis Solana, Lukas Viñuales, Marcos Pastor, Mariano Navascués, Mariló Val, Mario Gisbert, Marta Iturralde, Melanie Hallam, Mercedes Penacho, Miguel Ángel Pérez, Miguel Lorente, Miguel Solana, Miguel Ángel Pueyo, Mikel Belasco, Pedro Aznárez, Peter Rich, Pili Gil, Rafael Bernal, Ramón Hualde, Roberto Del Val Casas, Rosa Roca, Santos Bronte, Sara Carte, Sara Fanlo, Sara Hualde, Sara Ruiz, Severino Pallaruelo, Sonia Del Val, Txusma Pérez, Vicente Luquín y Víctor Iguacel.

Fotografías:
Todas las fotos son de Eduardo Viñuales, salvo las siguientes que pertenecen a: Adrián Solana (pág. 303, 320-321), Alberto Portero (pág. 169, 214, 307, 322-323, 368), Alfonso Ferrer (pág. 324-325), Antonio García Omedes (pág. 59), Ana Isabel Lapeña (pág. 74), Ayto de Urriés (pág. 109 (5)), Benito Campo (pág. 326-327), Borja Nozal (pág. 162, 191, 328-329), Col. ABC (pág. 98), Col. Aragonea (pág. 390), Col. Asociación Pro-Resconstrucción de Esco (pág. 57), Col. Asociación Río Aragón (pág. 110 (5), 141, 255, 257), Col. Coyne (pág. 109 (2 y 3)), Col. Ecos del Pasado, Estela Martínez (pág. 109 (4), 110 (3)), Col. Familia Lorente (pág. 110 (2 y 6), 111 (2)), Col. Familia Solano (pág. 111 (4)), Col. Francisco de las Heras (pág. 110 (1), 111 (5 y 6)), Col. Fundación para la Conservación del Quebrantahuesos (pág.177), Col. Lourdes Bronte (pág. 109 (6), 110 (4), 111 (1)), Col. Marqués de Santa María del Villar (pág. 90), Col. Museo de Artieda (pág. 111 (3)), Col. Museo Almadías de Sigüés (pág. 109 (1)), Col. Yesa + No (pág. 238), Charo Soteras (pág. 255), Conchita Muñoz (pág. 330-331), Domingo Moreno (pág. 95), Eduardo Primo (pág. 178, 332-333, 405 arriba izda.), Emilio Pérez Bujarrabal (pág. 237, 251), Francisco Serrano (pág. 336-337), Iosu Antón (pág. 51, 86, 124-125, 137, 175, 185, 204, 224, 232-233, 338-339, 404, 407 abajo izda., 408-409), Isaac Moreno (pág. 73), Isabel Pérez (pág. 78 arriba), Javier Ara (pág. 340-341), Jesús Lavedán (pág. 168, 226), Joaquín Guallar (pág. 78 abajo), Joaquín Guerrero (pág. 35, 342-343), Jorge Ruiz (pág. 193, 344-345), José Miguel Navarro (pág. 400), Juan Carlos Muñoz (pág. 334-347), Laureano Gómez (pág. 65), Luis Ferreira (pág. 33), Luis Lorente (pág. 199), Lukas Viñuales (pág. 348-349), Marcos Pastor (pág. 139), Marga Garcés, Mikel Belasko (pág. 76), Pedro Montaner (pág. 350-351), Rafael Marzal (pág. 23, 352-353), Rebeca Ruiz/Jacetania Express (pág. 150), Ricardo Rodríguez (pág. 84), Roberto Del Val (pág. 354-355, 385), Sagrario Ara (pág. 42), Santi Yániz (pág. 305, 356-357), Sergio Padura (pág. 358-359).

MÁS las FOTOGRAFÍAS ANTIGUAS y otras.

Dibujos o ilustraciones al final de cada capítulo:
Esther Charles Jordán. Páginas 26, 45, 104, 119, 148, 227, 263, 311, 319, 398, 420, 427, 435 y 443.

Mapas:
Roberto Del Val Casas (pág. 34, 362-363), África Heredia (pág. 159), Puigdefábregas (pág. 130-131).

ISBN: 978-84-9911-729-4
Depósito legal: Z 292-2025
Diseño y maquetación: Composiciones RALI, S.A.
Impresión: Estilo Estugraf Impresores, S.L.
IMPRESO EN ESPAÑA-UNIÓN EUROPEA.

ÍNDICE

¡Imaginad qué inmensa cosecha es derramada
cada año sobre la tierra! Esta, más que ningún
grano o semilla, es la gran recolección del año.
Los árboles devuelven a la tierra con intereses
lo que han tomado de ella"

Henry David Thoreau

Arce de Montpellier cubierto de otoño.

PRÓLOGO

Caminar por la Alta Zaragoza es un placer difícilmente descriptible. Sin embargo, los coordinadores de este libro, Eduardo Viñuales y Roberto del Val, han sido capaces de acercarse a esta descripción. Son numerosos los autores, testimonios y artículos que escriben sobre este rincón más septentrional de nuestra provincia de Zaragoza, en el límite con las provincias de Navarra y Huesca, al norte de las Cinco Villas. Merece la pena degustar con moderación, poco a poco, disfrutando cada uno de los artículos de este libro, donde los lectores descubrirán la fauna y la flora del valle del Aragón, la sierra de Leire, la historia de los congostos del río Esca o las rutas de senderismo por la sierra Nobla. No obstante, me gustaría después de leer sobre ello, invitar a todas aquellas personas curiosas de la ciudad de Zaragoza, de Huesca o de Pamplona, a recorrer esos lugares y verlo con sus propios ojos. Las fotografías que acompañan al libro son preciosas pero la realidad en aquellos lugares siempre es mucho mejor.

Quisiera mencionar el valor de los Montes de Utilidad Pública (MUP), lo de todos, lo común. Aquellos que por su catalogación se salvaron de las dos grandes privatizaciones del siglo XIX, las desamortizaciones de Mendizábal en 1833 y de Pascual Madoz en 1855. Lejos de pensar que esos montes no son de nadie, al contrario, debemos defender lo público, lo de todos. Lo que permitía a los vecinos de esas localidades hacer madera y leña para poder pasar los largos y fríos inviernos. Nuestros almadieros de Sigüés y Salvatierra que bajaban por los congostos del Esca y del Aragón hacia Navarra a vender sus balsas también son mencionados en este libro que tienes en tus manos. Los tiempos cambian, pero el recuerdo permanece.

La Institución Fernando el Católico (IFC), creada en 1943, organismo autónomo de la Diputación de Zaragoza ha alcanzado su publicación número 4.000 este mismo año con la edición del libro "Antropología social de Aragón" que supone un nuevo hito en su ya larga historia. La IFC es una de las principales editoriales científicas de España y, además de impulsar más de 70 publicaciones cada año, complementa su vasta labor cultural con una variada oferta de actividades académicas y divulgativas. El ritmo de publicaciones se mantiene cons-

tante, con un gran esfuerzo por parte de los trabajadores de la Institución Fernando el Católico, manteniendo el tradicional nivel de calidad editorial y destacando el rigor científico de los autores que publican en sus libros y revistas.

Esta obra que defiende la naturaleza y el medio ambiente, cumple uno de los objetivos de esta casi bicentenaria Institución que es la Diputación de Zaragoza. Seguimos luchando por el desarrollo sostenible y la lucha contra el cambio climático dentro de los Objetivos de la Agenda 2030 de las Naciones Unidas. Pusimos en marcha el programa Ecoprovincia, un servicio público que permite que 245 municipios de toda la provincia puedan reciclar y reutilizar los residuos que depositamos en el contenedor verde y que contribuye a reducir más de 80.000 Tm de CO_2 anuales. Entendemos que el trabajo en esta materia precisa de un soporte didáctico y cultural y obras como esta dan sentido a nuestro esfuerzo.

A pocos kilómetros al sur de la Alta Zaragoza, en una localidad navarra con apellido aragonés, nació en 1852 el científico Santiago Ramón y Cajal. Sus labores investigadoras acerca de la estructura del sistema nervioso, las sinapsis y las neuronas le valieron en 1906 el Premio Nobel de Medicina. Decía en sus artículos Ramón y Cajal que "al carro de la cultura española le falta la rueda de la ciencia". Este libro vincula y abraza ambos conceptos. Estoy segura que a don Santiago también le habría encantado.

Teresa Ladrero Parral
Vicepresidenta de la Diputación de Zaragoza
y alcaldesa de Ejea de los Caballeros

"Me gusta viajar por carreteras secundarias. Y retrasar la llegada al destino para contemplar lo que sucede en los sitios que no se transitan tanto"

María Sánchez

Carrasca de Miramont con la sierra de Orba al fondo.

A MODO DE RESUMEN

Escarpes de roca en la Foz de Salvatierra-Burgui.

Muy bella y bastante desconocida. Así es la Alta Zaragoza. Una sorpresa naturalista que asombra a quien un buen día decide indagar pacientemente en sus agrestes paisajes naturales de foces, ríos, bosques, sierras, montañas y pueblos montañeses.

Estamos hablando de la esquina norte de la provincia de Zaragoza, a caballo entre Huesca y Navarra. "Tierra de nadie", piensan muchos. "Tierra de paso", creen otros que vienen y van de Jaca a Pamplona por la rápida autovía, turistas que han visitado el conocido valle del Roncal y que se acercan a San Juan de la Peña, o que pasan de largo tratando de conocer renombrados pueblos próximos con encanto como Sos del Rey Católico o Ansó... Pero aquí, querido lector, conviene llegar con tiempo, detenerse, abrir la mente, parar sin prisas y mirar bien a fondo. Es posible que el lector o el viajero pausado y curioso quede prendado de una Naturaleza sobresaliente, llena de alicientes, de rincones singulares, de paseos y excursiones... o de especies animales y vegetales que ya no se hallan en ningún otro espacio natural de nuestra provincia. Para muchos pirineístas, esta esquina geográfica que va desde el pantano de Yesa y del río Aragón hacia el norte continúa siendo todavía un valor ignorado, muy poco transitado. El Pirineo en la provincia de Zaragoza, sin llegar a las más altas cumbres fronterizas con Francia, atesora grandes maravillas que verdaderamente todo amante de estas montañas debería de conocer.

Al elaborar este libro para la Institución Fernando el Católico, dependiente de la Diputación Provincial de Zaragoza, no nos han importado las fronteras políticas, ni tampoco quién pudo en su día acuñar el término de la Alta Zaragoza. Nuestro punto de partida y centro neurálgico es el ámbito provincial, concretamente los municipios norteños de esta porción que forman Salvatierra de Esca, Sigüés, Artieda, Mianos y parte de Undués de Lerda (Ruesta)... pero ¿cómo no pensar en que la Sierra de Leyre es toda ella una misma unidad geográfica, aunque se halle repartida entre Aragón y Navarra?, ¿por qué olvidar que al otro lado de la cresta del pico Arangoiti quedan los verdes hayedos de la cara norte o la magnífica hendidura natural que es la Foz de Arbayún?, ¿acaso íbamos a trocear la foz del río Esca porque una parte es de Salvatierra de Esca y otra pertenece al municipio roncalés de Burgui? Lo que realmente nos motiva en estas páginas es abrir los ojos, descubrir, asombrarnos... y por eso ante todo queremos resaltar el amor hacia un territorio que muchos han venido ignorando y que han pasado por alto en sus viajes pirenaicos, a pesar de contener toda esta zona tantas riquezas vivas, como si esto fuera acaso un lugar remoto.

LA SORPRESA NATURALISTA DE LA ALTA ZARAGOZA

En estas páginas seguimos el vuelo del quebrantahuesos y de los buitres leonados desde la elevada ermita de Virgen de la Peña, nos detenemos a contemplar el paso migratorio de las grullas en la cola del pantano de Yesa, investigamos los caracoles endémicos que viven entre las rocas de la foz de Sigüés, nos embelesamos con la belleza de mariposas como la isabelina o una cuyas orugas comen hojas de madroño, fotografiamos aquellas escasas plantas endémicas y las más raras orquídeas silvestres, también queremos caminar bajo la sombra de hayas, viejos robles, tilos, encinas... e incluso abetos y melojos. Y así podríamos seguir... con mil excusas para echar a andar, mil motivos que nos van a animar a tomar un sendero, a contemplar y a aprender un poco más acerca de esta tierra que ciertamente se nos ha presentado como un edén espectacular.

El río Esca procedente del Valle el Roncal ha tallado profundas foces.

La Alta Zaragoza es una sorpresa para todo naturalista. También lo es para el viajero paciente que sabe que no hace falta irse muy lejos para disfrutar de una aventura y un encuentro. Por eso este libro es una guía que desea dar luz a tantos paisajes vitales, a pesar de que el mal llamado "progreso" a veces se ensañe con los valores naturales y culturales que se deberían preservar.

A los dos autores, Eduardo Viñuales y Roberto Del Val, nos acompañan otros expertos en el territorio, grandes conocedores de sus montes y secretos, de la historia, de las tradiciones… fotógrafos, andarines, geógrafos, guardas forestales, biólogos, espeleólogos, paleontólogos, emprendedores rurales, alcaldes, vecinos, descendientes… ancianos, niños y maestros de la zona que han querido completar la visión caleidoscópica que siempre generan este tipo de regiones atrayentes. Les hemos pedido que escribieran, los hemos entrevistado, nos hemos leído lo que han escrito e incluso nos han permitido "bucear" en sus archivos gráficos y documentales. Y con todos ellos, con Severino, con Fernando, con Ana, con Iosu, con Mikel, con José Antonio, etc… hemos ido creando un completo equipo de redacción, un grupo de amigos que tan pronto sube senda arriba a la Sierra de Orba como callejea por los núcleos apartados de Lorbés y Asso-Veral, o que sortea las ruinas de Tiermas, Ruesta y Esco… o bien desciende por el mágico interior del barranco de La Garona.

Sabíamos que el entorno del pantano de Yesa era una de las mejores zonas de todo Aragón para observar muchas especies de orquídeas silvestres. Hasta aquí hemos acudido de propio durante varias primaveras –hacia el mes de mayo– para ver y fotografiar su efímera floración de colores púrpuras, vainillas y blancos. También sabíamos que cuando las aguas del embalse bajan de nivel uno tiene la oportunidad de darse un baño relajante en las fuentes de agua caliente de lo que fuera el balneario de Tiermas. En no pocas ocasiones habíamos cruzado bajo la arquitectura geológica de las foces y habíamos admirado rocas y pliegues sin pensar muy bien que aún estábamos dentro de la provincia central de Aragón. Pero tras terminar el libro de "El Moncayo, paraíso de los naturalistas" fue nuestro amigo Luis Lorente quien nos abrió los ojos para seguir investigando más de cerca la zona que protagoniza este volumen. Nos habló de sus años de elaboración de las cuadrículas del Atlas Ornitológico de Aragón y de la presencia de aves de ambientes pirenaicos en la provincia de Zaragoza, como el camachuelo o el pito negro. También nos explicó que era una de las pocas zonas del Pirineo aragonés donde crecía un bosquete de rebollo o melojo, el *Quercus pyrenaica* que quizás sea el menos pirenaico de todos los robles. Nos citó la presencia de ranitas de San Antón y de tritones jaspeados en unos humedales apar-

Macho de camachuelo alimentándose.

tados… y nos puso en contacto con un entusiasmado Fernando Lorente –guarda forestal de Salvatierra de Esca–, que pese al apellido no era familia suya.

Pronto nos picó la curiosidad y seguimos tirando del hilo para tratar de ahondar más en la Alta Zaragoza donde se reúnen pueblos abandonados, pinturas rupestres, cromlechs y dólmenes, grandes cuevas y simas, frescos bosques de hayas o de ribera, ermitas románicas, en este espacio por donde transita el ramal aragonés del Camino de Santiago, por donde descendían río abajo las navatas o almadías hasta no hace muchos años… y donde vivir y sentir la Naturaleza sigue siendo hoy en día un privilegio que se prolonga a lo largo de todo el año, porque durante cada estación, en cada mes y cada jornada acontece algo distinto o muy especial, pero siempre digno de observar.

Tras la oportunidad de documentar el Moncayo, los Ojos de Pontil, la Sierra de Algairén o la laguna de Gallocanta, ambos autores queríamos realizar un nuevo libro en la colección "Estudios" de la Institución Fernando el Católico que aportara algo nuevo, que fuera diferente a lo ya leído y bien conocido. Es decir, que no se ciñera a un espacio natural ya contado o descrito por otros autores o estilos. Y así decidimos adentrarnos en estos parajes zaragozanos situados muy arriba, por encima de la comarca de las Cinco Villas, de los que había escasas referencias bibliográficas, un sitio de esos en los que pocos piensan cuando deciden ir a pasar un fin de semana o unas vacaciones al Pirineo.

Las casualidades nos fueron empujando en este empeño documental naturalista. En el rastro de libros viejos de la plaza de San Bruno en la capital aragonesa nos topamos con los dos volúmenes de "Historias de la Alta Zaragoza" de Sebastián Contín y con el de "Alta Zaragoza. Viajes por la piel de Aragón" de Antonio Serrano, los dos editados por el Ayuntamiento de Zaragoza en los años 1977 y 1978. Por otra parte, el diseñador y dibujante Miguel Ángel Pérez Arteaga –el padre de Daniel, amigo de Lukas– nos invitó por aquellas fechas a pasar un fin de semana de otoño en su casa de Mianos, buscando "rebollones" y viendo los Pirineos nevados lo lejos. Y también leímos un Heraldo de Aragón de noviembre de 2018 en el que se publicaba una entrevista a Sagrario Ara, la entonces alcaldesa de Salvatierra de Esca, donde decía: "Muchas veces tienes la sensación de que estás dejado de la mano de Dios. Dependemos de la DGA y de la DPZ, en Zaragoza, que está a más de dos horas en coche, pero somos de una comarca oscense. Aunque hay mucha gente de Salvatierra que vive en Zaragoza y que viene los fines de semana, hacemos más vida en Pamplona por estudios o médicos. Estamos a menos de una hora de distancia". Pensábamos eso mismo, que estamos abordando una especie de tierra de nadie, una zona geográfica muy interesante pero un tanto olvidada y desconocida... Es como si hubiera un vacío silencioso entre Navarra y Aragón, entre Huesca y el Roncal, en una esquina de la comarca de La Jacetania que apenas entra en las altas Cinco Villas.

Poco a poco nos fuimos enterando de más y, lo que es más importante, íbamos conociendo a más gente interesante e informándonos de nuevas historias dignas de ser narradas en una publicación divulgativa que podrían despertar el interés de un público que gusta de estas cuestiones vinculadas con el estudio y la defensa del medio natural: las repoblaciones forestales con un pino de Siria y Turquía –el *Pinus brutia*–, el catálogo florístico local, la toponimia y su significado, los árboles singulares, el impresionante mosaico de hábitats naturales, la presencia ruinosa del monasterio más antiguo de Aragón –el de Fonfría–, las calizas y las margas arañadas por el agua de lluvia, la lucha de los defensores del río Aragón agrupados bajo la nueva cultura del agua, la compañía de una chica forestala licenciada en geología, los fósiles marinos que fueron el arranque académico de quien hoy es catedrático de Paleontología en la Universidad de Zaragoza, la nidificación de los tres aguiluchos presentes en la península ibérica a través de un reconocido escritor que presume de ornitólogo, los riesgos sísmicos como el terremoto de 1923 con epicentro en Martes, la singularidad de una uva silvestre llamada "parruza" en las foces, las setas, las truchas remontando el río, las especies invasoras –como la avispa asiática–, el santuario de la Virgen de la Peña, las balsas de Sasi, la tonalidad otoñal de los arces y quejigos de la Sierra Nobla, las airosas chimeneas altoaragonesas en recias casonas… y, por supuesto, esas especies faunísticas bandera como podrían ser el visón europeo, el águila perdicera, la rosalía alpina, el cangrejo autóctono, el desmán de los Pirineos… o el quebrantahuesos que tiene aquí varias parejas reproductoras.

Nosotros teníamos claro el empeño. Y la Institución Fernando el Católico, también, pues pronto nos dijo que ¡adelante con la idea! Como dice Severino Pallaruelo en las líneas de introducción personal que siguen a este capítulo de resumen, esta parcela de Pirineo es un triángulo geográfico de nombres sonoros, de parroquias olvidadas y de cielos claros por donde pasan viajeros que se ven anonadados por la soledad, un valor en alza para muchos naturalistas de Europa.

La Alta Zaragoza y su entorno constituyen una joya natural que nos ha enamorado. Es atrayente y frágil. Debemos conocerla y nunca la olvidaremos. Pero tenemos que cuidarla para que siga viva y continúe siendo así de hermosa.

Herbario de hojas de arces y fresno.

Una esquina desconocida del Pirineo

Severino Pallaruelo Campo

Geógrafo, viajero, historiador y escritor del Pirineo aragonés.

De todo hace mucho tiempo. Arqueólogo de la memoria, si excavo en la parcela triangular que corona la provincia zaragozana hallo nombres de sonoridad llamativa envueltos en recuerdos rodeados de misterios dulces. Tiermas el primero, en el estrato más antiguo, el más profundo, el prehistórico porque aún no había escritura ni cartografía: yo todavía no sabía leer ni conocía los mapas. A la aldea pirenaica donde me crié trajo el abuelo el nombre de un sitio al que había ido en busca de baños para curar sus males. Tiermas. No sabía nada del lugar, solo la palabra que lo nombraba. Ni si estaba lejos o cerca, ni cómo era. Tiermas: solo el nombre. Yo, cuatro o cinco años y un mundo cerrado entre montañas, repetía la palabra y la acariciaba porque hallaba algo evocador en ella. Tiermas. Se viajaba poco, los niños nada. A la aldea no llegaba la carretera. Nunca había montado en un coche. Sabía el nombre de una ciudad lejana, Barcelona. De otra, Barbastro. De un pueblo grande, Boltaña. De tres o cuatro pequeños que se veían en los montes próximos. Y Tiermas. Ti-er-mas: me gustaba.

Pasaron quince años hasta que supe dónde estaba. Vi el pueblo abandonado en la pequeña muela que se alzaba sobre las aguas represadas. Yo estaba al otro lado. Había ido por la ermita de San Juan Bautista de Ruesta. Entonces era estudiante en la Universidad de Zaragoza. Tenía una beca para trabajar en el tema de las pinturas románicas. Las que se acababan de arrancar de la ermita eran muy interesantes: bajo el rostro del Cristo del pantocrátor apareció otro, como una prueba primera que para el autor resultó fallida. Por el local donde trabajábamos en los estudios del románico llegaba, de tarde en tarde, un sacerdote que nos traía noticias de aquellas parroquias olvidadas. Tenía, también, un nombre sonoro e inolvidable: Jesús Auricinea Garitacelaya. Murió joven. Un monumento lo recuerda en el pueblo donde dejó la vida: otro topónimo rotundo, Navardún.

También por aquellos años salió a mi encuentro, en el mismo centro de Barcelona, un pueblo que me era desconocido. Pero cuando vi el cartel supe, por la sonoridad, que anunciaba algo de esta tierra. Ponía: Lorbés. Era el reclamo de una exposición fotográfica colgada en una galería situada a dos pasos de la catedral. Allí estaban, quizá preguntándose qué hacían en la gran ciudad, las imágenes de las casas del lugar remoto, una arquitectura inconfundible. No era fácil llegar a Lorbés.

Chimenea altoaragonesa en la solitaria localidad de Lorbés.

Por aquel tiempo de las fotos, tal vez antes, cuando aún había varios maestros en cada pueblo, lo era en Salvatierra un amigo, Carmelo Marcén. Le escucho contar historias de las largas tardes –y las noches– de invierno en un destino muy alejado de la ciudad donde había cursado sus estudios. Evoca la pequeña sociedad formada por el médico, el cura y él mismo, los que mataban el tedio con partidas en el bar. El cuadro de un tiempo antiguo, de cuando los niños nacían en los pueblos. Cuenta el viaje hasta Lorbés en una noche cerrada. Lo hizo acompañando al médico que acudía para atender un parto.

El embalse de Yesa lo cambió todo. Quedó Esco, con su robusta torre alzada sobre las margas desnudas, guardián del paisaje de las aguas retenidas, vigilante silencioso de una carretera muy transitada. Pocos escenarios tan sugerentes como el de la transparencia cristalina de las olas menudas que lamen las margas resecas. Y quedó Tiermas, también en alto callada. Una vez, en Cinco Villas, me encontré con un hombre de Tiermas. Era al atardecer. Conducía un hato, con más cabras que ovejas, por una muela áspera elevada entre los campos de maíz. Hablamos y enseguida nos reconocimos como montañeses.

Él, como el agua que regaba los maizales, también había bajado de las montañas. Y aún las añoraba.

A Sigüés fui por las almadías. Los del pueblo se habían dedicado en el pasado a conducirlas por el Esca, por el Aragón y el Ebro. Su oficio había sido el de mi abuelo, el que he dicho que buscó la salud en las aguas de Tiermas, y también el de mi padre. Quería ver el pueblo de los almadieros. Ahora lo veo allá abajo, desde el viaducto de la autovía.

Esco en lo alto, Tiermas devorado por la maleza en su meseta, Salvatierra dominando la unión de los ríos humildes, Lorbés perdido en su vallecillo, Sigüés en lo hondo; al otro lado Ruesta, ni el castillo le valió para salvarse; Mianos y Artieda, aún vivos, en sus cerros menudos, viendo pasar peregrinos anonadados por la soledad. Campos de cereal, carrascales, grises laderas desnudas, pinares repoblados, tierra roja en las coronas, algún roble. Y silencio. La hermosa sonoridad de los nombres de los pueblos se pule y afina aún más si se dicen bajo los cielos claros que se reflejan en el agua parada del pantano.

La primavera pinta de colores la Sierra de Orba.

"Aquí, en la montaña, puede vivirse una vida de los sentidos tan pura, tan virgen que podría decirse que el cuerpo piensa. Esta es la inocencia que hemos perdido, la de vivir una cosa cada vez"

Nan Shepherd, La montaña viva

ARAGON

PROVINCIA DE
ZARAGOZA

Entrando a la provincia de Zaragoza desde Burgui, Navarra.

SITUACIÓN GEOGRÁFICA

Foto aérea de la Alta Zaragoza.

Muchos no saben que la provincia de Zaragoza se adentra más al norte de la comarca también histórica de las Cinco Villas –muy por encima de la Sierra de Santo Domingo, Sos del Rey Católico, la Val de Onsella y los Pintanos–, adentrándose de lleno como una cuña en la comarca de La Jacetania, que no es cien por cien oscense.

Pocos son conscientes de que sus límites provinciales rebasan el puerto de Cuatro Caminos y la Sierra Nobla, que saltan el río Aragón y superan las aguas represadas de Yesa, que pasan al otro lado de la sierras de Leyre y de Orba… remontando el valle del río Esca tocan la Sierra de Illón y ya desde la ermita de la Virgen de la Peña se estiran aún más arriba, hacia los verdaderos Pirineos, hasta acaparar un extremo geográfico muy desconocido para la gran mayoría de los zaragozanos que limita con el valle del Roncal y que es en estas estribaciones pirenaicas donde se localizan la Plana Sasi o los profundos barrancos de Gabarri y Navarrán, coronados por los vértices montaraces de Algarayeta y de la Cucula Pintano, ambos rodeados por verdes pinares.

Nuestro ámbito de estudio serán unas 25.000 hectáreas de superficie repartidas principalmente en la totalidad de cuatro municipios –Salvatierra de Esca, Sigüés, Mianos y Artieda– además de una parte de

Mapa de localización general.

Undués de Lerda, y donde hay otros núcleos de población menores como Lorbés, Asso-Veral, el caserío de Miramont… además de los lugares hoy despoblados de Ruesta, Tiermas y Esco, a una latitud de unos 42,5 grados Norte.

Estamos hablando de una tierra fronteriza en el límite con la provincia de Huesca –al este– y la Comunidad Foral de Navarra –al oeste–, territorio de antiguas disputas con nuestros vecinos de otro viejo reino, una zona de media montaña.

La Alta Zaragoza linda o muga con Burgui, Garde, Ansó (Fago), Canal de Berdún, Martes, Bagüés, Los Pintanos (Undués-Pintano y Pintano), Undués de Lerda, Sangüesa, Javier, Yesa, Romanzado y Castillonuevo. Nos hallamos, por tanto en la esquina norte de Zaragoza, en la parte alta de Aragón, en España, dentro del cuadrante noreste de la península Ibérica y ligeramente al sur de la cordillera montañosa de los Pirineos –salida del valle del Roncal–, puesto que aquí ya se nota su influencia tanto en el relieve del paisaje, como en el clima, la cultura, arquitectura y los modos de vida del ser humano. Estamos entrando en una bella geografía llena de miradores y vistas, de sorpresas y alicientes por descubrir… y por describir.

La localidad más al norte de Zaragoza, el pueblo de Lorbés –perteneciente como pedanía desde el año 1972 al municipio de Salvatierra de Esca– está a casi 200 kilómetros de la capital de provincia y centro neurálgico de todo Aragón. Más de dos horas y media de viaje en coche le separan de los despachos administrativos a los que pertenece. Y, por lo tanto, es este lugar de un habitante –en el censo del año 2017– el más lejano de toda la provincia a la populosa capital del Ebro, a la ciudad de Zaragoza.

Un poco menos alejados quedan los otros pueblos que en este libro hemos agrupado como "la Alta Zaragoza", una denominación clarificadora que la Diputación Provincial ha empleado en sus campañas turísticas, y que parece ser que fue acuñada en los años setenta en la revista "Zaragoza" por Antonio Serrano Moltalvo, profesor de Historia en la Universidad e impulsor de la Institución Fernando el Católico. De hecho, hay quien dice que incluso hace unos años hubo quien se planteó que incluso esta parcela norte bien podría haber sido una comarca independiente de las que hoy conocemos.

Esco, pueblo abandonado de la Alta Zaragoza con la Sierra de Leire al fondo.

Pero volviendo al asunto, lo cierto es que en este terruño, en este pico septentrional de la provincia, sus sucesivos regidores, habitantes y paisanos casi siempre han tenido un sentimiento de hallarse situados un tanto remotos, olvidados, abandonados… dejados de la mano de Dios, una sensación poco alentadora que se incrementaría con la construcción del embalse de Yesa y con el generalizado fenómeno de la despoblación de todo ese mundo rural que se halla alejado de las grandes urbes industriales y prósperas.

Estos pueblos y paisajes que abordamos en estas páginas pertenecen a la provincia de Zaragoza, están dentro de una comarca que solemos asociar como plenamente oscense –La Jacetania–, aunque en asuntos de Justicia corresponden al Partido Judicial de Ejea de los Caballeros, en las Cinco Villas. Por tanto, y depende de para qué, sus vecinos a veces deben acudir a las oficinas de Jaca, o a las de Ejea o bien a Zaragoza… aunque si se presenta una urgencia sanitaria de primer orden la atención más rápida la encuentran yendo a Pamplona, a poco más de 40 kilómetros, pero en otra comunidad autónoma, donde también hay estudios, formación y universidad.

No es extraño pues que cuando uno llega aquí por primera vez piense, sienta y oiga decir que se halla en "tierra de nadie", como aquellas evocadoras "terras nullius" situadas en territorios de combate entre dos fuerzas armadas que nunca acababan de ser ocupadas de forma permanente y que no se sabe muy bien a quién pertenecen y corresponde su mantenimiento.

Así mismo, ¿cuántos turistas, viajeros, montañeros, caminantes y naturalistas conocen los ricos valores naturales de esta zona y han recorrido los caminos de la Alta Zaragoza? Pese a su muy elevado interés ecológico –máxime si lo cotejamos con el ámbito provincial– nos atrevemos a afirmar que aún hoy esta zona aragonesa tan próxima al Pirineo sigue siendo un enclave casi olvidado, fuera de ruta, por desgracia, para muchos amantes del aire libre y de los atractivos del medio natural.

LA JACETANIA, EL VIEJO ARAGÓN

Prácticamente, casi todo el territorio abordado en esta guía de la "Alta Zaragoza" pertenece a La Jacetania, la primera en la lista de las 33 comarcas de Aragón, creada en el año 2002.

En los 1.857 kilómetros cuadrados de este territorio de fuerte personalidad histórica, de marcados rasgos y evidente carácter montañés nació el antiguo Reino de Aragón, originado en un primitivo condado cristiano que a partir del año 1035 se expandiría con gran poderío hacia el sur y el este, llegando a abarcar los confines de la región mediterránea.

Nuestra parte de La Jacetania, la Alta Zaragoza, corresponde a una zona más bien baja en este marco de elevadas montañas pirenaicas, concretamente a lo que son cuatro de sus veinte municipios, Artieda, Mianos, Salvatierra de Esca y Sigüés, que ocupan la porción suroccidental de la comarca, conformada por ásperas sierras calizas, originales pueblos, pardinas y corrales, masas forestales –tanto en pacos como en solanas–… o por los anchos campos y glacis de la Canal de Berdún.

Sus habitantes se sienten unidos, como jacetanos y aragoneses. Saben que habitan en un territorio especial de gran valor natural, cultural e histórico que les cuida y ampara.

¡Bienvenidos al viejo Aragón!

OROGRAFÍA. SIERRAS Y BARRANCOS

El rincón geográfico de la Alta Zaragoza parece querer dejar al sur las llanuras esteparias y el espacio abierto de campos agrícolas del valle del Ebro o de los somontanos de las Cinco Villas, su límite meridional. Con los Pirineos ya a la vista nos adentramos en una región montañosa diferente, tanto en su paisaje como en los rasgos biogeográficos, dado que nos estamos refiriendo a una zona ya más agreste, propiamente prepirenaica, la cual pertenece desde el punto de vista geológico a lo que conocemos como "sierras exteriores pirenaicas".

Aquí se yerguen dos altos relieves que protagonizan nuestra área: la Sierra de Leyre –repartida entre Zaragoza y Navarra– y la de Orba, ambas en torno a los 1.200 y 1.300 metros de altitud sobre el nivel del mar. Al sur de las mismas se hunde, a unos 500 m de altitud, el valle del río Aragón –cuyas aguas colectoras de otros notables caudales altoaragoneses proceden de los picos del entorno de Canfranc, de Jaca y que al llegar aquí acaban de atravesar la contigua Canal de Berdún, importante depresión intramontana–. Pero a su vez estas dos

La Sierra de Leire desde la cresta de la Sierra de Orba.

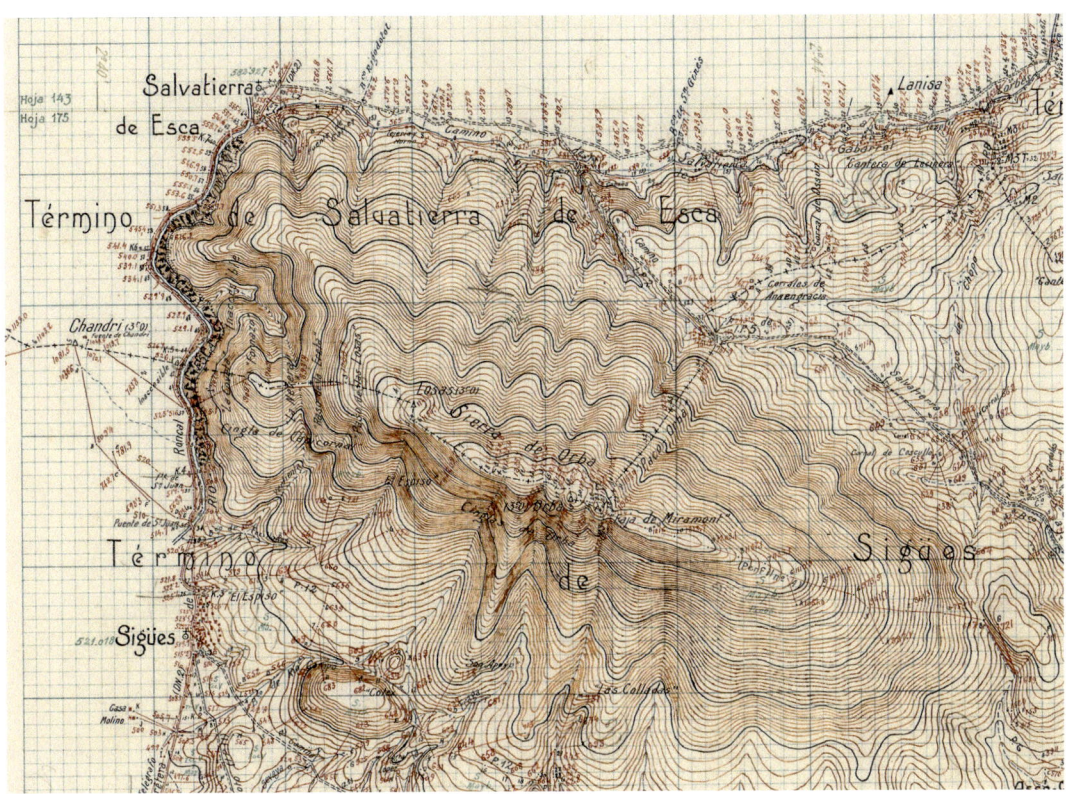

Hoja topográfica de la Sierra de Orba. Año 1929, Instituto Geográfico Catastral.

sierras, caracterizadas por una vertiente más escarpada en sus laderas de "solana" –de orientación sur– se ven separadas la una de la otra por el paso erosivo del río Esca, que de norte a sur ha modelado bellos tramos de estrechas "foces" o profundos barrancos, y que ha logrado socavar un notable desfiladero fluvial abierto en la faz de estos montes de rocas calizas y areniscas.

Siguiendo la misma orientación que poseen los altos relieves pirenaicos, la Sierra de Leire o Leyre –también llamada Sierra de Errando–, se dispone de este a oeste, y despunta en los altos o collados de la Peña del Monumento (1.123 m) y Arangoiti (1.355 m) –en Navarra– y de La Cerrada (1.285 m), Paso del Oso (1.339 m), Paso Ancho (1.361 m), Escalar (1.302 m) y Chandri o Chandre (1.176 m) –a caballo entre las dos provincias limítrofes–. La misma posición ocupa su vecina oriental, la Sierra de Orba, cuya máxima altitud es de 1.241 m, también agreste cuando mira al sur –con sus "cinglas"– aunque más forestal y contenida en su caída de la ladera norte o "paco", y con parajes altos como La Nevera, el Paso de las Losas, el Cubilar de los Chotos y Los Turrullones.

Al sur de ambos relieves orográficos y al otro lado de la depresión del río Aragón, ya en contacto con las cuencas hidrográficas de los ríos Regal y Onsella, se levanta otra sierra de materiales compactos y de relieves mucho más suaves que han sido reforestados, la Sierra Nobla, cuyas alturas más reconocidas son Peña Musera (990 m) y Peña Nobla (1.076 m).

Por encima de todo, al norte, ya en la punta de los mapas, es donde nos encontramos con los montes citados previamente, es decir, el extremo este de la Sierra de Illón: Belbún (1.421 m), la Virgen de la Peña (1.291 m) y Bardipeña, la Punta Salarina (1.044 m), la Cucula Pintano o Cerro Castel Pintano (1.203 m), el vértice de Algarayeta (1.264 m) y Puyopinar (1.206 m), un conjunto de alturas, laderas y lomas boscosas que se ven drenadas por una serie de barrancos como Navarrán, Gabarri o Sacal, los cuales a veces se encajonan también creando coquetas hoces menores, pero también de verticales paredes rocosas, como es la de Forniellos.

CÓMO LLEGAR

La mejor manera de acceder a los paisajes naturales de la Alta Zaragoza es a través de las carreteras asfaltadas.

Si partimos de la capital aragonesa, de Zaragoza ciudad, y queremos llegar –por ejemplo– a Salvatierra de Esca hay dos opciones principales:

- La ruta oriental por la autovía E-7 (N-330) por Huesca, siguiendo luego por la regional A-132 hasta Puente la Reina de Jaca –por Ayerbe y el puerto de Santa Bárbara– y enlazando con la N-240 y los tramos ya construidos de la autovía A-21 en dirección a Pamplona. Los últimos tramos remontando por la A-137 que pasa por Sigüés. Son 176 Km y se tarda 2 h 17 min.

  Aunque también se puede seguir desde Huesca a Sabiñánigo y Jaca por la autovía E-7, que son 193 Km, y 2 h 19 min de trayecto.

- La ruta occidental va por la autovía A-68 hasta Alagón, para continuar por la A-126 y A-127 hacia Tauste, Ejea de los Caballeros, Sos del Rey Católico, llegando a Sangüesa y por la NA-127, por donde se sale a la autovía A-21 a la altura de Liédena, para bordear el embalse de Yesa por la A-21 y la N-240. Los últimos tramos remontando por la A-137 que pasa por Sigüés. Son 173 Km y se tarda 2 h 25 min.

Carretera por el fondo de la Foz de Sigüés-Salvatierra.

Más cerca está Pamplona. Desde ahí se sale a la autopista A-15 hasta Noaín, para tomar la salida 82 de la autovía A-21 a Sangüesa y Huesca. Los últimos tramos remontando por la A-137 que pasa por Sigüés. Hasta Salvatierra de Esca hay 74 Km, y se tarda 56 minutos de viaje.

Otros accesos a la Alta Zaragoza por carretera son por el norte: desde Burgui y el valle del Roncal (NA-137) o desde Castillonuevo (NA-2200); o por el sur desde Navardún y Urriés (por la A-1601, que cruza el puerto de Cuatro Caminos). También desde el este llega a Mianos y a Artieda una pequeña carretera procedente de Martes y Berdún.

Existe un servicio permanente de autobuses (Alosa) y de tren (Renfe) hasta Jaca, procedentes ambos de Huesca y Zaragoza.

Los aeropuertos más cercanos están en Pamplona, Zaragoza y Pau (Francia). En Santa Cilia de Jaca hay un aeródromo.

Vista aérea de la ermita de la Virgen de la Peña en Salvatierra.

Atalaya de confraternización

Mercedes Penacho Gómez

Periodista experta en temas de arte y patrimonio

En lo alto de un risco de la Sierra de Bardipeña, frontera natural entre Navarra y la provincia de Zaragoza, se asoma la ermita de la Virgen de la Peña de Salvatierra de Esca. Este enclave de La Jacetania acoge hoy a las gentes del valle en una tradicional convivencia que sigue los ritos establecidos por los hermanos de la cofradía de esta virgen en su fundación en el año 1521.

Minúsculo santuario vigía de estas tierras de linde y envites de realengo, la ermita es una atalaya de confraternización entre pueblos. Esta es la Zaragoza lejana, la que se olvida de las Cinco Villas y se encuentra con el Roncal arriba del pantano de Yesa. Por el río Esca, que desciende del valle navarro hasta fundirse con el Aragón, baja un pasado común de tradiciones y afrentas extintas que ha quedado simbolizado en esta ermita salvaterreña.

Desde aquí se extiende el paisaje hasta que el ojo se hastía. El pico de San Miguel de Aralar se divisa al oeste, y al este despuntan San Juan de la Peña y Castillo de Acher, mientras que la Peña Ezcaurri y el Bisaurín parecen al alcance de la mano al norte, y mientras entre planicies suaves de cereal se señorean al sur las sierras de Orba, Leire… y hasta el Moncayo lejano en los días más claros. Un entorno plagado de cerros y senderos todavía sin masificar.

Las rapaces altaneras avivan el espectáculo natural de esta atalaya. Buitres, águilas y quebrantahuesos encuentran acomodo en las foces del Esca, que en su recorrido horada rincones para los amantes de la escalada.

La ermita de Salvatierra parece empequeñecer en este conjunto. Desde el alto otero en el que se ubica la Virgen de la Peña se comprende la importancia estratégica de Salvatierra, que en su nacimiento se concibió como una población defensiva en la que los colonos estaban obligados a contar con un hombre armado en cada casa. En contraprestación, los pobladores se beneficiaban del paso de ganados sin el pago de impuestos ni portazgos, y la libre explotación de la madera.

Peña Forca Lenito Agüerri Pico Bisaurín Si...
Be...

1 **2** **3** **4**

Panorama de las cumbres del Alto Pirineo desde el mirador de Artieda.

VISTA DE LOS PICOS CON LOS NOMBRES

Muy cerca de la Alta Zaragoza, a menos de 40 kilómetros en línea recta, se levanta orgulloso el verdadero cordal del Pirineo, formas y relieves montañosos de roca y nieve capaces de impresionar a quien simplemente las contempla.

Desde el pueblo de Artieda o desde Mianos, o bien desde lo alto de las sierras de Orba, Leire, Virgen de la Peña o Peña Nobla, la mirada siempre se nos va hacia estas otras cumbres más altas que, aunque rebosan el ámbito de nuestra geografía, forman parte indisoluble de los horizontes cercanos y de los panoramas de fondo que disfruta el norte de la provincia de Zaragoza.

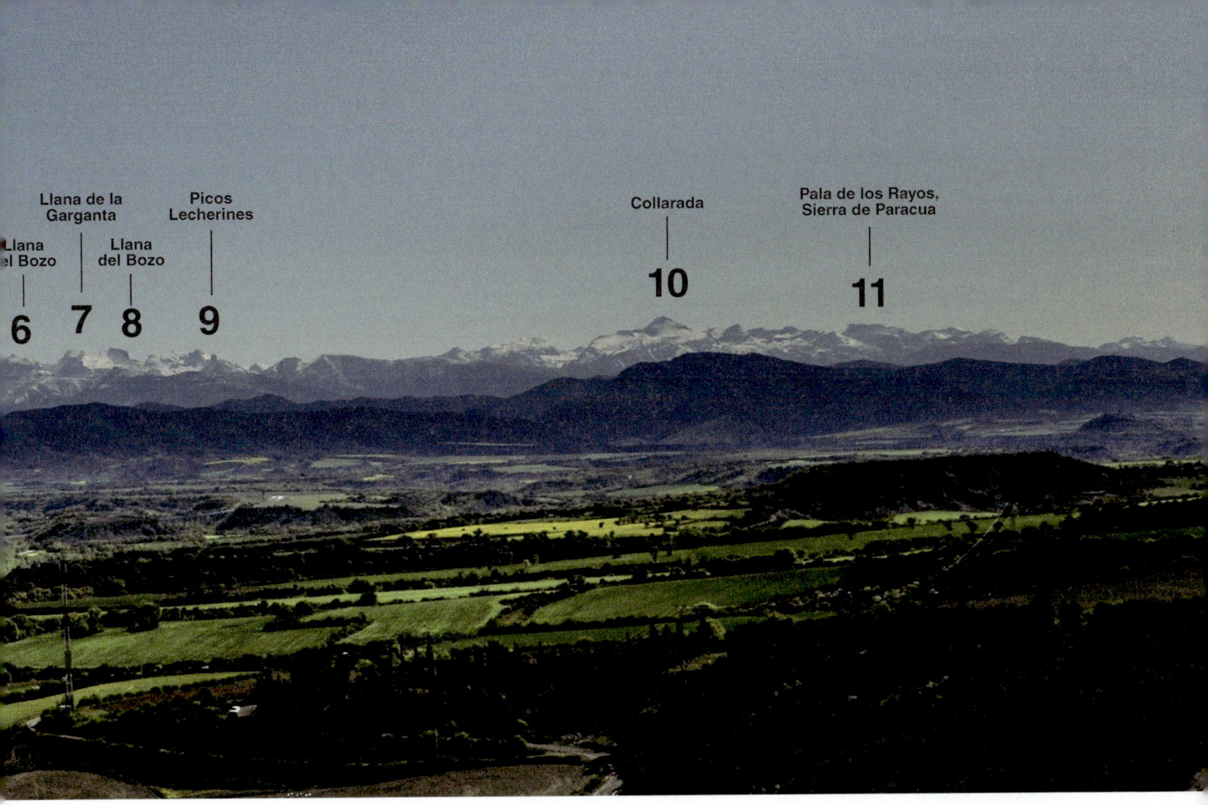

Llana
del Bozo

Llana de la
Garganta

Llana
del Bozo

Picos
Lecherines

Collarada

Pala de los Rayos,
Sierra de Paracua

6   7   8   9   10   11

ALTA ZARAGOZA

RÍO ESCA

SALVATIERRA DE ESCA   LORBÉS

SIERRA DE LEYRE   SIGÜÉS   SIERRA DE ORBA

ESCÓ

TIERMAS   MIRAMÓN   ASSO VERAL

RÍO ARAGÓN

RÍO REGAL   RUESTA   MIANOS

ARTIEDA

Situación geográfica. Mapa ilustrado.

Margas erosionadas en Tiermas.

"Dicen que los almadieros llevan la
vida en un hilo. Que la lleven como
la lleven, almadiero es mi marido"

Copla de Salvatierra de Esca

Almadieros descendiendo por las riberas del río Esca.

LOS PUEBLOS DEL NORTE. PATRIMONIO, MONUMENTOS Y ARTE

Las poblaciones de las tierras altas de la provincia de Zaragoza poseen clara personalidad pirenaica: sus recias casonas de piedra, los tejados de losas, los escudos nobiliarios sobre esas puertas abiertas en arco de medio punto, los dinteles y ventanas fechadas… o las airosas chimeneas que todavía quedan en pie –tan propias del Alto Aragón– conforman bellos detalles arquitectónicos que delatan que todas estas localidades representan un modo de vida propio de la montaña, donde el ser humano ha sabido aprovechar los elementos

Caserío de Mianos entre la arboleda.

y materiales constructivos que tan adverso entorno natural les ofrecía para a su vez poder adaptarse, protegerse y cobijarse del frío o de la nieve… de las inclemencias de un clima mucho más helador y lluvioso que el que se deja allí abajo, en las llanuras del sur.

Mianos, Artieda, Salvatierra de Esca, Sigüés, Undués de Lerda y Urriés son municipios norteños donde la atractiva arquitectura popular se aúna con iglesias o ermitas de arte románico, con fortificaciones medievales o con otros monumentos de aquel rico pasado histórico que es capaz de retrotraernos a épocas prehistóricas –véase pinturas rupestres y megalitos–, a poblados romanos e íberos, al paso del Camino de Santiago, a tiempos medievales de monasterios y monarcas… o a otros momentos de la vida humana protagonizados por gentes, y pueblos en lucha y a la vez en comunión con los ecosistemas propios de esta privilegiada situación geográfica. Allá arriba, muy cerca de las cumbres nevadas de los Pirineos, en el fondo de verdes valles donde uno siempre tiene mucho que ver y que aprender.

Empezaremos repasando el municipio más septentrional, el de **Salvatierra de Esca** (a 592 m de altitud, con 199 habitantes), un apiñado conjunto histórico que entre 1910 y 1916 fue conocido como "Salvatierra de Aragón", y el cual se sitúa en la antesala del navarro valle de Roncal, de ahí su influencia tanto en el montuoso paisaje rural como en lo urbano. Dicha localidad, de trazado medieval y defensivo, está declarada Bien de Interés Cultural y se emplaza sobre un cerro a orillas del río Esca, destacando en su perfil la voluminosa iglesia parroquial de San Salvador, de estilo tardo gótico, con torre almenada. En su interior llama la atención la bóveda de crucería estrellada, la sillería de madera de nogal del coro alto y un órgano restaurado, fechado en el año 1618 y por lo tanto uno de los más antiguos de Aragón.

Esta localidad alberga numerosos ejemplos de interés arquitectónico como Casa Borró, Pedrobón, Ara, Turrau, Fayanás, Teniente… o Casa Espizoz con bonitos detalles decorativos sobre el acceso a la vivienda. Por iniciativa popular de los niños cada casa del pueblo muestra su nombre escrito en una teja pintada. El paseo urbano no debe olvidar la visita al museo etnológico de Santa Ana –situado en la cripta del templo– o la ermita de la Virgen del Pilar.

Pocos viajeros saben que no muy lejos del casco urbano de Salvatierra de Esca, junto a un manantial, se hallan los restos de uno de los más primitivos monasterios medievales, el de Santa María de Fuenfría o Fonfría, que ya en año 1025 pasaría a depender del cercano San Juan de la Peña. Mientras que más lejos, más arriba, en lo alto de un escarpado monte se halla otro importante santuario local: la er-

Antigua chimenea pirenaica coronada por la "milopa" o alimoche en Miramont.

mita de Nuestra Señora de la Peña, imagen mariana a la que le guardan gran devoción tanto los salvaterranos como los vecinos de Burgui –con 20 y 10 cofrades respectivamente–, los cuales cada año ascienden en diversas ocasiones en romería popular hasta este magnífico mirador del Pirineo y de otros estupendos paisajes. La austeridad de la construcción contrasta con el interior. La nave de dicha ermita, situada a 1.291 metros de altitud, está decorada con pinturas naif en tonos pastel y un altar barroco de llamativos colores presidido por una imagen de la virgen y el niño junto a San José, una representación poco habitual.

Al término de Salvatierra pertenece desde 1972 una localidad todavía situada un poco más norteña, la de **Lorbés** (828 m, 1 hab), a diez kilómetros de distancia, elevada dominante en una ladera sobre los campos o barrancos de Gabarre y de Sacal, prácticamente rodeada de bosques. Este solitario pueblo llegó a tener hasta 239 habitantes, pero ha ido paulatinamente perdiendo población, representando un claro ejemplo de cómo en las últimas décadas la despoblación se ha cebado en estas geografías apartadas del mundo rural. Junto a la iglesia parroquial de San Miguel –del siglo XVI– aún se conserva un precioso conjunto de arquitectura civil con estrechas calles, pasadizos y grandes casas solariegas –como la del Maestro, Sastre, Cucharero o Luquetas– donde se exhiben balcones solanares, reducidas ventanas enmarcadas en sillares, escudos en la clave de portadas de arco, viejas inscripciones e incluso alguna tradicional chimenea pirenaica troncocónica. La ermita de la localidad está dedicada a la Virgen de la Pardina.

Río Esca abajo, dejándonos llevar por su corriente y atravesando una bonita foz, se alcanza **Sigüés** (520 m, 83 hab), otro municipio que ha ido creciendo en superficie –aunque no en número de vecinos– gracias a la despoblación de núcleos próximos como Esco y Tiermas –amén del caserío de Miramont y de la aldea de Asso Veral–, así hasta sumar un gran término de 101 kilómetros cuadrados de territorio. El pueblo de Sigüés propiamente dicho, el más occidental de toda la comarca jacetana, se localiza en la margen izquierda del río, estuvo amurallado en el pasado, y es atravesado por el olvidado ramal norte del Camino de Santiago. Actualmente se ve afectado parcialmente por la obra del recrecimiento de Yesa pues se prevé que las aguas represadas suban hasta el borde de un nuevo muro o dique de protección construido a orillas del caserío, que a modo de lago artificial evitará anegar las calles y la historia de este lugar. De su patrimonio histórico-artístico destacan dos barrios, con el antiguo hospital de peregrinos de Santa Ana –construido en el siglo XV para recoger a los pobres caminantes que por allí pasaran–, la torre palacio de los Pomar –también llamada Casa de las Cadenas– y, en la plaza, la iglesia de San Esteban, de estilo gótico aunque construida en diversas etapas sobre un templo románico del siglo XII. Destaca su ábside semicircular y la portada abierta bajo un porche empedrado, en arco de medio punto, con doble arquivolta y ornamentación de taqueado, exhibiendo columnas y capiteles de decoración animal o vegetal donde se pueden ver aves con los cuellos entrelazados picoteándose las patas… además de roleos, palmetas y piñas. En el interior del templo se conservan un retablo mayor barroco –de la segunda mitad del siglo XVI–, otro retablo lateral dedicado a Nuestra Señora y una interesante tabla gótica de la Virgen de las Oliveras –del siglo XV–.

Décadas atrás casi todas la casas de Sigüés mostraban una de esas gigantes chimeneas propias de la zona, pero hoy tan apenas contaremos cinco o seis de ellas como las que rematan Casa Sánchez o Casa García. Este es el único lugar de la Alta Zaragoza que dispone de una oficina de turismo, abierta eso sí solo en verano, junto al monumento dedicado a los almadieros. Fuera del trazado urbano están la ermita de San Juan, varios yacimientos arqueológicos –Cantera de Masadería, Puyarraso, Las Viñas y Castiello– o la venta Carrica en el cruce de la antigua carretera nacional.

Otro pueblo antaño importante de esta zona por sus baños termales –y por eso conocido desde época romana–, pero que ha acabado vacío e integrado en el término de Sigüés, es el de **Tiermas** (580 m), uno más de tantos y tantos lugares abandonados de este Aragón inmenso… solo que en este caso la despoblación ha tenido un culpable: el embalse de Yesa. Situado en la margen derecha del río Aragón, aupado sobre un "pueyo" en el piedemonte de la Sierra de Leire, de su pasado medieval prácticamente solo se conserva un perímetro casi rectangular, el cual debió de estar amurallado y que mantiene una puerta de acceso conocida como "Portal de las Brujas", con arco apuntado y torre defensiva. Actualmente en Tiermas únicamente quedan las ruinas de un puñado de calles, destacando dos de ellas principales: la del Centro y la de la Iglesia. Ambas convergen en la plaza de la Fuente, donde desvencijada y semiderruida aparece la parroquia de San Miguel con su fotogénica portada de arco de medio punto de arquivoltas y jambas lisas. Construida en el siglo XIV, de estilo gótico, muestra trazos de reformas barrocas. Todos los enseres, retablos u obras de arte se trasladaron a otras iglesias cercanas. Tuvo Tiermas hospital de peregrinos en pleno Camino de Santiago, que fue restaurado a la vez que los baños por el franciscano fray Benito de Olmedo en 1380.

En los años sesenta del pasado siglo alrededor de mil quinientas personas de la zona tuvieron que emigrar hacia otros destinos. Muchos encontraron asilo en el pueblo de colonización de El Bayo, pedanía de Ejea de los Caballeros. Otros marcharon a Zaragoza, Sangüesa, Huesca, Pamplona… En 1983 el Ayuntamiento de Sigüés compró el pueblo de Tiermas por 3.745.250 pesetas, dinero procedente de una subvención directa de la Diputación Provincial de Zaragoza. Dicha compra incluía 140 casas, la iglesia, las calles y plazas, la escuela… además de 29 hectáreas de terreno y un camping. Hoy los antiguos vecinos y sus descendientes denuncian lo arrebatado bajo la fuerza y la injusticia, reivindicando la devolución íntegra de todo el antiguo término municipal de Tiermas, incluidas las tierras no inundadas por el embalse.

A causa de Yesa y de la inundación de las mejores tierras de la fértil vega del río Aragón, el mismo destino corrió el anexionado pueblo próximo de **Esco** –o Escó– (580 m), hoy en avanzada ruina y que llegó a tener hasta cerca de trescientos habitantes. Situado igualmente en la falda solanera de la Sierra de Leire, de su reciente pasado y de los dos barrios tan solo nos quedan ya ruinas, escombros por las calles, olvido, silencio… además de tres resistentes hermanos pastores de Casa Guallar –Félix, Evaristo y Baltasar– quienes ajenos al porvenir continúan cuidando del rebaño de ovejas que cada día encierran en unas naves ganaderas anexas. La enriscada iglesia, también de origen románico, está dedicada a San Miguel y desgraciadamente se cae a pedazos. Pese a su maltrecho y dantesco estado, Esco está considerado conjunto histórico y se ve dominado por el solar de su antiguo castillo. Se sabe que este lugar estuvo habitado desde la Edad del Bronce, y se han hallado restos de época celta y romana cerca de la rehabilitada ermita de la Virgen de las Viñas, situada a un kilómetro. Lo poco que queda en pie de este caserío se acomoda en la ladera y, aunque fue expoliado en décadas pasadas, todavía es posible admirar ciertos detalles de su arquitectura tradicional. Los antiguos vecinos, aquí también, han intentado sin éxito la reversión de las casas.

Ya en la cara meridional de la Sierra de Orba igualmente hoy integrados en Sigüés, nos encontraremos con el pequeño caserío despoblado de **Miramont** (598 m) –una pardina con caserón del siglo XIX, capilla privada dedicada a Santa Orosia, pero más conocida por su monumental carrasca– y con la pedanía de **Asso-Veral** (521 m, 16 hab), tierras que hasta no hace mucho tiempo siguieron perteneciendo al marqués de la Cadena, un raro ejemplo de perduración señorial que ha llegado prácticamente hasta el arranque del moderno siglo

Ruesta y su castillo medieval entre la fronda de los pinos.

XXI. En la parte más alta de la población, en una colina defensiva junto a los restos de un castillo y palacio se yergue la iglesia de Nuestra Señora de la Asunción, del siglo XIII, con torre barroca. Entre los edificios civiles destacan varias chimeneas tronco-cónicas, grandes portaladas, escudos nobiliarios y casas infanzonas como la de Jordán.

Habrá que saltar al otro lado de la ribera del río Aragón para poder localizar en plena depresión labriega de Berdún, en la cola del pantano de Yesa, a los pueblos o municipios de Artieda y de Mianos, ambos atravesados por la variante francesa del Camino de Santiago en su ramal sur. El segundo de ellos, **Mianos** (670 m, 30 hab), linda con el pueblo de Martes –perteneciente al término oscense de Canal de Berdún– y está rodeado por un paisaje natural de huertas y sotos, de azuladas margas erosionadas –los llamados "terreros"– y de verdes pinares de reforestación al pie de Peña Nobla, disfrutando en su elevada posición de mirador natural sobre la larga panorámica de las montañas pirenaicas, a menudo blanqueadas por la nieve. Pero lo más destacado de este modesto casco urbano no son las casas sino la iglesia parroquial de Santa María –del siglo XVII–, y especialmente dentro de la misma el coro con la techumbre renacentista de madera tallada, a doble vertiente, con armadura de par y nudillos, profusamente decorada y cubriendo toda la nave de planta rectangular. Esta joya local es única en España. El templo gótico guarda asimismo diversos retablos y varias tallas de santos, pero sobresale entre ellas la extraordinaria imagen románica de la Virgen con el Niño –del siglo XII–. Ambos ejemplos de arte religioso son una grata sorpresa que muchos viajeros y peregrinos quizás no se esperan hallar hasta que llegan y los contemplan con tranquilidad. En el sobrio exterior se halla la capilla de la Virgen del Arco y, ya en las afueras de Mianos, a cierta distancia, la ermita de Santa Ana y la sencilla de la Virgen de Casterillo –a la que se acude con gran arraigo en romería para el primer sábado del mes de mayo–.

También en la margen izquierda del río Aragón, al pie de la misma Sierra Nobla, pero más al oeste, se levanta sobre un promontorio el perfil inconfundible del conjunto urbano de **Artieda** (652 m, 73 hab), punto de referencia para muchos peregrinos que hallarán aquí un buen albergue donde comer y descansar. De sabor e impronta medieval, en sus calles empedradas se conservan casas solariegas, portadas adoveladas y edificios antiguos a base de sillería como la casa del hospital o el palacio de los Diezmos –de bella portada neoclásica–, y donde las gentes acudían para pagarle al rey, al señor o a la Iglesia la décima parte de todo lo que obtenían del campo.

La iglesia parroquial de San Martín de Tours –de finales del XII, pero con profundas reformas realizadas entre los siglos XVI y XVII– cuenta con sacristía, la capilla del Rosario, bóveda de crucería estrellada, pórtico de arcos escarzanos, una bella torre-campanario –reconvertida en museo y con escalera exterior de piedra adosada–, además de un interesante retablo mayor dedicado a este santo galo cuyo culto fue traído durante la Edad Media por los carolingios y viajeros del otro lado de los Pirineos a través del camino jacobeo. A dos kilómetros en dirección al río, justo debajo de Artieda, se halla la ermita de San Pedro, que aunque no responde a un estilo artístico concreto y no parece mostrar gran relevancia histórica sí que esconde en su muro norte dos capiteles romanos reaprovechados de un yacimiento arqueológico próximo: uno de estilo corintio y parte del fuste de una columna de la misma época.

Y, por último, ya deshabitado casi por completo si no fuera por la existencia de un albergue para peregrinos del Camino de Santiago –gestionado por la CGT, Confederación General de Trabajo, tras cesión de la CHE–, nos encontraremos con el núcleo de **Ruesta** (549 m), hoy integrado en el municipio que capitanea el bonito pueblo de **Urriés** (557 m, 38 hab), el lugar de las Cinco Villas que presume de tener el que se cree que es el callejón más estrecho de Europa –de 41 cm–, además de mostrar otras vías más anchas y empedradas en las que en todo momento se respira cierto aire medieval y románico, por lo que es un gusto pasear gracias a su apuesta por el patrimonio y la cultura.

La antaño próspera Ruesta se localiza en la confluencia del río Regal con el valle del Aragón –pantano de Yesa– y escasamente mantiene lo que fuera su esplendor, con 400 casas vivas, con edificios solariegos y varios palacios que llegó a tener esta villa a mitad del siglo XIX, según recogía el geógrafo Pascual Madoz. Visto su estado, adentrarse en la antigua localidad puede ser una temeridad debido al progresivo avance de la ruina, pero hoy por hoy basta con fijarse aunque sea desde lejos en la iglesia tardogótica y, sobre todo, en las torres de su castillo de origen musulmán –de 25 metros de altura–. Procedentes de la cercana ermita de San Juan Bautista de Maltray –que fue un monasterio– en el Museo Diocesano de Jaca se exponen algunas de las pinturas murales más impactantes y bellas del románico pirenaico: la imagen del Cristo Pantocrátor y el apostolario del ábside, ambas del siglo XII. Cerca de Ruesta también queda la ermita igualmente románica de Santiago o de San Jacobo, que siglos atrás hizo las veces de uno de los primeros albergues para peregrinos jacobeos.

Nuestro territorio natural también se adentra en la esquina suroccidental de la Alta Zaragoza, hacia el alto de Santa Cruz, entrando en el término de **Undués de Lerda** (633 m, 50 hab), localidad por donde prosigue el Camino de Santiago y donde el viajero hallará torreones, casas nobles, fachadas sobrias y una nevera del siglo XIV.

ÉXODO RURAL: CADA VEZ MENOS VECINOS

En el año 1900 Salvatierra de Esca contaba con 951 habitantes, pero hoy no supera la cifra de los 200. Lo mismo pasa en Artieda, en Sigüés... o en Mianos, que de 237 habitantes ha visto bajar su censo electoral a unas 30 personas, lo justo para seguir siendo un municipio independiente que no tenga que verse obligado a integrarse como pedanía en otro lugar mayor.

Estos pueblos, como muchos del mundo rural español, luchan día a día con la idea casi utópica de frenar esa emigración interior propiciada por la gran quiebra del modelo de la sociedad tradicional. Aquí descubrimos iniciativas realmente ejemplares como las de "Empenta Artieda" o la de "Envejece en tu pueblo", en las que se ha querido implicar a la tercera edad de los lugares vecinos. E igualmente nos encontramos con los desvelos de alcaldes como el de Urriés, Armando Soria, por querer afianzar población, generar oportunidades y futuro a través de cursos, talleres, jornadas y congresos que vienen dando a conocer este territorio ante el resto del mundo. Y, pese a la inercia que imponen los tiempos modernos, todos ellos quieren seguir siendo "pueblos vivos".

La población de Esco, antes (1957), y recientemente (2015).

La Naturaleza, el turismo verde y un mayor impulso del Camino de Santiago Francés se vislumbran como algunas de las oportunidades que bien podrían contribuir positivamente en este sentido.

Pero realmente la despoblación generalizada fuera de las grandes ciudades se aceleró aquí aún más dramáticamente durante la dictadura, especialmente en los pueblos antaño prósperos de Tiermas, Escó y Ruesta: un abandono impuesto por las autoridades que, como única solución, expropiaron fincas y casas para poder construir el pantano de Yesa, ese coloso líquido que inundaría las huertas y tierras más productivas del valle, movilizando a unas 1.500 personas que marcharon fuera, buscando otra oportunidad, en los pueblos de colonización, en un piso en Pamplona o en una fábrica de Zaragoza. Se vieron obligados a abandonar con tristeza, sin mirar atrás, dejándolo todo. Luego, tras la venta, vino el saqueo y el expolio.

En el libro dedicado al trabajo del fotógrafo jacetano De las Heras "Una mirada al Pirineo, 1910-1945" se recoge el relato de una antigua vecina, Máxima García, que dice así: "Tiermas me vio nacer a mí y yo vi morir a mi madre. Ha sido mi gran tristeza. He cumplido 99 años y mis ojos han visto muchas cosas, algunas alegres y otras tan duras como ver desaparecer mi pueblo bajo las aguas de un inmenso pantano. Nunca me he desprendido de la amargura que me provocó ver a mi madre obligada a abandonar Tiermas con 90 años y enferma. La bajaron a El Bayo, el pueblo de colonización que construyeron cerca de Ejea de los Caballeros para todos los afectados por Yesa. Con 90 años le arrancaron toda su vida, sus paisajes, su casa, sus recuerdos… le quitaron todo. Los pantanos solo han provocado dolor en esta tierra. A los 27 años me casé y me fui a vivir a Artieda. Desde aquí contemplamos cómo las aguas subían poco a poco y borraban todos los paisajes de nuestra infancia. A los que se fueron les dieron cuatro perras por unas tierras ricas y sus casas. Fue muy duro. Y ahora cuando veo las viejas fotos de Tiermas y el balneario no puedo evitar alguna lágrima. ¡Había tanta vida en el pueblo! Vivíamos cerca de 800 personas, teníamos ayuntamiento propio y el pueblo era la cabecera de todo el territorio que se extendía desde Berdún hasta Yesa".

Los antiguos vecinos de Esco –el cual está considerado por algunos viajeros como "un pueblo fantasma"– recuerdan bien cómo se siguió viviendo allí hasta la década de los años setenta: "Había escuela, a la que acudían, así mismo, junto a los del pueblo, los últimos mocés y mocetas de Tiermas. Venían en el autobús de línea y se repartían a comer entre las familias de los diferentes alumnos del colegio. La escuela era mixta y asistíamos todos juntos desde los 4 a los 14 años. El último nacimiento acaecido en Esco –en aquellos años todavía no se acudía a los hospitales– tuvo lugar en el año 1965. Fue una niña, Marisa Sánchez, de Casa Cantón. Pero a partir de entonces todos los exponentes de cultura tradicional, construcción, costumbres, fiestas, tradiciones… es decir, toda una forma de vida atesorada durante siglos, se vendría abajo en muy pocos años".

El último habitante de Tiermas que se negó a abandonar su casa se llamaba Bartolo, y murió resistiendo el abandono y la soledad en las navidades de 1992. Falleció donde debía y quería morir, en la tierra y bajo el sol que le vio nacer.

Paradoja cruel la de quitar la vida de las gentes y los pueblos, las tierras y campos… para acrecentar la de otras gentes y otros pueblos, la de otras tierras y campos… y aún así todavía no tener bastante. El agua ahoga…

LA VANGUARDISTA PINTURA MURAL ROMÁNICA DE RUESTA

Cuando en el año 1963 retiraron la pintura del ábside de la ermita de San Juan Bautista de Ruesta apareció debajo del encalado otra capa que permanecía oculta, permitiendo que viera la luz una imagen mural tan sencilla como hermosa: una cara que había sido dibujada hace casi ochocientos años –en el siglo XII–, un rostro masculino de seria semblanza, con grandes ojos almendrados, gruesas cejas y nariz recta. Era la faz de Jesucristo.

Este legado artístico fue arrancado de su lugar de origen para inmediatamente ser trasladado y expuesto temporalmente en el palacio de la Virreina de Barcelona, de donde posteriormente pasaría a manos de la diócesis de Jaca, ya que hoy se exhibe en el museo de dicha catedral. Se trató de una intervención compleja y polémica consistente en traspasar la pintura de la pared a una tela y, como si fuera una calcomonía, dejarla plasmada en un lienzo. Para unos fue un expolio agresivo, pero para otros era una manera de salvaguardar dicha imagen del abandono y el deterioro generalizado de tanto patrimonio.

El cristo de Ruesta.

Lo cierto es que esta cara constituye una joya artística del pasado, que a juicio del experto José García Omedes es "representativa de la pintura románica plena de color, fuerza y simbolismo", con sus austeros trazos de tonos ocres, negros y bermellones.

Hay quien dice que en Ruesta un pintor del medievo se adelantó al cubismo, aunque parece ser que, por el motivo que fuera hace tantísimos años, se arrepintió de lo que había realizado y decidió esconder esta cara, esta mirada, ocultándola debajo de otro rostro del Pantrocrátor con el hijo de Dios sentado en su trono donde se juzga a vivos y muertos.

El románico en la Alta Zaragoza

Sara Fanlo Bellosta
Asociación Cultural Sancho Ramírez, de Jaca

En los siglos XI y XII la Europa occidental cristiana era un mosaico de reinos y condados con diferentes intereses políticos y económicos, pero unidos por un estilo artístico, el Románico, que vistió su paisaje de edificios con unas mismas fórmulas arquitectónicas: la piedra sillar, el arco de medio punto en puertas y vanos, bóvedas pétreas en naves y cabeceras… o la escultura integrada en la fábrica. A su éxito contribuyeron los monasterios que impusieron patrones comunes en lo litúrgico y en lo constructivo, y el Camino de Santiago que favoreció la introducción de la nueva estética.

Las tierras de la Alta Zaragoza participaron de esta corriente gracias a la labor de los monasterios de San Juan de la Peña y San Salvador de Leire, a la influencia de la ruta jacobea que atraviesa sus tierras y también a su ubicación entre dos reinos que impulsarán la construcción de edificios románicos paralelamente a su extensión a costa de las tierras conquistadas a los árabes.

Pero, del rico patrimonio de monasterios y templos románicos de los que habla la documentación medieval poco se ha conservado debido a la construcción del pantano de Yesa, la despoblación o las reformas efectuadas en los edificios que han sobrevivido. Apenas quedan como testigos de ese esplendor el bello ábside de Undués o los de Artieda, Asso-Veral y Esco.

Portada románica de la iglesia de San Esteban en Sigüés.

Mención especial merecen los frescos de la ermita de San Juan de Maltray de Ruesta, o la iglesia de Sigüés que conserva su ábside y una espléndida portada con arquivoltas esculpidas y capiteles decorados con motivos animales y de vegetales.

La vegetación en la toponimia local

Mikel Belasko Ortega

La toponimia menor, el conjunto de los nombres de campos, cursos de agua y montaña de un territorio, suele darnos una fiel fotografía de cómo han visto y utilizado el paisaje las poblaciones humanas en él asentadas durante los últimos siglos.

Hay que precisar, no obstante, que la información que nos proporciona en el campo de la botánica y la fauna en ningún caso puede competir con la que nos proporciona un estudio específico "in situ", ya que por un lado el ojo humano tiende a fijarse en unas determinadas especies en función de su utilidad y, en segundo lugar, porque en otras ocasiones la toponimia prioriza otros elementos –accidentes orográficos, construcciones, etc.– en detrimento de la información fitonímica.

Sin embargo, son muchos los aspectos en los que la toponimia local sí que ayuda al naturalista a conocer mejor el paisaje que pretende estudiar y entender.

Los grandes quejigos son llamados chaparros y han dado nombre a algunos parajes.

El primero y más importante de ellos es la presencia de especies forestales o bosques hoy inexistentes, bien por su roturación para crear campos o pastos, o bien, en el caso específico de Sigüés, para la construcción del embalse de Yesa. Destaca el caso de El Chaparral, un extenso robledal maduro de roble peludo que se conservó hasta los años setenta del siglo pasado en el que abundaban los grandes y viejos robles, llamados "chaparros" en la zona, y que se "esmochaban" para su eficaz aprovechamiento. El robledal fue arrasado y solo quedó un viejo roble testigo durante décadas. Las obras del embalse acabaron con este ejemplar y con toda la tierra que crecía bajo El Chaparral para la construcción y relleno de la nueva presa. Algo parecido había ocurrido con Cercito, el robledal de Ruesta.

Singular es también el paraje El Espiso, "la espesura", un terreno que ciertamente va espesándose año a año pero que en fecha indeterminada fue convertido en pastos aquel terreno donde algunos mayores vieron u oyeron que hubo un denso robledal o quejigal. Hoy, sin embargo, son las carrascas las que van recuperando todo este gran espacio situado en las faldas de la Sierra de Orba.

No son menos llamativos los cultivos rememorados por la toponimia, como Los Linares –en Sigüés– y que hoy ya no se dan o se ven muy reducidos en la actualidad como es el caso, sobre todo, del viñedo. Los parajes de Viñero y Las Viñas en Esco y Asso, Las Viñazas en la pardina de Rienda–, La Viña –en Miramont– todavía nos recuerdan la extensión en el pasado de la vid.

En el caso de la fauna nos es suficiente con dejar hablar al monte: Pasolobo, Pasociervo, Cadorrabosos –'"las zorreras"– y Pasorrabosero, La Palomera, Fuentepalomas o El Melonar en referencia a la presencia de los tejones–.

Los árboles singulares no abundan, y solo uno de ellos ha generado topónimo: La Carrasca, en Miramont.

Y, por último, la nómina de especies vegetales es muy variada, como era de esperar en una zona de transición climática: El Artal –espinos–, Avellanito, El Capicornal, El Chinebral –donde hay enebros de la miera–, El Chopar, El Coscollar, Coscullo, El Farinosal –presencia de gayuba–, La Frajinosa –donde crecen los fresnos de hoja estrecha–, La Mata de Boj, El Modrollar –debido a los madroños–, el Paso de la Sabina, El Salzar –de sauces–, El Soto, Los Sotiellos, Valellón de las Hayas, Los Vergares… y un largo etcétera.

Estos paisajes naturales están habitados por el ser humano desde tiempos inmemoriales, desde hace cientos y cientos de años. Al menos, que hoy se sepa, desde unos 6.000 años atrás, pues así lo atestiguan los restos más antiguos de ocupación humana que han sido encontrados en toda esta zona, como pueden ser las escondidas pinturas rupestres de algunas foces y los dólmenes o restos megalíticos que fueron dejando aquellos rudos hombres que a lo largo de la prehistoria llegarían a ocupar muy prontamente este gran espacio salvaje, haciendo del mismo un lugar de vida y de caza.

El dolmen de Bardipeña –o de Larra– en Salvatierra de Esca –situado en un collado cercano a la Virgen de la Peña, en la misma muga con Burgui– es junto a otros dos dólmenes más existentes en la zona del Poyo Predicar –próximos al primero–, parte de aquellos vestigios propios de un primitivo asentamiento humano, de cuando las poblaciones sedentarias de Europa empezaban a ganar importancia frente a una vida nómada ya superada. Como todos los dólmenes y túmulos, se trata de una construcción funeraria realizada por tres grandes piedras o losas sin labrar, y se supone que está situado en un lugar misterioso donde nuestros antepasados buscaron esas fuerzas telúricas de la Naturaleza, capaces de alimentarles en sus creencias sobrenaturales a la hora de realizar los ritos funerarios propios de aquella época tan lejana en el tiempo.

Muy cerca de Ruesta, junto al arroyo Vizcarra, en la orilla izquierda del pantano de Yesa, todavía se dibujan los restos de lo que fue una necrópolis de incineración, datada por los arqueólogos entre los siglos V y IV a. de C. Compuesta por los anillos de diversos túmulos –que habitualmente quedan por debajo del nivel de inundación de las aguas cuando el embalse se llena–, hoy allí podemos observar unos círculos de grandes lajas de piedra clavadas verticalmente y calzadas con cantos rodados, sumados a la presencia de estelas de señalización, rodeando así lo que serían grandes piras mortuorias. Dañados por la erosión del agua en el terreno, sus rellenos interiores prácticamente han desaparecido, aunque las prospecciones modernas realizadas han permitido recoger en el fondo de dichos depósitos funerarios algunos ajuares metálicos –botones, brazaletes y fíbulas–, cerámicas de la Edad del Hierro, además de restos óseos procedentes de las incineraciones.

Pero la pequeña gran sorpresa prehistórica de la Alta Zaragoza vino en el año 2007, cuando un equipo de espeleólogos que estaba topografiando cuevas y abrigos rupestres descubre en unas terrazas colgadas de la Foz de Forniellos y del barranco de Peñarroya unos trazos de colores rojos y negros dibujados en la roca caliza, muy similares a los también hallados en la cercana Foz de Biniés y en el Cañón del río Vero –en la Sierra de Guara–. Se trataba de digitaciones –manchas hechas con los dedos–, barras verticales y oblicuas agrupadas, imágenes ramiformes, antropomorfos, signos abstractos de diversa morfología, etc., que constituyen una de las escasas manifestaciones pictóricas de arte rupestre esquemático que existen en la provincia –junto con las halladas en Caspe y Jaraba, que son de estilo levantino–, y que aquí se han visto acompañadas de restos óseos humanos, lo que hace suponer que estas fueron "cuevas sepulcrales" del Calcolítico y la Edad de Bronce. Pero este interesante catálogo de representaciones rupestres se amplió luego en el año 2019 con nuevos hallazgos en la Foz de Sigüés, descubiertos por una agente de protección de la naturaleza, Ana Baquero, cuando ésta observaba el vuelo de las aves rapaces e inspeccionaba la afección de unas zonas de escalada. Al igual que los dólmenes, dichas pinturas se emplazan en lugares de acceso complicado, en auténticas balconadas con vistas magníficas, sitios que parecen haber sido cuidadosamente elegidos por aquellos artistas que a base de dibujos quisieron dejar constancia de una especie de "símbolo marcador" en tan abrupto terreno.

Aunque, un tiempo después, fue la feracidad de las vegas del río Aragón, la proximidad de las montañas arboladas y la cercanía del agua lo que propiciase que esta misma tierra estuviera igualmente habitada por íberos y romanos. El geógrafo Estrabón ya hablaba de que nuestras montañas se vieron pobladas por un pueblo íbero llamado "iakketanoi", es decir, los iacetanos o jacetanos. Al oeste suyo vivían los vascones. Y, al sur, los "suessetanos", un pueblo de celtas prerromanos propio de las llanuras centrales de lo que hoy conocemos como Aragón. La cercana Berdún, sobre la Canal, responde en su situación a un antiguo castro celta. Pero de lo que nadie duda hoy es que esta área geográfica del Prepirineo posee una singular personalidad histórica, siendo el resultado de la influencia de diversos pueblos y culturas que siglo a siglo han ido dejando aquí y allá una huella imborrable.

De la importante presencia de los romanos nos hablan las calzadas que unían las numerosas villas con lo que es hoy Zaragoza, Pamplona y Francia, algunas de las cuales posteriormente usaría el imperio carolingio para entrar en el valle de Echo y fundar después el monasterio de Siresa. Por eso el municipio de Artieda concentra en su pequeño término un llamativo conjunto de asentamientos de época romana, pues en tan solo 4 kilómetros de la ribera del Aragón se reúnen varios yacimientos de interés, entre los que destaca La Cantera de Gimeno –que ofreció magníficos mosaicos que serían trasladados al Museo Provincial de Zaragoza–. Otros yacimientos destacables son los del Forau de la Tuta, próximo a la ermita de San Pedro –que conserva restos de una construcción fortificada además de mosaicos e inscripciones funerarias–, el del Alto de Rienda –con mosaicos de otra villa descubierta en 1960–, la zona de Viñas de Sastre –donde quedan vestigios de una villa romana– o los Corrales de Villarués. Para saber más de esa época histórica, hoy en la torre campanario de la iglesia parroquial de Artieda podemos visitar una sencilla exposición con fotos y textos sobre los citados hallazgos… o bien consultar el libro de José Luis Ona acerca de los posteriores trabajos arqueológicos del capitán jacetano Enrique Osset para la protección de los mosaicos allí presentes. Por otra parte, Mateo Summan en su diccionario del año 1802 también cita que en la Sierra de Orba se han hallado algunas monedas de Cesaraugusto y que antes de llegar a lo alto del monte existen cuevas y un largo trozo de pared que se dilata por el monte, puesta artificialmente, y que algunos entendidos creen atribuible a una obra romana, aunque otros estudiosos la consideran propia del tiempo de los árabes para guarida y defensa de los cristianos. Nosotros mismos hemos observado muy cerca de la fuente de los Moros esta misteriosa muralla construida con grandes losas, de casi un kiló-

Pinturas rupestres esquemáticas en las cuevas de Salvatierra de Esca.

metro de longitud, que va rodeando el lado norte de la Sierra de Orba y sobre la que no existen datos precisos de su época de realización, aunque un equipo de arqueólogos de Zaragoza la han datado posiblemente en tiempos de los íberos. Otros restos romanos que igualmente se han hallado en la zona son los de Esco, Mianos, algunas monedas del emperador Claudio halladas al labrar un campo en Salvatierra... o un antiguo bronce de Sigüés.

Las referencias a la época musulmana son escasas, a excepción de lo referente al origen árabe del castillo de Ruesta o a la batalla que algunos autores han contado que libró en el año 785 el rey moro Abderramán I, rey de Córdoba, a su paso por los Pirineos. Dicen que fue dentro del término de Olast –Campo Erando–, quedando el jefe árabe vencido y preso por parte de los roncaleses, cuyas mujeres –cuenta la crónica– le cortaron la cabeza sobre un puente. Un paraje que algunos sitúan muy cerca de Salvatierra y otros entre Sigüés y Miramont, en el paraje hoy llamado de Ujás.

Pasan los años y alcanzamos otra gran época de esplendor para el Pirineo y el Prepirineo como fue el Medievo, dotando a estas montañas, sierras y localidades de un gran contenido histórico, artístico y cultural. Las comarcas de La Jacetania –cuna del Reino de Aragón– y de las Altas Cinco Villas fueron a partir del siglo XI una de las principales vías de penetración, tránsito y comercio en la península Ibérica para los peregrinos que atravesaban los Pirineos utilizando pasos claves como el Somport –aquel "Summus Portus" romano, "el puerto más alto"–, entrada que de nuevo es impulsada gracias al interés de los primeros reyes aragoneses –Ramiro I y Sancho Ramírez– y el vizcondado de Bearne.

La pertenencia de estas tierras a la Marca Hispánica abrirá un largo periodo de conflictos políticos y religiosos que desemboca en la formación de los primeros condados, germen del futuro Reino de Aragón. En esta época el cercano monasterio de San Juan de la Peña se convierte en el gran centro de poder político, cultural y religioso aragonés. El rey de Navarra Sancho Garcés III, entrega en herencia el condado de Aragón a su hijo Ramiro I con el título de Rey, constituyéndose en el primer monarca de la Casa Real aragonesa sobre un territorio cuyos límites coincidían básicamente con lo que hoy conocemos como la comarca de La Jacetania. En el 1077 su hijo Sancho Ramírez hizo de Jaca la capital del nuevo reino y le otorgó unos privilegios económicos y sociales que provocaron su formidable expansión.

El avance hacia el sur del Reino de Aragón desplazará el centro de poder político, ya en el siglo XII. Vendrán tiempos de concentración de la población y desaparición de aldeas o pardinas. Es interesante destacar que los viejos documentos históricos de aquella época dejan constancia de pueblos hoy perdidos, lugares realmente borrados de la faz de los montes y que, por lo tanto, ya no recogen ni siquiera los mapas. Es el caso de Ovelba y Focheco –que darían lugar a la fundación de Salvatierra–, o los núcleos medievales de Burdaspal –cerca de Burgui–, Sarramiana, Centulifontes, San Martín, Genepreta o San Vicién –próximos a Tiermas–, Aspra –en Esco–, Vidiella –en Ruesta–, Ponfuercal –en Mianos–… o San Pedro, San Tornil, Rienda y Viasués o Biasuaso –cercanos al medieval asentamiento del promontorio de Artieda– donde se citará la existencia ya en el año 1124 de un refugio para peregrinos del Camino de Santiago.

Otro enclave casi desaparecido, prácticamente arruinado, es el centro monástico benedictino de Santa María de Fonfría –o Fonts Frigida–, consagrado a finales del siglo IX, en el año 876, y que muy posiblemente sea el más antiguo de Aragón, surgiendo por decisión del rey pamplonés García Íñiguez, el obispo Guilesindo de Pamplona y el abad Fortún de Leire. Emplazado en las inmediaciones de la actual población de Salvatierra de Esca se mantendría como un priorato de San Juan de la Peña hasta el siglo XIX, habiendo sido considerado tiempo atrás como un lugar muy apacible y ameno al que solían llegar aquellos monjes que antes habían permanecido aislados durante el invierno. Actualmente solo se conserva un recinto formado por los cuatro recios muros de la antigua iglesia, envueltos por la hiedra y mimetizados por tanta vegetación.

Salvatierra tiene un topónimo que nos identifica que este lugar fue largamente un sitio de frontera, limítrofe entre dos reinos, Navarra y Aragón, separados definitivamente tras la muerte de Alfonso I el Batallador. El nombre de "Salvar la tierra" hace clara alusión a la necesidad de protección y de defensa del territorio, puesto que eran continuas las disputas que estos pueblos mantenían desde antaño por el uso del agua y los pastos para el ganado, llegando incluso a derivar en cruentos enfrentamientos con muertes incluidas. Historiadores como Ana Isabel Lapeña nos explican que esta importante villa fue fundada en el año 1028 por Pedro II, quien establece una política de refuerzo territorial basada en nuevos repobladores, y donde todo se regiría por el Fuero de Ejea que creaba así una "villa franca" o tierra salva de impuestos y obligaciones que permitiera atraer población, haciendo frente a los pamploneses. En aquellos difíciles años cada uno de los vecinos debía tener a su cargo un hombre armado "de escudo, lanza y casco o capelo de hierro", así como el compromiso personal en la defensa del castillo y de una villa que nunca formó parte del Condado de Aragón, aunque sí del Reino de Aragón.

Tiermas y Sigüés también estaban en la linde defensiva y tuvieron envites de realengo. Tiermas fue asimismo refundada por Pedro II, en el año 1021, trasladando a sus habitantes precedentes hasta lo alto de esa colina de posición estratégica donde hoy sigue el núcleo, despoblado hace tan solo medio siglo. Mientras que de Sigüés, lo que podemos contar que se sabe que ya existía en el siglo XI, dado que aparece mencionado como "Sios" o "Siuesse" en el Cartulario de San Juan de la Peña. Durante los siglos XI y XII fue villa real hasta que el rey Pedro II de Aragón fue cediendo algunos lugares de realengo a la nobleza laica como recompensa por haber participado sus miembros en asuntos militares. Pero, de alguna manera, la historia de Sigüés ha quedado más estrechamente ligada al linaje de los Pomar, familia nobiliaria de los que se tiene constancia ya en tiempos de Sancho Ramírez –quien fuera rey de Aragón y Pamplona en el último tercio del siglo XI– y quienes llegaron a desempeñar diferentes cargos políticos como virreyes o gobernadores de Aragón.

Otro pueblo del norte de Zaragoza, Lorbés, también aparece mencionado en fecha muy temprana, hacia la década de los años 890-900, cuando el obispo Jimeno de Pamplona concede la carta episcopal de "Lorbesse" al monasterio de Santa María de Fuenfría. Su proximidad a tierras navarras explica esa vinculación con el monasterio de Leire, así como la existencia de un castillo por razones defensivas. En el agitado siglo XIII el castillo y el lugar pasaron varias veces de manos de los reyes de Aragón a los distintos señores propietarios: en 1224 Miguel de Olsón daba el castillo de Jaime I a cambio del de Almuniante; en 1274 dicho rey permutaba la villa con su hijo, el futuro Pedro III; en 1286 Alfonso III la restituía a Felipe de Castro; y en 1293 Jaime II la compraba a Pedro Cornel.

Capitel romano de estilo corintio reutilizado en la ermita de San Pedro de Artieda.

Los historiadores nos cuentan que Lorbés ya no abandonó su carácter de lugar de realengo hasta el siglo XIX.

La localidad zaragozana de Esco se convirtió por otra parte en un importante enclave estratégico, con castillo en la Edad Media. Y se tiene constancia de que el rey Pedro II de Aragón empeñó el castillo de Esco, junto con las fortalezas de Trasmoz, Gallur, Petilla y Peña, a Sancho VII el Fuerte de Navarra. Ya en el año 1414, Fernando I de Aragón incorporará dicho castillo y el lugar de Esco a la Corona de aquel poderoso territorio.

También encastillada, en posición defensiva en aquella frontera permeable navarro-aragonesa, se elevó la localidad de Artieda –cuya primera mención documental data del año 919 cuando se produce el pago de diezmos al monasterio de Leire–, la cual no adquirirá la categoría de villa hasta el año 1276.

El castillo de Ruesta es otra historia, pues al ser de origen musulmán se ubica en lo que fuera la misma frontera septentrional del Islam, una fortaleza o "hins" dentro de un territorio abrupto, pobre y difícil de colonizar. La primera mención documentada de Ruesta incluye el castillo entre las fortificaciones de Sancho I Garcés de Pamplona (904-925), pero aquí no podemos olvidar la existencia de una aljama compuesta por entre seis y diez familias judías a mediados del siglo XIII, quienes incluso residen, guardan y custodian dicha fortaleza.

Por otra parte, Mianos estuvo siempre vinculado al monasterio de San Juan de la Peña por donación del rey Pedro I en el año 1093.

Ya sería a partir de los siglos XVII y XVIII cuando "la casa" se consolida como la célula familiar sobre la que se va a asentar la organización social de los habitantes de estas apartadas montañas y sierras. La ganadería, la agricultura y la madera hasta principios del XX serán entonces sus principales medios de vida.

Y por fin llegó el siglo XX, considerado como el de las grandes obras: aquí la del pantano de Yesa junto a otras grandes infraestructuras que buscan el progreso… pero que, a su vez, fuerzan la crisis de la economía tradicional de la montaña, provocando un importante proceso de despoblación que a partir de ahora busca su salvación en el turismo casi como única fuente de economía para seguir teniendo un futuro digno.

EL CAMINO DE SANTIAGO EN ZARAGOZA

Desde los 1.640 m de altitud del puerto fronterizo de Somport desciende en dirección norte-sur, atravesando frondosos bosques y altas montañas, el llamado Camino de Santiago Francés en Aragón, variante diferente de la ruta que parte de Roncesvalles y que recorre más al oeste el corazón del Pirineo de Navarra.

Una vez que ha rebasado la ciudad de Jaca –antigua capital del Reino de Aragón–, este itinerario histórico –marcha senderista por excelencia en nuestro país– enfila por la Canal de Berdún y va a ir siguiendo las orillas del río Aragón para llegar a parar a Yesa –debajo de la Sierra de Leire–, entrando así en una tercera etapa por la provincia de Zaragoza a través de las localidades de Mianos y Artieda –variante sur– o de Sigüés –variante norte, que penetra desde Asso-Veral y que prosigue por los abandonados Esco y Tiermas–. En Artieda la ruta más transitada continúa hacia Ruesta, Undués de Lerda y la población de Sangüesa, fin de lo que suele ser considerada una cuarta etapa excursionista de recorrido a pie.

Los expertos en historia saben que esta fue una de las principales vías de penetración del románico en España durante los albores de la Edad Media, estilo artístico que adquirió en la catedral jaquesa la categoría de modelo, extendiéndose desde aquí a todo el ámbito de influencia del Camino, tal y como se puede apreciar en las ermitas de San Juan Bautista de Maltray o en San Jacobo de Ruesta. El Camino de Santiago se jalona aún de un rico patrimonio cultural de bellas iglesias, ermitas, puen-

Señales del camino de Santiago en Ruesta.

tes de piedra… y de monasterios tan relevantes en tiempos pretéritos como San Juan de la Peña o San Salvador de Leire. Pero los amigos del Camino de Santiago ya advierten desde hace décadas que este legado multiprotegido como Conjunto Histórico Artístico, Itinerario Cultural Europeo y Patrimonio Mundial de la Humanidad por parte de la Unesco, realmente no está tan bien salvaguardado, y por eso alertan del mal estado de algunos tramos realmente olvidados como es ese ramal norte que discurre cerca de Esco y de los baños de Tiermas, abriéndose paso entre las obras de una gran autovía y las aguas embalsadas de un pantano a recrecer, sin posibilidad de ofrecer un alojamiento adecuado a quienes desean conocerlo.

Hoy son muchos los caminantes que continúan dando pasos por esta ruta turística rodeada de Naturaleza. Pero antaño, en su origen o entre los siglos XI y XVI de máximo esplendor, fueron otros muchos los motivos que animaron a los peregrinos del pasado a realizar este largo y exigente recorrido hacia Galicia, siguiendo la Vía Láctea, tratando de llegar donde está la tumba del apóstol Santiago de Compostela: los hubo por motivos religiosos en busca de la salvación eterna, pero también quienes lo hicieron como pago a promesas y favores, para cumplir alguna clase de delito… e incluso los hubo que lo recorrieron por encargo de otros impedidos de tanto y tanto caminar que a cambio del favor les llegaban a ofrecer sumas de dinero por ello.

La "carretera" romana de la Canal de Berdún

Isaac Moreno Gallo

Ingeniero Civil e Historiador. Investigador de temas
sobre ingeniería romana, vías y calzadas

Cuando los romanos decidieron comunicar la capital del Convento Jurídico Caesaraugustano –la actual Zaragoza– con las Galias, por el paso central del Pirineo que ellos llamaron el "Summo Pyrineo", el medieval "Sumo Porto" y actual Somport, eligieron por razones orográficas el corredor del río Aragón en su curso alto. De esta forma, comunicaron las ciudades romanas de Gallur, Ejea, Los Bañales, Sofuentes, Campo Real… un rosario de yacimientos menores y muchos miliarios –que se han conservado hasta nuestros días– jalonaban esta vía romana.

También pasaba esta antigua "carretera" por la que luego fue una importante villa en Aragón, Sos del Rey Católico. Cruzaba el río Aragón en las proximidades de Yesa, donde hoy solo se conservan las ruinas de un puente de pocos siglos que, una vez más, intentó restituir el paso arruinado por la fuerza de la hidrodinámica del río Aragón.

Se conocen varios yacimientos romanos más en todo el recorrido de esta antigua carretera romana por el valle fluvial del Aragón zaragozano. El establecimiento termal romano de Tiermas, o la potente ciudad romana del término de Artieda, son probablemente los dos mejores ejemplos, antes de llegar a la mucho más famosa "Iaca", la actual Jaca.

Con seguridad, este fue el antiguo camino que, desde el siglo IX, los peregrinos cristianos que cruzaban el Somport recorrían en búsqueda de la supuesta tumba del apóstol Santiago en los confines occidentales de la Tierra. No en vano, era la única carretera que funcionalmente cumplía ese cometido, el único camino en esta parte del mundo dotado de infraestructura, cosa que permitía perfectamente el tránsito en tiempo adverso.

Al margen de las sucesivas variaciones sufridas con el tiempo, en los últimos años, con el renacimiento del Camino a Santiago, la presencia del embalse de Yesa ya no permite la continuidad por esta vía romana. Otros caminos, más o menos viejos, como el que discurre por Undués de Lerda, han tomado el relevo para aquellos caminantes que deciden rememorar el tránsito de los antiguos viajeros llamados por la advocación jubilar.

Camino romano a "La Salada III". A su izquierda círculos funerarios del Neolítico.

Talla de la virgen de la Merced, en Lorbés.

Entre Leire y San Juan de la Peña. Salvatierra, siempre en la frontera

Ana Isabel Lapeña Paúl

Doctora en Historia, ha sido profesora del Departamento de Historia Medieval de la Universidad de Zaragoza.

A lo largo de su larga historia, y en muy diversos aspectos, la villa de Salvatierra siempre ha estado en la muga y ello ha condicionado su historia, el topónimo de la villa y hasta su peculiar urbanismo. Nació con este nombre en 1208 como un lugar fronterizo frente al reino de Navarra, y sus habitantes tuvieron por ello unas obligaciones militares especiales porque su papel principal era la defensa de las tierras aragonesas pirenaicas cuando la vecindad entre Aragón y Navarra se hacía difícil y llegaba la guerra entre ambos reinos. El castillo que tuvo ha desaparecido hoy en día, pero está documentado.

Pero Salvatierra no surgió de la nada ya que en las inmediaciones se encuentran elementos prehistóricos, y se documentan una mínima población medieval llamada Obelva y un pequeño monasterio de mediados del siglo IX –Santa María de Fuenfría– junto al almadiero río Esca que hoy en día y desde 1916 completa el nombre oficial de la localidad. Eclesiásticamente estaba integrada en los siglos medievales en el obispado de Pamplona y hoy en día en la diócesis de Jaca.

Por su proximidad con el monasterio de San Salvador de Leire se podría pensar que la vieja Obelva y Santa María de Fuenfría estuvieron en su órbita y, sin embargo, ambos acabaron bajo la dependencia de San Juan de la Peña, el gran centro monástico aragonés de enorme importancia histórica, vinculación que duró desde el siglo XI hasta la Desamortización de Mendizábal, hecho que explica el importante patrimonio artístico que aún conserva la localidad con obras de sobresalientes pintores y escultores de los siglos pasados. Los pintores góticos Martín Bernat y Miguel Ximénez, el genial escultor renacentista Damián Forment, notables piezas barrocas y un lienzo de fray Manuel Bayeu... fueron los autores de reconocidas obras artísticas que todavía se custodian en la villa.

Desde hace cincuenta años la minúscula localidad de Lorbés está incluida en el municipio de Salvatierra. También cuenta con interesantes ejemplos de arquitectura popular y con una iglesia gótica edificada en el siglo XVI que custodia, entre otras piezas, una tierna imagen de la Virgen –la de la Merced– con el Niño, fechable entre fines del siglo XIII y la primera mitad del XIV, a caballo entre los estilos románico y gótico. Procede de una ermita cercana arruinada.

FIESTAS Y TRADICIONES

Los ciclos de la Naturaleza, el clima, las faenas agrícolas… son los factores que marcan el calendario festivo de cada localidad.

Una de las más destacadas tradiciones de la Alta Zaragoza quizás sea la romería popular, en petición de agua de lluvia y en acción de gracias, hasta lo alto de la ermita de la Virgen de la Peña, promontorio natural al que ascienden varios pueblos en fechas diversas, y cuyo origen se halla en la cofradía de San José fundada en el año 1521 para dirimir las afrentas entre los antiguamente enemistados habitantes de Salvatierra y Burgui. Se cuenta que la Virgen es socorro de mujeres estériles y, sobre todo, protectora contra los efectos de rayos, centellas y tempestades gracias al toque de las campanas que ahuyentan estos peligros naturales. En la actualidad la peregrinación más importante hasta este lugar sagrado es la que efectúan los referidos cofrades, la cual se realiza desde el siglo XVI, estando conformada por 20 varones de la parte zaragozana, 10 varones de la vertiente navarra –e incluso alguno más de Sigüés en los últimos años–, y condicionada por la celebración de las fiestas de Salvatierra de Esca que se acomodan al fin de semana más próximo al 8 de septiem-

Hoguera de San Babil en Sigüés.

bre. Una vez allí arriba se celebra reunión, se pasa un día de convivencia e intercambio entre los hermanos, se rinde tributo a Nuestra Señora, se oficia misa al mediodía y se sale a la cruz de hierro donde el decano debe saludar a los hermanos congregados.

Pero los pueblos de los alrededores tienen sus propios días de subida a la ermita de la Virgen de la Peña. Salvatierra acude el lunes después de Pentecostés –el ayuntamiento pone pan y vino–, el 2 de agosto por el jubileo de la porciúncula –indulgencia ganada por San Francisco de Asís para sus frailes– y el domingo anterior a las fiestas patronales. Burgui sube la víspera de la Asunción y el 2 de agosto con los de Salvatierra. Castillonuevo lo hacía el 20 de junio, y ahora con la despoblación lo programa para el sábado más cercano a esa fecha. Mientras que los de Lorbés acuden una semana antes que los de Castillonuevo, la tarde de la festividad de San Antonio, pernoctando junto al santuario y regresando al día siguiente después de la comida.

Asimismo, en el 2019 Salvatierra de Esca escenificó para finales del mes de agosto una recreación histórica sobre la fundación del pueblo hace ocho siglos, con banderas, estandartes, teatralizando el llamamiento del rey Pedro II a repoblar la villa, actividades medievales… y, por supuesto, con repique de campanas, música, bailes, vino y pastas. Aunque lo que cada año sí que se festeja siempre son las fiestas patronales, entre el 6 y el 9 de septiembre, celebrando la Natividad de Nuestra Señora. Otras citas festivas son la romería para San Marcos –25 de abril– cuando se regalan dulces a los chavales a su regreso… el Festival musical Gabamusik –a finales de junio–, o la Feria del Libro de Salvatierra de Esca a la que en los días de agosto han acudido autores literarios conocidos como Olga Lucas –cuando le dedicó esta cita a su marido José Luis Sampedro–, Ramón J. Campo… o Roberto Malo.

Las fiestas mayores de Lorbés son el 29 de septiembre, en honor a San Miguel. Las de Asso-Veral, el 10 de julio. Y las de Sigüés se organizan el 25 y 26 de julio en honor a Santiago y Santa Ana, aunque hay otras ofertas lúdicas de esta localidad para los meses de enero –hoguera de San Babil–, junio –San Juan– y 26 diciembre –San Esteban, antiguas fiestas–. En el año 2016 se celebró el Milenario de Sigüés ya que, la primera constancia escrita que hay sobre este municipio fue en 1016, y desde entonces se celebra un nuevo "Día de Sigüés" para el último sábado de septiembre, jornada que comienza con una caminata por los tramos del Ramal Norte del Camino de Santiago a recuperar y revitalizar, seguido de ambientación medieval, mercado de artesanía, comida popular y juegos tradicionales.

Reunión de vecinos de Tiermas en Leire.

Reunión de antiguos habitantes de Esco con el pueblo detrás.

En Artieda la referencia festiva más tradicional es la romería de la ermita de San Pedro en Pentecostés –40 días después de Pascua de resurrección–, pero también sus activos vecinos organizan un festival reivindicativo llamado "Esfendemos a Tierra", que incluye conciertos, actividades lúdicas y charlas de concienciación, el cual mueve a mucha juventud. En el año 2020, asimismo, esta localidad zaragozana celebró la primera Fiesta de las Grullas del Pirineo, evento que quiso celebrar el trasiego migratorio de tan bellas aves por esta parte de la cordillera montañosa, y donde los pájaros y la Naturaleza han sido los grandes protagonistas de actividades para todos, salidas campestres o talleres como el anillamiento científico junto al soto. Otras fiestas del lugar son el Martes de Carnaval, la Semana Santa, la Enramada –en sábado y domingo de Pascua–, las fiestas en honor a San Lorenzo –10 de agosto–, la dedicada a la Virgen –15 de agosto– o a San Martín –11 de noviembre–.

Otra romería religiosa destacada de toda esta zona geográfica es la que realizan el primer sábado de mayo los vecinos de Mianos hasta su ermita de la Virgen del Casterillo, y donde acuden numerosos familiares que todavía guardan casa, llegándose a contar hasta 160 personas en la celebración de una popular comida posterior.

En Esco, ya abandonado, sus antiguos vecinos organizan un encuentro anual para el día 1 de mayo, con comida, misa en la restaurada ermita de la Virgen de las Viñas, rondalla, juegos y animación. Lo mismo celebran cada año los tiermenses y descendientes de Tiermas, quienes para el primer domingo de octubre se reúnen de nuevo en el monasterio de Leire y comen todos juntos. O también los de Ruesta que, hacia finales de abril, en una emotiva jornada vuelven al pueblo del que fueron desalojados, compartiendo en sus calles ahora abandonadas los recuerdos y vivencias del pasado.

En el pueblo de Burgui, al otro lado de la foz norte del Esca, los navarros celebran con gran éxito cada año una bajada de las almadías por el cauce del río, recordando el viejo oficio que desempeñaron los antepasados de estos valles de montaña dedicados al transporte de la madera obtenida en los bosques que les rodean. El Día de la Almadía, próximo al 1 de mayo, está declarado Fiesta de Interés Turístico Nacional y reúne desde el año 1990 a vecinos, turistas, artesanos y muchos curiosos –hasta 7.500 personas congregadas–, cuando las balsas formadas por varios maderos unidos regresan al agua y descienden hasta el azud y el puente medieval.

La fiesta del Obispillo de Burgui, al otro lado de la foz

Eugenio Monesma Moliner
Cineasta de tradiciones del mundo rural y productor de Pyrene

Antes de entrar en territorio aragonés, más arriba de la foz que queda al norte de Salvatierra de Esca, las aguas del río atraviesan el pueblo navarro de Burgui, conocido por sus antiguas actividades productivas como las de almadieros, carboneros, caleros, canteros, etc. que los vecinos quieren mantener vivas en la memoria popular a través de su ruta de los oficios.

Pero también es un pueblo que conserva algunos de sus pasados rituales festivos, tanto religiosos como profanos. Y es que aquí se sigue celebrando una de esas fiestas curiosas cuyo protagonismo pertenece a los niños. En la tradición occidental, las fiestas de "obispillos" y de "locos" se han celebrado en torno al ciclo navideño, cuando es muy patente la presencia de la infancia por conmemorarse el nacimiento del Niño Dios y la muerte de los Santos Inocentes.

Era el día de San Nicolás, 6 de diciembre del año 2005. Allí estuvimos con nuestro equipo de grabación para recoger la singular Fiesta del Obispo de Burgui, que en el ámbito central del Pirineo solamente se conserva en esta localidad. Siguiendo la tradición, a primera hora de la mañana los niños se transformaron, solemnemente, en las autoridades eclesiásticas de Burgui, siendo uno de ellos el que hizo el papel de "obispo" con la indumentaria apropiada. Aunque el robo simulado de animales de corral dejó de practicarse, las hortalizas y frutas llenaban de casa en casa las cestas de los niños, mezclándose con chocolates, galletas y otro tipo de dulces, que luego disfrutaron colectivamente.

A pesar del descenso de la población infantil, este rito prenavideño continúa uniendo a los habitantes de Burgui en torno a los niños, auténtico futuro y esperanza para estos pueblos de la montaña.

LEYENDAS DE BRUJAS Y OTRAS CREENCIAS

Las montañas fueron durante muchos siglos un terreno agreste y apartado, ajeno a la influencia exterior, un área propicia para que en ellas se originaran interpretaciones fantasiosas de la realidad, recreando en sus mágicos paisajes algunas de las más bellas leyendas que cuentan la otra historia paralela que da sentido e identidad a esta región. Unos relatos que han llegado hasta nuestros días a través de la tradición oral, trasmitidos de padres a hijos, contados al calor del fogaril en las largas noches del invierno, cuando el viento y la nieve llamaban a las puertas de las casas pirenaicas.

La carlina y la bucheta bendecidas en las puertas.

En la Alta Zaragoza hay quien habla de pasadizos secretos, vírgenes aparecidas, diablos, moras o ninfas… y, por supuesto, de brujas. En Ruesta se dice que había personas que creían en la existencia del mal de ojo, debido a la presencia de mujeres mayores –como la Martinica– capaces de saber con antelación el tiempo que iba a hacer, o bien con capacidad incluso de causar la muerte de niños o animales domésticos. En Tiermas nos encontramos con el llamado Portal de Las Brujas, pues dicen que por allí se salía al camino de la Muerte y que en la casa contigua se escuchaban extraños sonidos. En Salvatierra aún recuerdan historias de exorcismos y de algunas brujas llamadas Nicolasa, la Garrona y Catachú… Y, muy cerca, en Lorbés las chimeneas se remataban, más que con una típica piedra "espantabrujas", con una vasija cerámica que cumplía la misma función protectora y en cuyo interior se debía de guardar el agua que previamente se había utilizado para bendecir el solar sobre el que se construyó dicho edificio. También en las puertas se colocaban a modo de amuletos cardos mágicos –carlinas– y ramas bendecidas o "enramadas" para la Pascua Florida.

Por otra parte, un programa de televisión sobre creencias y supersticiones ha contado la historia de una casa hechizada en Salvatierra de Esca, lugar donde contaba que muchas portadas de acceso a las viviendas siguen adornadas por el símbolo cristiano protector de "IHS", –Jesús Salvador de los Hombres–. Y también se ha hablado de ciertos fenómenos inexplicables acaecidos en Lorbés –gritos, ruidos y extraños sucesos– que han sido atribuibles a fantasmas.

Pero nosotros, como decía la periodista María José Parejo en el programa "El bosque habitado" de Radio 3, nos sentimos realmente inspirados por la leyenda de San Virila en la Sierra de Leire, y por tanto nos confesamos víctimas de un vicio, el vicio de mirar la Naturaleza, de sentir otra dimensión del tiempo, de gozar del espacio desde fuera para dentro, de sentirnos extasiados –como le pasó a este abad del monasterio navarro nacido en Tiermas– por algo tan simple como es el canto de un ruiseñor, dejando que pasen 300 años para fundirnos con lo que brilla aquí ahora, con lo que se mueve, con lo que colorea aquí y ahora, con lo que fuiste, eres y serás, ahora y siempre… Hummus inmortal.

EL ABAD VIRILA Y EL CANTO DEL RUISEÑOR: UN VIAJE A LA ETERNIDAD

Decía Séneca que la vida es como una leyenda: no importa que sea larga, sino que esté bien narrada. La leyenda de San Virila ha sido contada a lo largo de la historia y del tiempo –más de mil años– y se ha extendido por casi toda Europa, ha vencido al paso del tiempo y se acerca casi a la eternidad, la duda que asaltaba al santo abad. Con mejor o peor acierto, en distintos modos y maneras, pero siempre lo ha hecho con un mensaje en busca de la Eternidad y de Dios.

Al parecer el abad protagonista de esta historia nació en la villa de Tiermas (Zaragoza) en el año 870 y murió en el monasterio de Leire, del que fue abad, en el 950. Si el monasterio está enclavado en un paraje paradisíaco, aún lo sería más por aquellas fechas tan lejanas.

El relato de esta historia convertida en leyenda transcurre a finales de siglo IX en el paraíso salvaje en el que se enclava Leire, un cenobio floreciente y respetado, de gran observancia, habitado por un puñado de frailes, excelentes varones temerosos de Dios. Transcurrían sus vidas al compás del *"ora et labora"*, con algunos momentos de asueto y relajo para cultivar la vida fraternal de la comunidad: orando siete veces al día, desde el amanecer hasta la anochecida,

Dibujo en Leire del abad Virila bajo el canto del ruiseñor.

Ruiseñor en pleno canto.

celebrando la Eucaristía y la Liturgia. Dedicando también parte del día a la lectura orante de la palabra de Dios y al cuidado o mantenimiento del recinto. Conmemorando la alabanza y el diálogo con Dios al unísono y compás del canto gregoriano, cuyas melodías reverberaban en los duros y fríos sillares de piedra y escapaban por sus rendijas hacia el azul de los cielos.

Así transcurría la vida sosegada y placentera de los habitantes del convento. Regentaba el monasterio el santo y viejo abad Virila, respetado y afable confesor. Vivía confuso y atormentado, mantenía en su mente el dilema constante y continuado acerca de la vida eterna en el cielo, junto a Dios. Cómo podría transcurrir el tiempo sin tedio ni aburrimiento en brazos de la eternidad. Esas dudas mantenían en vilo a nuestro buen abad, rezaba sin cesar y rogaba a Dios que iluminara su camino acerca de ese gran misterio, que le guiara por la senda del conocimiento y la sabiduría. Una tarde más, como solía hacer habitualmente, salió al exterior del convento por el túnel que había a los pies de la cripta, para pasear por entre la bóveda arbolada de robles añosos y hayas musgosas, buscando el rumor cantarín de las aguas de una fuente cercana. Allí se sentó a leer y meditar… y quedó envuelto, embebido del trinar sinfónico y continuado de un grupo de ruiseñores. El cántico armónico de las aves y los sonidos de la Naturaleza le fueron sumiendo en una catarsis que liberó su mente de preocupaciones y emociones, quedando completamente extasiado, adormecido, lleno de una paz y sosiego interior en la que Virila quedó suspendido en el tiempo.

Cuando despertó de su letargo temporal con el rumor de la primavera que brotaba llena de flores, con las yemas de los árboles y las plantas en un tiempo nuevo, en un renacer a la vida, apenas pensó que había transcurrido un rato, un momento no más. Todo en derredor había cambiado, la Naturaleza misma se había desparramado, y solo la fuente permanecía imperturbable y cantarina, igual de gozosa. A duras penas halló el sendero de vuelta al distinguir a lo lejos el monasterio, ahora más grande si cabe y cambiado, con una nueva iglesia. Al llegar el abad no reconocía a los frailes, que ahora vestían otros hábitos de color blanco. Se identificó como el abad de Leire pero nadie le reconocía como tal. Aquellos monjes sorprendidos recurren a los archivos y encuentran el dato de un abad Virila perdido en el bosque hace trescientos años. Obnubilados y confusos todos se dirigen a la iglesia y entonan el *"Te Deum"* de acción de gracias en reconocimiento del milagro acaecido, momento en el que se abre la bóveda de la iglesia y se oye retumbar la voz de Dios que dice: "Virila has estado trescientos años escuchando el trinar del ruiseñor y apenas te ha parecido un suspiro, un instante. Los goces de la Eternidad junto a mí, de la felicidad celestial son imperecederos, insondables, abstrusos…".

Así es cómo el abad Virila de Leire halló la respuesta a sus dudas y devaneos, terminando sus días al ser llamado por Dios para disfrutar de la gloria eterna.

La leyenda del Santo y el ruiseñor resiste el paso del tiempo y como un bálsamo impregna el corazón de las gentes de esta zona, llenando de vida el entorno del monasterio y creando un halo de fantasía o realidad con un personaje querido y respetado a lo largo de la historia. Personaje e historia que han quedado impregnados en el imaginario colectivo de las gentes.

Hasta su exclaustración, los monjes celebran la fiesta en honor a San Virila el día primero de octubre, e igualmente el pueblo de Tiermas que lo tiene como patrón principal de la villa. La imagen del Santo la tenían en San Salvador de Leire por todas partes, algunas de ellas en la propia arqueología del cenobio. Una del siglo XI, en el tímpano de la puerta principal de la iglesia. Otra del siglo XII en el museo arqueológico del Castillo de Javier. Las sagradas reliquias de San Virila se guardaron siempre con veneración en el monasterio. La última exclaustración de 1835 llevó las reliquias del santo a la catedral de Pamplona, pero volvieron a Leire en el año 1979 donde permanecen en la actualidad.

La agricultura del cereal, la cada vez más reducida ganadería extensiva –lanar y de cabrío–, el sector servicios… y un tímido "turismo verde" constituyen los principales modos de vida que aún hoy en día sustentan a la población de esta tierra basada en una tradicional economía agro-ganadera.

Antaño se contaba que además de las prósperas llanuras cerealistas de la Canal de Berdún, ciertos pueblos como Salvatierra cultivaban trigo, cebada u "ordio", avena, judías, lino –como el que se trabajaba en el Camino de los Linares, en dirección a Lorbés– y cáñamo… amén de otros productos de la huerta –tomates, patatas, fruta, pimientos, col, melón, etc.–, con una presencia muy escasa de olivares o viñedos… y alimentada por los ingresos de la explotación de la madera.

Son muchos los antiguos modos de vida del mundo rural que en las últimas décadas han ido desapareciendo o que por su labor artesana han entrado en decadencia, dada la insuficiente adaptación a las circunstancias que actualmente imponen los tiempos modernos fuera de las grandes ciudades.

Uno de los más antiguos que ya se pierde –pero que sin embargo aún se mantiene– es la trashumancia a pie de los rebaños de ovino a tra-

Iniciando la cañada de los Roncaleses en septiembre. Valle del Roncal.

vés de "cabañeras" o vías pecuarias como es la histórica Cañada Real de los Roncaleses, que une los pastos de altura del Pirineo navarro con los de invierno situados en el otro extremo, en el desierto de las Bardenas ya en pleno valle del Ebro. Este antiguo camino ganadero nómada discurre por Burgui, el Alto de las Coronas, Bigüezal y, ya camino del famoso monasterio navarro debe atravesar la Sierra de Leire rozando el límite provincial de Zaragoza, muy cerca de La Cerrada y el Paso del Oso. Se trata de una ruta milenaria de la cultura pastoril española que todavía hoy la realizan algunas familias roncalesas de Vidángoz y de Burgui, como las de Domingo Urzainqui –de Casa Mastuzarra– y Francisco Fuertes –de Casa Pedroarrotx–, quienes dos veces al año, en un viaje de ida y otro de vuelta –de unos 160 kilómetros de recorrido cada uno–, se ven acompañados de dos mil cabezas de ganado que transitan creando paisaje por estos parajes de bosques, pastos, balsas y corrales, con olor a queso, haciendo sonar cañablas o cencerros.

Por otra parte, Fernando Lorente, guarda forestal de Salvatierra, nos cuenta que en su pueblo los pinos silvestres crecen de forma natural con fustes esbeltos, y que antiguamente por aquí se "barranqueaba" la madera, siendo este el modo de transportar los troncos sueltos por el cauce de barrancos o de ríos con poca entidad que no daban para hacer bajar una almadía. Nos explica que en Salvatierra los pinos que se hacían y pelaban en verano se dejaban en las orillas del barranco de Gabarre, y que al llegar el invierno –con bastante caudal de agua– el maderista que había hecho la madera buscaba a gente del pueblo que ayudados de ganchos iban acompañando la madera por las orillas o por dentro del cauce hasta llegar a la zona del pueblo denominada la "Boca Gabarre", donde se sacaban los pinos con machos a un campo –el Camp del Puente–, y donde ya sí que se realizaban las almadías para bajarlas por el cauce del río Esca. Ni que decir tiene que entonces no había trajes de neopreno y que la gente que desempeñaba este trabajo estaba todo el día mojada hasta la cintura pese a los rigores invernales.

Otra manera importante de aprovechar el bosque, amén de la de los almadieros o navateros, fue la que hacían los carboneros aprovechando las ramas y la leña seca –generalmente de haya, roble o encina– para crear el "carbón vegetal" que alimentaba estufas, hogares y fuegos. Generalmente para ello venían de fuera del valle, incluso de tierras del Moncayo, y lo quemaban en claros del monte entre los meses de marzo y octubre… hasta que este oficio se perdió a mediados del pasado siglo XX.

También Lorente se refiere a la presencia de tejerías –donde con barro se hacían tejas para vender, por lo general por parte de cua-

Reproducción didáctica de cómo eran las carboneras en el monte.

drillas de andaluces– y de caleras, los lugares donde se hacía cal. La preparaban principalmente los albañiles ayudados de los dueños de las casas en las que estos iban a trabajar. Una de estas caleras estaba en la foz, camino de Salvatierra a Sigüés, aprovechando las "pedregueras" de roca caliza de esta zona. Hasta tal punto era importante la cal que se guardaba en las casas como un pequeño tesoro que se empleaba a la hora de blanquear las fachadas de los edificios en fiestas o como desinfectante. En la zona de Las Viñazas dichas caleras coincidían con antiguas minas de hierro y cobre, según consta en escritos antiguos.

A todos estos trabajos y faenas para la subsistencia de una sociedad casi autárquica se sumaba el de los canteros, herreros, molineros, tejedores, albañiles, carpinteros, esquiladores y pelaires, basteros, camineros, reforestadores en el entorno del pantano de Yesa, muleros, segadores, sastres… o comerciantes que iban con sus productos por los caminos y sendas de pueblo en pueblo.

En la cercana localidad navarra de Burgui muchos de estos oficios perdidos, del pasado reciente se recuerdan ahora en un paseo temático bien señalizado que cruza el puente de piedra sobre el río Esca y que culmina en un mirador panorámico sobre la foz. Tiene diversas paradas que permiten entender mejor cómo fue el trabajo de lavanderas, canteros, almadieros, panaderos, carboneros, alpargateras, pastores… o de cómo "funcionaban" las neveras, caleras y aserraderos. También en Burgui existe un sencillo Museo de la Almadía con el que rinden homenaje a todos los almadieros de los valles de Roncal-Esca, Salazar y Aezkoa que fueron ejemplo de trabajo, honradez y vigor.

ALMADÍAS POR EL RÍO ESCA

Mención aparte merece la antigua labor de los almadieros de estos pueblos de la Alta Zaragoza, es decir, el oficio ancestral consistente en transportar la madera extraída de los bosques a través de la corriente de los ríos. El nombre varía según el territorio en el que nos encontremos, así en la parte aragonesa del Sobrarbe se les llama "navatas" o "nabatas", son "almadías" en Navarra y "raiers" en Cataluña. Las tres definen la unión de varios troncos entrelazados entre sí, unidos con fibras o atadizos vegetales –verdugos de sargas, de sauces o avellanos– que forman balsas, y a su vez cada una de estas balsas o tramos, también unidas unas detrás de otras.

El transporte fluvial de madera no solo se realizó en los ríos pirenaicos, también en otras zonas de España ésta fue una manera de transporte, como en la cuenca del Tajo, Segura, Turia, Júcar y Guadalquivir…

En Aragón había cuatro rutas principales: por el Cinca hasta el Ebro, a través del río Gállego y por el Aragón otras dos; una por el río Esca –desde Salvatierra y Sigüés–, y otra desde Ansó y Hecho a través del río Veral y del Aragón-Subordán. Todas ellas tenían al Ebro como cauce y destino principal. En la cercana Navarra el tránsito era por los ríos Salazar, Irati y Esca, siendo este último el más utilizado. Río que compartían aragoneses y navarros. Según cuenta Joaquín Sánchez, último navatero de Sigüés, los almadieros de Urzainqui, Roncal y Burgui se hacían cargo de las embarcaciones hasta llegar a Sigüés, y a partir de aquí, eran los nativos de Salvatierra y Sigüés quienes se hacían cargo de las mismas después de unir unas con otras para hacerlas más grandes y navegar por el Aragón y el Ebro hasta el destino de venta de la madera. Relata que en Sigüés había dos embarcaderos, uno a la entrada del pueblo en el Sabinar, y el otro en el Matral, el más importante, en las cercanías de la Venta Carrica, donde el Esca desemboca en el Aragón.

Todo empezaba con el trabajo en el monte de picar la madera, es decir, cortar la madera, principalmente de pino y abeto. Con el buen tiempo, a lo largo de los meses de verano se cortaba, desramaba y pelaba los árboles, que a lo largo del verano se secaban. Posteriormente había que trasladarlos hasta la orilla del barranco o arroyo más próximo, a la espera del momento óptimo, cuando bajase más caudal por los mismos. Para luego, a través del curso de agua de arroyos y barrancos trasladarlos hasta el lugar donde iban a ser atados –ataderos o plancha– para formar las navatas, o vendidos.

Una vez en el agua los troncos de los árboles apeados se unen los tramos mediante las acopladeras, tres, que son unos verdugos de sarga o quejigo. Se colocan las remeras y los remos. En el segundo tramo se coloca el ropero donde se cuelgan las ro-

Almadía descendiendo por las foces del río Esca, año 1903.

pas, la alforja y la bota, además de la barrena. Terminada la navata, esta quedaba varada en la orilla esperando el momento de iniciar el descenso.

La temporada de descenso de las almadías o navatas comenzaba en noviembre o diciembre y se alargaba hasta los meses de mayo o junio –para el día de San Pedro– condicionado por los caudales acrecentados o no de los ríos. El viaje era toda una aventura, y estaba lleno de sobresaltos y peligros constantes que variaban según las condiciones de los cursos de agua, los rápidos y remolinos del río, las presas, los puentes, las foces, los molinos… Había siempre riesgo de caer al agua y no salir vivo a la superficie. Además de los peligros y dificultades, tenían que soportar innumerables exigencias de pagos por parte de señores y autoridades a su paso por las diferentes localidades que atravesaban. En Aragón, únicamente los almadieros de Hecho estaban exentos de pago, pues desde el siglo XIV disponían de un Privilegio del rey Fernando el Católico que los liberaba de cualquier tributo y que les permitió controlar este medio de transporte durante siglos. La madera era muy apreciada para la construcción de los barcos de la Armada Invencible o para obras como el Canal Imperial, la Ciudadela de Pamplona o palacios reales como los de Olite y Tafalla.

Nos cuenta Jerónimo Sánchez, navatero de Sigüés, respecto al viaje: "Lo normal era que invirtiéramos siete días de viaje hasta llegar a Zaragoza, luego subíamos a pie a Sigüés, intentando no rebasar los cinco días".

En Cataluña, los raiers dejaron de bajar madera por sus ríos entre 1928 y 1930. En Navarra abandonaron esta arriesgada actividad hacia 1945. Y probablemente los últimos en abandonar esta actividad serían las gentes del río Esca en 1952, donde la construcción del embalse de Yesa cortó la navegación por el río Aragón. La decadencia vendría también con la construcción de las carreteras que unían el valle del Roncal con la Alta Zaragoza, iniciándose así el transporte terrestre de la madera a bordo de camiones.

Severino Pallaruelo explica en su libro "Navateros" que estos pueblos de la montaña de Zaragoza, como son Sigüés y Salvatierra de Esca, fueron lugares que no contaban con buenos pastos estivales para mantener el ganado, ni con extensas superficies cultivables, aunque sí con cierta riqueza forestal. Por eso los vecinos hallaron en los trabajos del bosque y del río un medio más para ganar algún dinero extra con el que complementar los exiguos ingresos agropecuarios.

ALMADIEROS DE SIGÜÉS Y SALVATIERRA

El río Esca, que nunca supo entender de fronteras, une con sus aguas dos provincias, dos antiguos reinos, simbolizando la unión natural que siempre ha existido entre los vecinos ribereños del cauce del Esca.

Desde siglos atrás los habitantes de Sigüés y de Salvatierra estuvieron considerados como excelentes almadieros, hombres valerosos de una gran fortaleza física, capaces de desencallar la balsa a fuerza de músculos y con ganas de ver el mundo. No es de extrañar que en la plaza de Sigüés haya un monumento en su recuerdo.

Hasta no hace muchas décadas estos hombres se lanzaban corriente abajo para ganar un jornal de unas 10 o 15 pesetas diarias, trabajando a destajo. Su salario se completaba con tres jornales más, en compensación por el regreso a pie que debían efectuar desde el lugar de destino, con las sirgas al hombro. Su viaje duraba una semana, según el agua, el tiempo y los vientos. Las noches las pasaban en fondas o posadas.

Los almadieros roncaleses sabían que al entrar en la provincia de Zaragoza el río Esca atravesaba dos temibles foces o congostos, estrechos pasos llenos de rocas, recodos y peligros donde muchos perdieron la vida ahogados o arrollados por el peso de los troncos que les pasaban por encima, pues la navata podía ser dirigida, pero no frenada.

En el año 1931 el río Esca transportaba anualmente unas mil almadías, lo que suponían unos quince mil metros cúbicos de madera. Durante la Primera Guerra Mundial, el Canal Imperial llevó en un año cerca de 1.800 almadías procedentes de los valles de Aragón y del Roncal, con unos treinta mil metros cúbicos de madera.

Ecología de un paisaje humanizado

José Manuel Nicolau Ibarra

Profesor Titular de Ecología. Escuela Politécnica Superior
e Instituto Universitario de Ciencias Ambientales. Universidad de Zaragoza

Tierra de frontera entre reinos. Pueblos amurallados en altas coronas, aduana de Tiermas. Tierra también de frontera ecológica. Más bien de transición ecológica entre el mundo mediterráneo y el eurosiberiano. De la encina al haya. El cajico como especie de enlace. Todo favorece la biodiversidad aquí. El encuentro de dos mundos biogeográficos y la heterogeneidad ambiental: solanas/umbrías, cumbres, cañones, gradiente altitudinal, variedad de litologías. Los bosques que se iban ensamblando tras la última glaciación fueron roturados en el fondo de la Canal para aplicar el modelo romano del cereal y la oveja, también durante la Edad Media. Ahí están la villa romana de Rienda en Artieda y el monasterio de Leire. Los bosques en ladera se simplificaron para dedicarlos a la producción de madera y de leñas/carbón vegetal, y para alimentar los ganados en los pastos arbolados. Se trashumaba. La sociedad tradicional pirenaica, con la Casa como unidad de gestión básica, manejó estos paisajes incorporando a lo largo de los siglos los modestos cambios tecnológicos que llegaban de fuera y adaptándose al mercado. La patata, por ejemplo. O la remolacha, entrando el siglo XX. Y de repente todo cambió. El pequeño mundo de la Canal de Berdún se abrió cuando vivir en las ciudades fue una opción y se podía dejar de ser "tión"… o cura o ser casada. Cuando los aires de la Revolución francesa trajeron el ideal de realizarse como persona individual y libremente, al margen del rol que se asignaba en la Casa. Y la gente se marchó masivamente a cumplir su sueño personal. Con dolor y nostalgia. Con ilusión y liberación. ¡Quién sabe en qué proporción!

El vaciado demográfico del Pirineo ha implicado la sub-explotación de pastos, el abandono de bancales, la reducción de la extracción de leñas, lo que ha llevado al asilvestramiento del monte. Se embastecen los pastos, el bosque coloniza los bancales y las riberas fluviales, y los rebrotes del monte bajo cierran carrascales y cajicales. El jabalí y el corzo se expanden. Y llega el lobo, y pronto los castores. Buena noticia que la naturaleza pirenaica esté viva y vuelva a ocupar su lugar tras siglos de explotación intensiva pero sostenible. Aunque, ¡ojo!, hay que manejar algunas disfunciones: el caudal del río Aragón se ha reducido en un 20% por el aumento de la biomasa vegetal. La capacidad productiva de los pastos se está perdiendo. ¡Y atención al riesgo de incendios! Hace falta gestión del monte.

La construcción del embalse de Yesa en los años 50 matizó aquí el modelo general pirenaico de evolución del paisaje, al aparecer la CHE como gestor relevante del territorio, lo que propició la simplificación del sistema. Se realizaron extensas repoblaciones forestales para el control de la erosión/sedimentación del embalse, ocupando antiguos matorrales, quejigales y secanos marginales. La naturalización de estas plantaciones mediante el aclareo de las masas ya se ha iniciado y debe continuar para transformar los cultivos de pinos en carrascales/quejigares que den más servicios a la sociedad. Otro reto pendiente es el resalveo de los tallares de encina y quejigo para hacerlos más resilientes al cambio climático.

Hace falta gestión para optimizar los servicios que recibimos de los ecosistemas altozaragozanos. Y, sobre todo, hace falta liberarse del yugo del recrecimiento para seguir construyendo el paisaje del siglo XXI.

La Cañada Real de los Roncaleses: en el descansadero de Leire

Domingo Moreno
Realizador aragonés que ha recorrido las cañadas reales de toda España para la realización de la serie documental "Huellas trashumantes"

Nos adelantamos para saber dónde íbamos a refugiarnos esa noche. Era el próximo descansadero de la Cañada de los Roncaleses. Una caseta blanca sobre un cerro, en la ladera un prado para cobijar la red de las ovejas, y al fondo, a un tiro de piedra, el imponente monasterio de Leyre con el pantano de Yesa detrás. Todo envuelto bajo un cielo que amenazaba tormenta. La noche anterior también había llovido, y habíamos dejado atrás las duras jornadas sofocantes del desierto de las Bardenas, la aridez sin sombra alguna donde reposar los huesos ni fijar la mirada.

Filmábamos la trashumancia de primavera de los hermanos Sanz, Teodoro y José Luis, ayudados por el hijo de este. Trasladaban a pie un rebaño de 1.500 ovejas, desde Tauste —en las Cinco Villas— hasta Vidángoz —en el valle de Roncal— de donde son originarios.

Después de que Teodoro colocara el redil, se desató la tormenta y fuimos al encuentro de los pastores. Avanzaban por la carretera que asciende entre pinares hasta el monasterio. La tormenta eléctrica nos perseguía, descargando temibles rayos verticales tras el rebaño. La oscuridad era total. Azotados por las ráfagas de viento y agua, gra-

Fotograma de la serie Huellas Trashumantes. Descansadero de Leire.

bamos en movimiento desde el interior de la furgoneta, con las puertas traseras abiertas de par en par.

Exhaustos y empapados, fuimos a reponernos al monasterio, sin pasar de la entrada de la hospedería. Allí nos encontramos, absorto en la tormenta, con un historiador que se alojaba entre los monjes benedictinos. Perplejo aún por nuestra aparición, nos contó que investigaba a los maestros canteros medievales. Hablamos sobre las marcas en las piedras románicas y sus símbolos.

En el refugio no había luz, con linternas nos acomodamos como pudimos para dormir. Al despertar, descubrimos sobresaltados que habíamos compartido aquel lugar con algunas culebras. Por lo visto, no solo los hermanos Sanz lo usaban como dormitorio.

Era un amanecer húmedo y soleado. Pocas veces registramos el canto de los pájaros como aquella mañana, en la que se celebraba la vida tras la tormenta, un sonido limpio como el aire que se respiraba, antes de proseguir la ruta hacia los frescos prados del Pirineo navarro.

He vuelto a ver el documental, y sus descartes, con la ayuda de la montadora Luisa Latorre. Compruebo que algunos recuerdos son imágenes concretas, y que otros son secuencias que no encontraron su lugar en el montaje. En aquellas travesías había que compartir los días y las noches de cañada, todo era importante, todo tenía que ser registrado por la cámara.

Esta trashumancia la vivimos y la grabamos entre los años 2007 y 2008. Era una de las últimas cañadas españolas que recorrimos para la serie documental *"Huellas trashumantes"*, coproducida por Domingo Moreno P.C. y Televisión Española. Diez episodios que son otros tantos viajes de ida y vuelta por diferentes vías pecuarias de toda la península ibérica, sobre las vidas trashumantes y su rastro imborrable en unos paisajes modelados por los pastores y sus rebaños.

TURISMO DE LUJO EN EL BALNEARIO DE TIERMAS

En tiempos de sequía, cuando baja el nivel de las aguas represadas del pantano de Yesa, resurgen al pie del cerro de Tiermas los muros arruinados y las milagrosas aguas calientes de un viejo balneario que ya los romanos conocieron bien por sus propiedades curativas –los "baños de Pilatos"–, dado que de ahí proviene el nombre de "Thermae", uno de los 109 pueblos del Convento Jurídico Caesaraugustano.

Muchos viajeros y turistas desvían su ruta y no dudan en aparcar a un lado de la vieja carretera nacional de Jaca a Pamplona para bajarse andando con chancletas, bañador y toalla en mano a disfrutar de este "spa" al aire libre que es de uso gratuito. Allí se sumergen en improvisadas piscinas naturales de agua sulfurosa delimitadas con piedras, y se dan baños de grises lodos con propiedades terapéuticas para la piel… Pero lo que quizás no sepan es que este mismo escenario termal hoy destartalado de la España Vaciada fue en el pasado un bullicioso paraíso de la aristocracia del norte de España, tal y como atestiguan las pasadas crónicas y como reflejan esas fotos en blanco y negro que recogen el momento de la visita en el año 1908 de la infanta Isabel de Borbón y Borbón, hermana de Alfonso XII, venida hasta aquí tras una visita a la Exposición Hispano-Francesa de Zaragoza.

Antiguamente, en un principio, los Baños de Tiermas habían pertenecido a los reyes de Aragón quienes a veces los cedían a título temporal por los servicios prestados a algunos caballeros, como los señores de Navascués. Posteriormente pasaron a titularidad del municipio. Y desde el año 1819 el famoso Balneario de Tiermas pasó por varias manos propietarias particulares tras años de decadencia: entre ellas Luis Casals Ferrer, los condes de Coello de Portugal y Francisco Gurría Gastón, un indiano natural de Ansó, que junto a Sebastián Pérez Ornat se hace con el balneario, hoteles, fincas, huertas y más de mil árboles.

La edad de oro de los Baños de Tiermas fue el primer tercio del siglo XX. Lujoso en sus instalaciones, disponía de piscinas, varios hoteles –con capacidad de hasta cien personas–, billares, capilla, salas de lectura, pistas de tenis, comedor, garaje y zonas de descanso. Incluso se publicitaba como que contaba "con un gramófono" en una sala de música. Es decir, que los Baños de Tiermas disponían de toda clase de atractivos y comodidades que uno podía buscar para aquellas épocas.

Pero todo eso es ya historia pasada.

Visita a Tiermas de la Infanta Isabel al hotel con su nombre.

DE VIAJEROS Y ESTUDIOSOS DE LO NATURAL

Fotografía de Lucas Mallada.

Desde antiguo aparece constancia de que el balneario-hospital de Tiermas atendía a los peregrinos y enfermos, quienes acudían a esta zona a recuperar su salud. Por estas tierras, utilizando las calzadas de piedra, transitaron los romanos y, siglos más tarde, no pocos peregrinos medievales en dirección oeste.

En el año 1610 Juan Bautista Labaña en su *"Itinerario del reino de Aragón"* describe el pueblo de Tiermas y sus baños y deja esta referencia: "Pasé por los Baños de Tiermas, los cuales son de agua caliente, nacen en un monte junto a la ribera del Aragón en su parte derecha, luego de pasado el puente. La cantidad de agua es bastante para moler un molino, es muy azulada y el recinto huele mucho a azufre. En la fuente nacen a 40° y en el baño a 38°. Hay allí una casa para tomar baños que tiene algunos aposentos con camas y una caballeriza".

En 1798 el sabio y naturalista Ignacio Jordán de Asso, en su tomo de *"Historia de la economía política de Aragón"* habla de que esta parte correspondiente al por aquel entonces Partido de las Cinco Villas, ya en los confines de Navarra, está compuesta por montañas, sierras y cerros con frondosos bosques de corpulentos árboles y hermosos tilos. Al llegar a la "Canal de Verdún", donde sitúa a Salvatierra, se refiere al regadío y a las cosechas que se producen de trigo, judías, lino, cáñamo, algún vino y fruta. Y dice así: "Salvatierra es el pueblo que coge más trigo después de Verdún, pero no pasa de mediano, y su cosecha asciende anualmente a 1.900 cahíces. La cosecha de vino está limitada a Viniés, Lorbés y Mianos. Y la fruta, que no tiene nada de particular, la mejor es en Viniés y Mianos, donde podrían multiplicarse muchas especies de peras y de manzanas. Este territorio es apto para los olivos y aún para moreras, especialmente en Asso, cuya calidad de tierra es excelente. Hace poco en la partida de Tiermas, llamada de San Vicién, se plantaron algunos, olivos de estaca y se dieron bien, pero hubiera sido más acertado haber preferido los empeltres".

Aunque quizás la obra bibliográfica del pasado que más y mejores referencias históricas o naturales nos aporta sobre todo este territorio es la *"Descripción del partido de las Cinco Villas de Aragón"* (Biblioteca de la Real Academia de la Historia), un manuscrito que en el año 1802 inició el erudito sacerdote Mateo Suman que en tiempos muy recientes ha sido editado, con una valiosa introducción por parte de Josefina Salvo Salanova y Álvaro Capalvo Liesa: se trata de *"Apuntes para el Diccionario Geográfico del Reino de Aragón. Partido de las Cinco Villas, Zaragoza",* editado en el 2015 por la Institución Fernando el Católico. En sus 605 páginas impresas se describen todos los poblados y despoblados de las Cinco Villas, zona que por aquel entonces incluía hasta los valles de Ansó y Echo, así como Murillo de Gállego y sus aldeas. Ahí se citan cosas curiosas como la abundancia de truchas, barbos, anguilas y madrillas en el río Aragón, o la presencia de lobos, algunos osos e incluso linces –lobos cervates– en los elevadísimos montes que rodean a la villa de Salvatierra.

Es el fraile Suman quien va a ir haciendo referencia a los árboles y la vegetación presente en cada lugar, pero al abordar el caso de Salvatierra de Esca va más allá y adjunta el trabajo completo del médico titular de la villa, el botánico Pascual Mora –natural de Valencia– que realiza una relación de 254 plantas silvestres, hierbas espontáneas o cultivadas, muchas de ellas medicinales, que como bien aclara el autor también se hallan en los montes de Sigüés– y que el doctor ordena alfabéticamente por su nombre científico y los describe brevemente. Entre estas plantas están el acebo, el madroño, la salvia, el muérdago, la vid, el serbal, la siempreviva, el endrino, orquídeas cuyas flores recuerdan a abejas y a moscas... o el abedul, del que dice que "se saca bastante utilidad para cerdillos de cubas". Una colección vegetal que más tarde volverá a referenciar el gran bibliógrafo aragonés Félix Latassa.

En 1878 el geólogo oscense Lucas Mallada, en su obra *"Descripción física y geológica de la Provincia de Huesca",* hace este comentario sobre la geografía política: "La separación de Huesca y Navarra se reduce a la que existe entre los valles de Ansó y Roncal; pero la línea divisoria de Zaragoza y Huesca carece de fundamento científico, y presenta, por el contrario, irregularidades que no tienen razón de ser. Aparte de anomalías tales como la que presenta el término de Murillo de Gállego (Zaragoza), envuelto casi del todo por los de Riglos y Agüero (Huesca), basta fijarse en un mapa de la provincia de Zaragoza para reparar en un extraño saliente que a modo de aguda cuña, avanzando hacia los Pirineos, separa casi completamente las

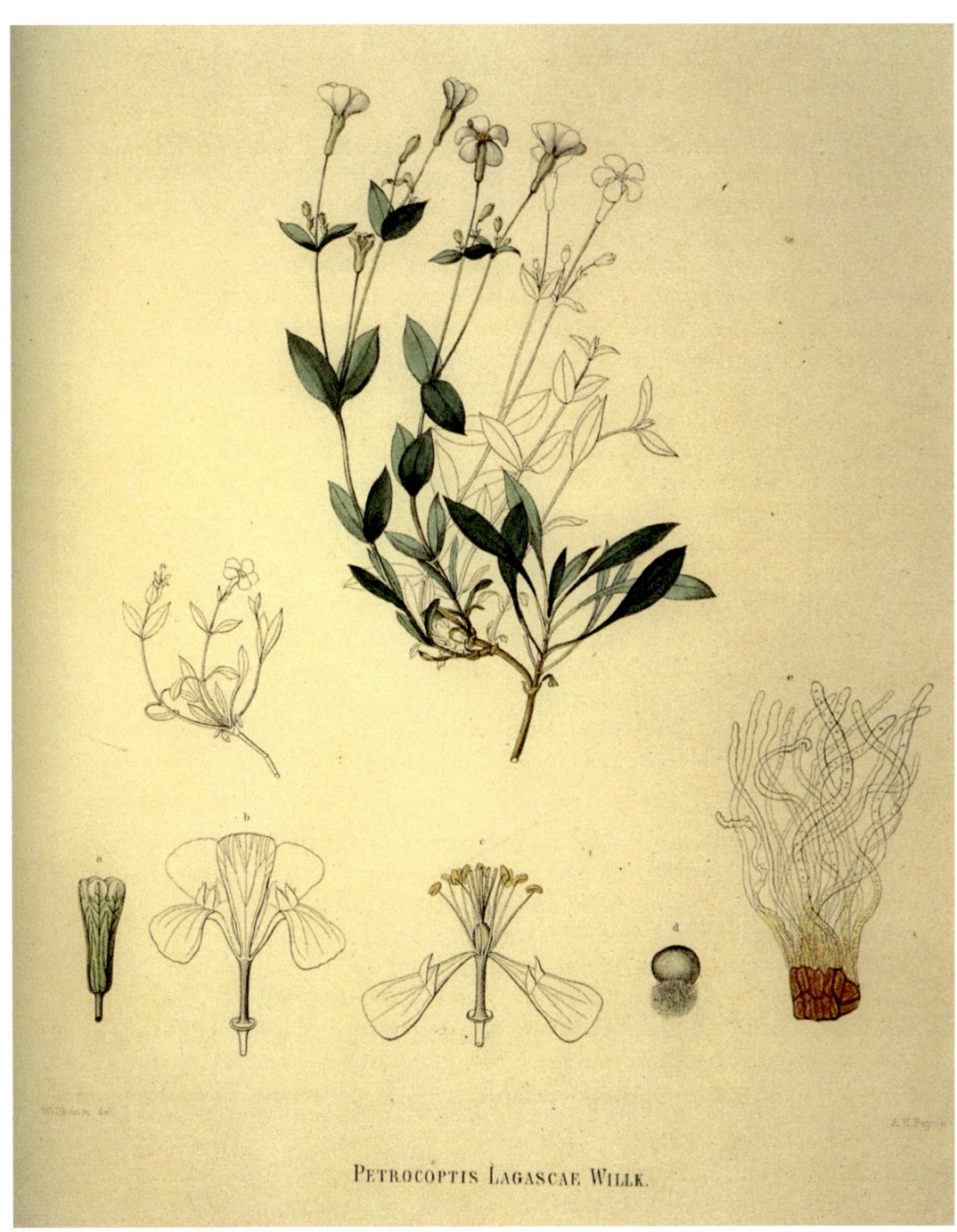

PETROCOPTIS LAGASCAE WILLK.

Petrocoptis hispanica, antes P. lagascae, propia de las foces.

de Huesca y Navarra. El territorio de las Cinco Villas y el espacio que existe entre las sierras de Santo Domingo y Salvatierra pudiera pertenecer más racionalmente a una de las dos últimas; y es bien seguro que una división de provincias más acertada que la actual hará desaparecer tales irregularidades".

Por otra parte, era de esperar que los pirineístas de finales del XIX se centraran más en las montañas y cumbres oscenses del Alto Aragón occidental, es decir, en la cabecera de los valles de Ansó y Echo, pero sin embargo, algunos de ellos también se dejaron ver y caer por esta esquina del Pirineo de Zaragoza, como es el caso del abogado y topógrafo Édoaurd Wallon, que desde el Pirineo central en un principio se había planteado no ir tan hacia el oeste ni sobrepasar la cuenca del Aragón-Subordán, pero que finalmente acabará reconociendo verse atraído irresistiblemente por las mil sorpresas que le deparan estas montañas calcáreas de tonalidades tan ricas y formas tan bellas: "Yendo de valle en valle llegué casi sin darme cuenta hasta los confines de Navarra". El 29 de agosto de 1879 Wallon desciende de Ansó a Berdún por Fago y la Punta Forcala, divisando al sur la gran llanura de la Canal de Berdún –que cubre una considerable extensión– y la arbolada cima de la Virgen de la Peña que se eleva al noroeste: "Hacia Navarra las montañas parecen ser muy arboladas y forman como olas encrespadas que se pierden en la distancia. Berdún es un pueblo triste, de calles estrechas, pero la vista que ofrece por su situación estratégica es magnífica. Desde el balcón de la fonda se contempla la llanura, el curso del río perdiéndose en el infinito, y enfrente la sierra de San Juan cubierta de bosques y surcada de barrancos".

Otro pirineísta que también recaló por aquí, fue el también francés Aymard d'Arlot, el conde de Saint-Saud, quien no solo recorrió las alturas pirenaicas y las entrañas de los Picos de Europa, sino que en su texto *"Excursiones a Navarra y Aragón"* narra que llega un 31 de mayo de 1882 a Salvatierra de Esca, procedente de Burgui, siguiendo la cresta y anotando la existencia del "magnífico desfiladero" de la Foz de Salvatierra: "una garganta que no pude fotografiar por la hora que era, que se abre a pico entre las montañas de Nuestra Señora de la Peña y Ollate, y que tendrá una profundidad aproximada de 700 metros".

Aún a pesar de la proximidad del Instituto Pirenaico de Ecología con sede en Jaca, los naturalistas más contemporáneos han prestado escasa atención a estas sierras y valles de la Alta Zaragoza, mucho más atraídos igualmente por los deslumbrantes paisajes cercanos del elevado Pirineo de Huesca y del valle del Roncal. Pero, por supuesto, existen estudios y estudiosos que han ido dejado constancia del valor ecológico de todas estas montañas. Cabe referenciar en primer lugar al botánico Pedro Montserrat y su trabajo del año 1971 dedicado a la vida vegetal de La Jacetania, donde se aborda la ecología de los carrascales y quejigales de la Canal de Berdún, así como los restos de laurisilva de las hoces del río Esca. Un trabajo que posteriormente será desarrollado muy específicamente por José Antonio Sesé, uno de los autores del Atlas de la Flora del Pirineo Aragonés, que elabora un Catálogo Florístico de la Alta Zaragoza –inédito– y que publica en la revista Lucas Mallada –del Instituto de Estudios Altoaragoneses– un completo artículo titulado *Notas florísticas del Pirineo Occidental Aragonés (provincias de Zaragoza y Huesca)"* en el que se citan 62 especies vegetales, algunas nuevas para la provincia de Zaragoza, y donde se hace especial hincapié a los taxones de distribución atlántica.

Desde el punto de vista geológico Cayo Puigdefábregas realizó su tesis doctoral en 1973 sobre la sedimentación molásica de la Cuenca de Jaca incluyendo la Peña Nobla, José Creus estudia en 1977 el clima del Alto Aragón occidental, Santiago Beguería Portugués analiza la erosión y fuentes de sedimento en la cuenca del embalse de Yesa –en 2005–, el hoy catedrático José Ignacio Canudo debuta con una tesis de licenciatura sobre los fósiles y la bioestratigrafía de la Canal de Berdún… mientras que los profesores de la Universidad de Zaragoza, Antonio Casas y Antonio Arretxabala, denuncian con un informe técnico geológico la estabilidad deficiente de las laderas donde se apoya la presa del pantano de Yesa, aludiendo a los estudios anteriores del periodo sísmico de los años 1923 a 1925 por parte de Alfonso Rey Pastor.

Además, algunos naturalistas contemporáneos como Luis Lorente, o como Benito Campo y Enrique Ruiz Ara cubren esta zona para la realización de los atlas ornitológico y herpetológico de Aragón respectivamente. Lo mismo que Mikel Belasko analiza la toponimia local y la etimología de las sierras de Orba o Leire, que Iosu Antón se centra en la entomofauna y la malacología… o que Mario Gisbert y Marcos Pastor van explorando las simas y cuevas de la provincia de Zaragoza, lo que daría lugar al fortuito hallazgo de manifestaciones de arte rupestre que serán analizadas por expertos arqueólogos como Manuel Martínez Bea o José Ignacio Royo, del área de Prehistoria de la Universidad de Zaragoza. Estudiosos científicos todos ellos que se suman al buen conocimiento de campo en múltiples facetas de los montes de la Alta Zaragoza que desde hace años profesan dos Agentes de Protección de la Naturaleza del Gobierno de Aragón: Fernando Lorente –en Salvatierra de Esca– y Ana Baquero –en Sigüés–.

Según cuenta la leyenda, colocar una carlina en la puerta, protegía de la acción de las brujas, que pasaban la noche contando los pinchos de las hojas. Así, las sorprendía el amanecer, y debían regresar a sus guaridas.

Pese a crecer en partes supraforestales, algo más al norte, es habitual encontrar estos cardos protegiendo las casas en Artieda.

Puerta de Undués de Lerda y carlina.

Pirineístas por la Alta Zaragoza

Alberto Martínez Embid
Montañeros de Aragón de Zaragoza

Aymar de Saint-Saud.

Un siglo antes que se difundiera la denominación de Alta Zaragoza, varios cartógrafos célebres ya se interesaron por su orografía. Uno de ellos fue Édouard Wallon. En 1879 su guía Mariano Aragüés le animó a visitar esa punta Forcala que dominaba la Canal de Berdún, pues era fácil de subir. Desde su cima vio "montañas boscosas que forman un amontonamiento que escapa hacia el infinito y se pierden hacia el sur en los vapores cálidos y lacados del llano". También le chocó esa punta de la Sierra Orba que "avanza como un promontorio hacia la llanura". Dos años después Wallon completaba sus notas junto al pastor Domingo.

Le relevó en sus trabajos cierto socio de Montañeros de Aragón llamado Aymar de Saint-Saud. En 1881 los guardabosques Joaquín Añaños y Antonio López le llevaron por Fago hasta una montaña especial: "Subí al noroeste rumbo al verde valle de San Chuán, por donde gané la sierra de Algaralleta o Salariña. Mientras mis compañeros asaban un cuarto de cabritillo, me puse a trabajar. Era el punto exacto de confluencia de las provincias de Huesca, Navarra y Zaragoza, una posición mal descrita en los mapas que quise concretar. Muy interesante para los botánicos, pues encontré especies variadas".

En la primavera siguiente el conde Saint-Saud acudía a Salvatierra de Esca, visitando una Foz que "se abre cortada a pico entre las montañas de Nuestra Señora de la Peña y Ollate, con una profundidad de unos 700 m". También conoció "la arbolada Sierra de Orba, formada por rocas de un gres rosáceo fino". Es más, le gustó dicha atalaya, "dominadora del valle del río Aragón por el lado sur de su zócalo". A destacar su opinión sobre los nativos de Salvatierra:"Durante la cena me convencí de la inteligente viveza de los españoles del Pirineo, que supera con diferencia a la de nuestros rudos montañeses. Estos otros campesinos, carentes de formación, discutían con sagacidad excepcional las cuestiones toponímicas".

A través de los primeros mapas excursionistas de la Alta Zaragoza, el turismo de montaña fue por entonces arrancando.

Itinerario por el Reino de Aragón, en 1895

Marta Iturralde Navarro
Escritora y pirineísta

En la crónica exploratoria de la tierra después conocida como "Alta Zaragoza" jugó un papel importante el patrocinio de la misma entidad que hoy publica este libro, la Diputación de Zaragoza y la Institución Fernando el Católico. De la mano del más madrugador de sus pioneros, el cosmógrafo Juan Bautista Labaña, un lisboeta que firmó cierto "Itinerario del Reino de Aragón", trabajo que no vio la luz hasta el año 1895, editado por la Diputación Provincial de Zaragoza.

Labaña acudió a tierras aragonesas en el otoño de 1610. Deseaba efectuar unas observaciones sobre el terreno con las que ocho años después trazaría el "Mapa del Reino de Aragón", a escala 1:277.587. Obra encargada por unos diputados aragoneses que le animaron a recorrer "pueblos, montes, ríos, tomando la altura y anotando lo particular que en ellos encontrase".

Nuestro sabio llegó a la Sierra de Leire el 19 de noviembre de 1610, visitando Ruesta y luego a Sigüés. Le llamó la atención el Esca, pues "trae este río mucha agua, viene por entre altas peñas, en las cuales abre un portillo entre la sierra de Oyl y la de Orba para salir al llano".

También le intrigaron los baños romanos de Tiermas, de aguas calientes, muy azuladas y fuerte olor a azufre. Cerca de allí vio la "falda de una sierra poblada de un bosque muy espeso en el que hay jabalíes, osos, corzos, lobos y otros muchos animales selváticos".

El portugués subió a ese monte de la Cerreda que dominaba Ruesta, avistando la montaña y la ermita de Nuestra Señora de la Peña de Salvatierra. Igualmente visitó dicha elevación, escribiendo: "El camino es asperísimo por las peñas, en el fondo de las cuales corre el Esca y otro arroyo que viene de Gabarri". El 22 de noviembre Labaña se adentraba por las montañas y dejó escrito: "Salvatierra está asentada en un otero que queda metido entre los montes altos de la sierra. Al final del valle queda un lugarejo que llaman Lorbés. De allí vuelve el camino al norte, y dando vueltas y subiendo y bajando sierras ásperas se va a Fago".

¿Serían éstas las primeras descripciones de itinerarios por la Alta Zaragoza?

Mapa de Juan Bautista Labaña, edición de 1640.

Almadía en el río Esca a su paso por Salvatierra de Esca.

Camino de Sigüés a Salvatierra de Aragón. La Cabeza del Moro, 1894.

Desde la ermita de Nuestra Sª de la Peña, 1894

Castillo de Ruesta.

De almuerzo junto a la ermita de Casterillo en Mianos. Eloína Bravo e Ignacio Martínez Peña.

Esco antes del pantano, años 40-50.

Desaparecido puente de Tiermas –con tramo final de madera– en el río Aragón.

Familia de Salvatierra de Esca en 1915. Nicasia Lorente y Félix Lorente.

Estampa de Mianos. Vecinos en un carro, Agustín Martínez con Ángeles, Nieves y Amelia.

Juan Ramón Clemente, bisabuelo de Esco, julio de 1956.

Imagen de Tiermas y el valle antes de la construcción del pantano de Yesa.

Foto de caza años 60 en Salvatierra. Clemente Lorente, Felipe Hualde, José Hualde y Cristóbal García.

Joven familia antes de abandonar Esco.

Foto antigua de fiesta en Salvatierra de Esca.

Labores de limpieza del mosaico romano descubierto en Artieda en 1967.

Los hijos de Fidel Solano, el herrero de Tiermas, montaron dos empresas de automoción en Zaragoza.

Tiermas y su balneario desde el puente del río Aragón.

Viajeros frente al balneario de Tiermas en 1912, procedentes de la línea de Jaca-Roncal-Pamplona.

Puente de los Roncaleses, Yesa, con la Sierra de Leire al fondo.

Localidad de Salvatierra de Esca entre montañas.

"Los vientos bendicen a los bosques. Los bosques
a los vientos. Y de ello siempre resulta una belleza
y una armonía inefable"

John Muir

Arco iris sobre los cielos de la Alta Zaragoza

La vegetación potencial nos lo dice casi todo. Basta con echar una mirada a los tipos de bosques, a los arbustos y las plantas silvestres menores para comprender no solo el hábitat o el sustrato –el suelo– que acoge a las plantas, sino también otros muchos aspectos que están relacionados con la climatología local: las precipitaciones, la humedad ambiental y la insolación… o las temperaturas.

La coexistencia en un mismo espacio de dos árboles tan distintos como el haya –gran amante de la humedad ambiental y de la lluvia– y la encina o carrasca –enamorada del sol y del calor– ya nos está desvelando que estamos en una clara zona geográfica de transición climática entre la España húmeda y la seca, entre los climas del centro o norte de Europa con los del sur de la península ibérica, en esa frontera natural entre dos mundos naturales diferentes, es decir, entre los ambientes eurosiberianos y los más dominantes de tipo mediterráneo. De esta forma, aquí los pinos se mezclan con los abedules, y prácticamente coinciden en una misma sierra los abetos con aliagas, o los robles, los groselleros y los arces con bojes, sabinas, enebros, capitanas, coscojas y tomillos…

Aunque, para más complicación, en el reducido espacio objeto de estudio la inversión térmica de zonas como la Canal de Berdún o bien el abrigado microclima interior de las foces pueden llegar a generar un batiburrillo

Lluvia. Salvatierra registra las más altas precipitaciones de la provincia de Zaragoza.

aún mayor de hábitats, hasta el punto de que la simple mirada hacia la diversidad quede algo aturdida cuando de repente se nos aparecen otras plantas más termófilas e inesperadas como madroños, durillos, cornicabras u olivillas, que son especies propias de climas subtropicales, reducto aún vivo de aquellas selvas lauroides –como las de la costa norte de Canarias– que en el Terciario, antes de las glaciaciones del Cuaternario, cubrieron estos montes del Pirineo.

El botánico José Antonio Sesé ha escrito sobre la flora del Pirineo de la Alta Zaragoza y ha explicado muy bien que en esta zona conviven hasta 950 especies diferentes de plantas gracias a la confluencia de un clima húmedo y oceánico –que proviene del norte, del valle del Roncal–… y de un clima seco, mediterráneo –que penetra desde el valle del Ebro por el sur y suroeste hasta el pantano de Yesa–, lo que viene a favorecer esa curiosa confluencia de matorrales subcantábricos de brezos con el cultivo de otras plantas más frioleras como el olivo, la vid o el almendro. Ya su maestro, el biólogo Pedro Montserrat, apuntaba que en las gargantas poco frías del río Esca la aparición de las matas de la cornicabra eran un gran indicador de que aquellos lugares del valle sufrían una menor afección por las heladas.

Pero si a grandes rasgos, ya con diagramas ombrotérmicos o datos meteorológicos fiables en la mano, tratamos de definir el tipo de clima de toda esta zona, bien podríamos afirmar que se trata de un clima de clara componente continental, con inviernos fríos, veranos calurosos y probabilidad considerable de heladas entre los meses de noviembre y marzo-abril.

Dependiendo de la altitud, las temperaturas medias anuales oscilan entre los 10,7 y 13,1 °C. Las temperaturas máximas suelen superar los 30 °C en las partes bajas y las mínimas pueden estar por debajo de 10 °C.

Mientras que la precipitación media anual varía desde los 730 y los 800 mm –de Artieda y de Yesa– a los casi 1.100 mm –de Salvatierra de Esca, el pueblo más lluvioso de la provincia de Zaragoza–, si bien ya un poco más al norte en la localidad navarra de Burgui ya se rozan registros de 1.300 mm o litros por metro cuadrado de lluvia anual, debido a una mayor exposición a la influencia de tipo atlántica. Y aunque se puede considerar que no hay sequía estival, sí que existe una estacionalidad en las precipitaciones, habiendo dos máximos en invierno y primavera con un mínimo en los meses de verano –sobre todo durante el mes de julio–. La nieve suele ser escasa, cada año más, y se produce entre diciembre y marzo, siendo poco persistente.

A continuación se muestran cuatro tablas con algunos datos y valores meteorológicos recogidos en la información estadística de Aragón:

Salvatierra de Esca, a 582 m

Dato	Ene.	Feb.	Mar.	Abr.	May.	Jun.	Jul.	Ago.	Sep.	Oct.	Nov.	Dic.	Año
P	100	—	67,7	80,2	98,6	76,4	44,4	32,2	56,1	96,2	—	91,9	
T	2,88	4,23	6,34	8,22	12,11	16,61	20,34	19,42	15,35	11,12	6,44	3,33	10,53

P, precipitación (mm) / T, temperatura media mensual (°C).

Sigüés, a 521 m

Dato	Ene.	Feb.	Mar.	Abr.	May.	Jun.	Jul.	Ago.	Sep.	Oct.	Nov.	Dic.	Año
P	68,6	64,6	48,8	71,7	76,4	61	37,7	40,7	56,8	77,1	82,1	87,7	772,6
T	4,28	5,53	7,69	10,34	14,05	18,22	21,78	21,45	18,84	13,34	7,82	4,86	12,35

P, precipitación (mm) / T, temperatura media mensual (°C).

Artieda, a 652 m

Dato	Ene.	Feb.	Mar.	Abr.	May.	Jun.	Jul.	Ago.	Sep.	Oct.	Nov.	Dic.	Año
P	73	69,9	53,7	58,9	67,2	58,8	37,6	40,1	58'5	68,6	88,2	72,8	747,3
T	3,92	5,36	7,30	9,80	13,41	17,37	20,61	20,10	17,36	12,65	7,41	4,42	11,64

P, precipitación (mm) / T, temperatura media mensual (°C).

Yesa (embalse), a 493 m

Dato	Ene.	Feb.	Mar.	Abr.	May.	Jun.	Jul.	Ago.	Sep.	Oct.	Nov.	Dic.	Año
P	73,8	66,9	56,9	82,6	74,7	56,6	35,4	39'8	56,7	83,7	82,5	85,4	795
T	4,1	5,1	8,2	10,4	13,6	17,3	19,9	20	17,5	12,7	7,7	4,9	11,78

Tabla.– P, precipitación (mm) / T, temperatura media mensual (°C).

Pero quizás sea José Alfonso López Aguerri quien mejor ha analizado la climatología de la Alta Zaragoza en su zona meridional –la parte más cálida y seca–, a través de sus publicaciones sobre el término de Undués de Lerda y la Valdonsella, donde recuerda fenómenos meteorológicos extremos como la intensa nevada de febrero de 2015, las lluvias del 10 y 20 de octubre de 2012 –cuando en Yesa se registraron hasta 130 mm de lluvia en tan sólo 24 horas y el caudal del río Aragón se cifró en 339 m³/s–, las intensas heladas de hasta –10°C en diciembre de 2001, y de hasta –20°C en febrero de 1956... o la sequía del año 1811 que quedó recogida en los libros parroquiales.

Cirros sobre el barranco de Gabarre y Lorbés.

Como resumen, López Aguerri destaca que la zona de la Alta Zaragoza presenta un clima caracterizado por variaciones estacionales bien diferenciadas. Las mayores diferencias de temperatura entre la zona norte y sur de la región corresponden a las temperaturas mínimas, siendo la zona norte la que experimenta unas temperaturas mínimas más extremas. Aquí las precipitaciones tienen un marcado carácter estacional, y se aprecia un claro gradiente de precipitación anual de la zona norte a la zona sur, siendo más abundantes las precipitaciones en el norte de la región.

Cumulonimbus sobre el Pirineo y la Sierra de Orba.

Podemos decir, asimismo, que las variaciones de la temperatura a lo largo de las tres últimas décadas han sido poco significativas en la zona norte de la región. Sin embargo, sí que se han medido variaciones superiores a 0,1 °C por año en la temperatura media de la zona sur, siendo los meses de primavera y otoño en los que se mide una mayor variación de temperatura en esta zona.

Tritón jaspeado.

Observaciones meteorológicas

José Alfonso López Aguerri
Instituto Astrofísico de Canarias, natural de Undués de Lerda.

La zona de la Alta Zaragoza presenta un clima denominado templado o mesotérmico caracterizado por tener variaciones estacionales bien definidas. Son las características locales, como la orografía de la zona, las que terminan de modular el clima de la región. Su clima presenta características propias de dos regiones climáticas, con veranos calurosos y secos como el valle del Ebro, y épocas lluviosas y frías como la zona pirenaica. En general podríamos decir que la zona presenta un clima continental, alejado de la influencia marítima, con rasgos de alta montaña.

Con el fin de caracterizar el clima y su evolución durante las últimas tres décadas en la zona de la Alta Zaragoza, hemos realizado un estudio estadístico de los datos meteorológicos que nos aportan tres observatorios situados en los límites de esta región. Nos referimos a los observatorios de Sos del Rey Católico, Navascués y Yesa. Estos tres observatorios han sido elegidos por disponer de datos meteorológicos públicos durante un largo periodo de tiempo. Además, su situación es ideal para trazar el clima de la región de la Alta Zaragoza y sus zonas limítrofes. Así, el observatorio de Navascués está al norte de la región, cercano a la localidad de Salvatierra de Esca. Se encuentra situado a una altitud de 615 metros sobre el nivel del mar, su localización nos servirá para caracterizar el clima de la zona norte de la Alta Zaragoza. El observatorio de Yesa está en pleno valle del río Aragón, a 487 metros de altitud. Se encuentra, próximo a Sigüés, Ruesta y Tiermas. Por último, el observatorio de Sos del Rey Católico (ver Figura 1) se encuentra un poco más al sur y nos servirá para caracterizar el clima de la zona vecina de la Valdonsella, situada al sur de la Alta Zaragoza y formada por los municipios de Sos, Navardún, Urriés, Isuerre, Lobera de Onsella, Longás y Undués de Lerda. Las estaciones meteorológicas de

Lluvia y baja de temperaturas en la cola del embalse de Yesa, soto Casquetas.

Yesa y Sos de Rey Católico son automáticas y registran datos de precipitación, temperaturas máxima, mínima y media desde 1992. Por el contrario, la estación meteorológica de Navascués es manual y reporta datos de precipitación y temperaturas máxima y mínima desde 1985. En definitiva, estos tres observatorios nos proporcionan datos meteorológicos de las tres últimas décadas.

La medición de las variables meteorológicas tiene una importante tradición en la zona. En concreto, la villa de Sos del Rey Católico presenta diferentes observatorios meteorológicos desde finales del siglo XIX. Fueron los padres Escolapios los primeros interesados en el estudio de la atmósfera. Por ello el padre Blas Aínsa Domeneque instauró en 1882 un observatorio en el colegio Isidoro Gil de Jaz, de Sos del Rey Católico. La labor continuó durante décadas hasta que la Agencia Estatal de Meteorología en colaboración con la Diputación General de Aragón instalaron, a principios de los años 90, la actual instalación meteorológica. Las otras dos estaciones meteorológicas seleccionadas, Yesa y Navascués, también tienen una larga tradición en la medida de los fenómenos atmosféricos. En particular, la estación meteorológica manual de Navascués data de 1928. Por su parte, en Yesa se instaló una estación manual en 1929 y la automática actual data de 1991. Ambas estaciones son propiedad del Gobierno de Navarra.

Características generales del clima de la Alta Zaragoza

La Figura 1 presenta la evolución de las temperaturas medias y extremas en función del mes en los tres observatorios que hemos seleccionado. Como se puede apreciar todas las temperaturas presentan una forma típica de campana de Gauss, alcanzando mínimos durante los meses de invierno y máximos en el verano. Las diferen-

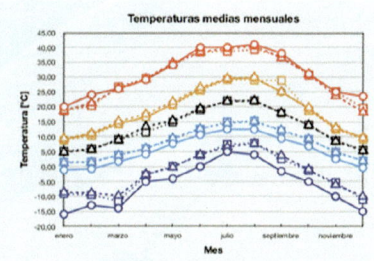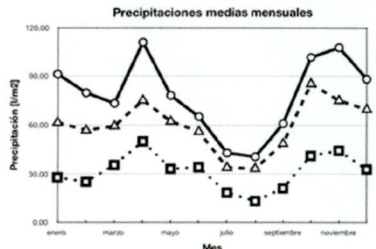

Figuras climáticas. 1-2.

cias entre los tres observatorios en las temperaturas máxima y máxima media es muy pequeña. Esto indica que toda la zona recibe una similar insolación durante el día. No se aprecian tampoco diferencias entre las temperaturas medias medidas en los observatorios de Yesa y de Sos. Sin embargo, las curvas de las temperaturas mínimas absolutas y medias sí que presentan diferencias de unos observatorios a otros. En particular, el observatorio de Navascués registra temperaturas mínimas absolutas y medias menores durante todos los meses del año. Como se puede ver con los datos registrados por el observatorio de Navascués, la zona norte de la región solo presenta dos meses al año (julio y agosto) en los cuales la temperatura mínima media está por encima de 0 °C. Además, el observatorio de Navascués es el que ha registrado temperaturas mínimas más extremas, claramente por debajo de los –10 °C. Estas temperaturas no han sido registradas en Sos o en Yesa en todo el periodo estudiado. Esta variación en las temperaturas mínimas indica un mayor enfriamiento de la atmósfera durante la noche en la zona norte de la Alta Zaragoza. La Figura 1 también nos muestra que las tres zonas presentan una amplia amplitud térmica, se aprecia que desde las mínimas hasta las máximas temperaturas registradas hay una diferencia de unos 55 grados. Las temperaturas más extremas observadas en el periodo estudiado se han dado en el observatorio de Navascués. Siendo la máxima absoluta de 41 °C registrada en agosto de 1987, y la mínima absoluta de –16 °C en enero de 1985.

La Figura 2 presenta la precipitación media en función del mes recogida en los tres observatorios. Se puede apreciar que hay un claro gradiente de precipitaciones del norte al sur de la zona. Así, el observatorio de Sos es el que registra mensualmente unas precipitaciones medias menores. Por el contrario, la zona del observatorio de Navascués presenta las precipitaciones mensuales más abundantes. La Figura 2 también muestra que las precipitaciones en los tres observatorios tienen un marcado carácter estacional. Las menores precipitaciones se registran en toda la Alta Zaragoza durante los meses estivales alcanzando su mínimo durante el mes de agosto. Por el contrario, los meses de mayores precipitaciones se registran en los tres observatorios durante la primavera (abril) y el otoño (octubre y noviembre).

Evolución del clima de la Alta Zaragoza

Los datos que hemos analizado nos permiten estudiar la evolución de las temperaturas y las precipitaciones por un periodo de 27 años

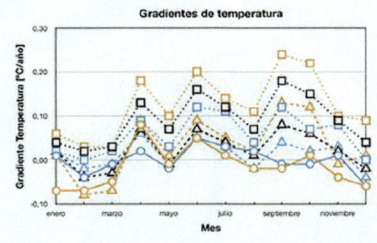
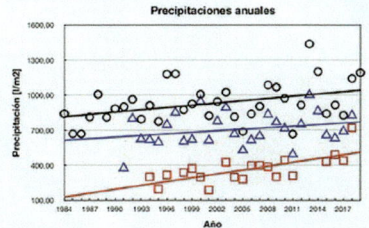

Figuras climáticas. 3-4.

en el caso de los observatorios de Sos y Yesa, y de 34 para el caso de Navascués. Estos largos periodos de tiempo nos permiten ver si hay tendencias o gradientes en las temperaturas y precipitaciones de la zona de la Alta Zaragoza.

La Figura 3 muestra los gradientes (°C/año) de las temperaturas media, máxima media y mínima media que se han registrado en las últimas décadas en los tres observatorios. En primer lugar, podemos apreciar que solo los valores de temperatura registrados en el observatorio de Sos presentan gradientes superiores a 0,1 °C/año. Los gradientes que presentan las temperaturas en los observatorios de Navascués y Yesa son menores a esta cantidad en todos los casos. Además, los gradientes de temperatura varían con los meses. Según los datos del observatorio de Sos del Rey Católico son los meses de abril, junio, julio, septiembre y octubre los que han experimentado una mayor variación de la temperatura media. En estos meses la zona sur de la Alta Zaragoza ha experimentado una variación superior a 0,1 °C/año en su temperatura media. Podemos concluir a partir de la Figura 3 que en la zona norte de la Alta Zaragoza las variaciones de la temperatura no han sido significativas en el periodo de tiempo analizado. Sin embargo, en la zona sur, sí que se observan cambios de temperatura superiores, siendo estas variaciones mayores en meses primaverales (abril y junio) y del otoño (septiembre y octubre).

La diversidad de las precipitaciones anuales que ha experimentado la zona de la Alta Zaragoza se muestra en la Figura 4. En esta figura se recogen las precipitaciones totales medidas de cada año en los observatorios de Sos, Yesa y Navascués. La figura nos muestra que hay una tendencia general en los tres observatorios a un incremento de las precipitaciones, siendo más abundantes en la actualidad. Esta tendencia es más acentuada para la región sur de la zona como se puede apreciar a partir de los datos del observatorio de Sos. En particular los incrementos de las precipitaciones anuales que se han medido son de 4,48, 6,95 y 10,93 l/m2 por año para Yesa, Navascués y Sos, respectivamente.

Monte de Salvatierra y Burgui nevados.

"El agua canta y nacen paraísos"

Octavio Paz

El río Esca tras atravesar la población de Salvatierra.

HISTORIA GEOLÓGICA

Esta tierra que pisamos del Prepirineo centro-occidental y que hoy queremos llamar de la Alta Zaragoza ya existía hace millones y millones de años. No es nueva en este terreno físico que nosotros, los seres humanos, felizmente habitamos hace muchísimo menos tiempo.

Incluso podemos asegurar que en un principio tal vez no fuera "tierra" en sí misma ni rocas al aire libre como las que observamos... sino que todo esto fue antes de nada una cuenca marina profunda y después un mar tropical somero repleto de vida.

No podríamos empezar la labor de tratar de entender bien la gran Naturaleza de todo esta área de la provincia sin echar primeramente un vistazo atento a esa Ciencia a veces tan abstracta y tan hermosa que es la Geología, sin acercarnos previamente a comprender la dinámica de la Tierra, sus procesos, sus tiempos, su armonía y equilibrio, el suelo... Y es por eso que en este apartado queremos mirar a los estratos de rocas calizas y los conglomerados de areniscas con cuarcitas, a las grises margas, a las aguas termales y a los mo-

Pliegue geológico de Peña Blanca y Peña Palomera.

Cristal de cuarzo en Bardipeña.

vimientos sísmicos… sin olvidarnos, por supuesto, de tratar de conocer cómo se formaron estas cicatrices tan tremendas que son las "foces" o bien algunas de las cuevas y simas que componen un inesperado paisaje interior todavía por descubrir.

Hay que mencionar que la estructura geológica de la zona norte de Aragón, la parte meridional del Pirineo central, está constituida por cuatro grandes unidades de relieve geológico que son el Pirineo Axial –o verdadero eje de la cadena montañosa, de edad paleozoica y deformado por el plegamiento hercínico–, las Sierras Interiores, las Depresiones Medias –o Intrapirenaicas– y las Sierras Exteriores. Y que de todas ellas, las tres últimas podríamos decir que están representadas en la zona de la Alta Zaragoza.

Las alargadas sierras de Leire y de Orba, de Illón y Virgen de la Peña podrían corresponder a una unidad subpirenaica situada en el borde sur de las llamadas Sierras Interiores, ese otro eje del relieve pirenaico más joven compuesto por rocas sedimentarias de hace unos 40 millones de años, que hacia el norte llega en Aragón hasta la frontera con Francia y que es una prolongada alineación de picachos, montes y sierras de predominancia mayormente caliza, con rocas carbonatas del Mesozoico –Cretácico–, areniscas pobres, arcillas rojas y materiales terciarios que han sido replegados en diferentes fases por la tectónica alpina. Es aquí donde aparecen los estratos típicos del flysch del "grupo Hecho", esa bella alternancia de blancas calizas margosas y de resistentes capas de caliza areniscosa que se formaron a partir de corrientes de turbidez en un surco marino profundo, capas que muestran un aspecto plástico que casi siempre nos recuerda a un milhojas u hojaldre de piedra. Es decir, que en estas sierras nos referimos a unos relieves montañosos medios situados en la misma antesala del Pirineo elevado, los cuales se van a ver interrumpidos por el paso de la red fluvial, creando espectaculares gargantas o foces que atraviesan ríos –como el Esca o el Salazar– capaces de cortar el compacto relieve montañoso.

Ligeramente al sur de estos montes se localiza la ancha Canal de Berdún, el curso del río Aragón y lo que es hoy el embalse de Yesa, zona que ya correspondería a la denominada Depresión Media Pirenaica, estructura poco resistente a la erosión, excavada en las margas de Pamplona –del Eoceno Medio o Superior– también llamadas "salagón" "tufas" o "tufarro", las cuales corresponden a litologías deleznables de origen marino, calcolutitas de colores gris-azulados –con unos 45 millones de años– que fueron depositadas en esta franja intramontana. Una depresión que con el tiempo ha sido erosionada intensamente para dar lugar a un paisaje mucho más llano, aprovechado para la agricultura, el trazado de vías de comunicación y que ha facilitado el establecimiento de poblaciones, algunas de notable tamaño como Jaca. Su fotogénico paisaje de cárcavas es fruto del arrastre del agua en escorrentía y durante mucho tiempo estos terrenos de apariencia estéril han sido el escenario de juegos infantiles para los chavales de estos pueblos.

Y ya por fin, en el borde sur de la Alta Zaragoza, en la Sierra Nobla, en Ruesta o en Javier nos topamos con el límite norte de las Sierras Exteriores –el popularmente llamado Prepirineo–, en contacto con San Juan de la Peña o la Sierra de Santo Domingo… lo que los geólogos llaman "la molasa de la Formación Campodarbe" en la que afloran conglomerados y tierras rojas más modernas de sustrato ácido, lo cual evidencia el progresivo levantamiento de esta parte del Pirineo entre el Eoceno y el Mioceno, es decir, entre hace 45 y 15 millones de años.

Para el geólogo Antonio Casas este Pirineo zaragozano se caracteriza por alineaciones estructurales de dirección aproximada este-oeste, relacionadas con cabalgamientos y grandes pliegues que afectan a series sedimentarias de materiales detríticos cenozoicos –conglomerados, areniscas y arcillas–, de gran espesor –de 4.000 a 5.000 metros– que se hallan plegadas también en la dirección pirenaica. Este profesor de la Universidad de Zaragoza nos explica que la principal estructura formada durante la compresión pirenaica (Eoceno-Oligoceno) es el cabalgamiento de la Sierra de Leire-Orba,

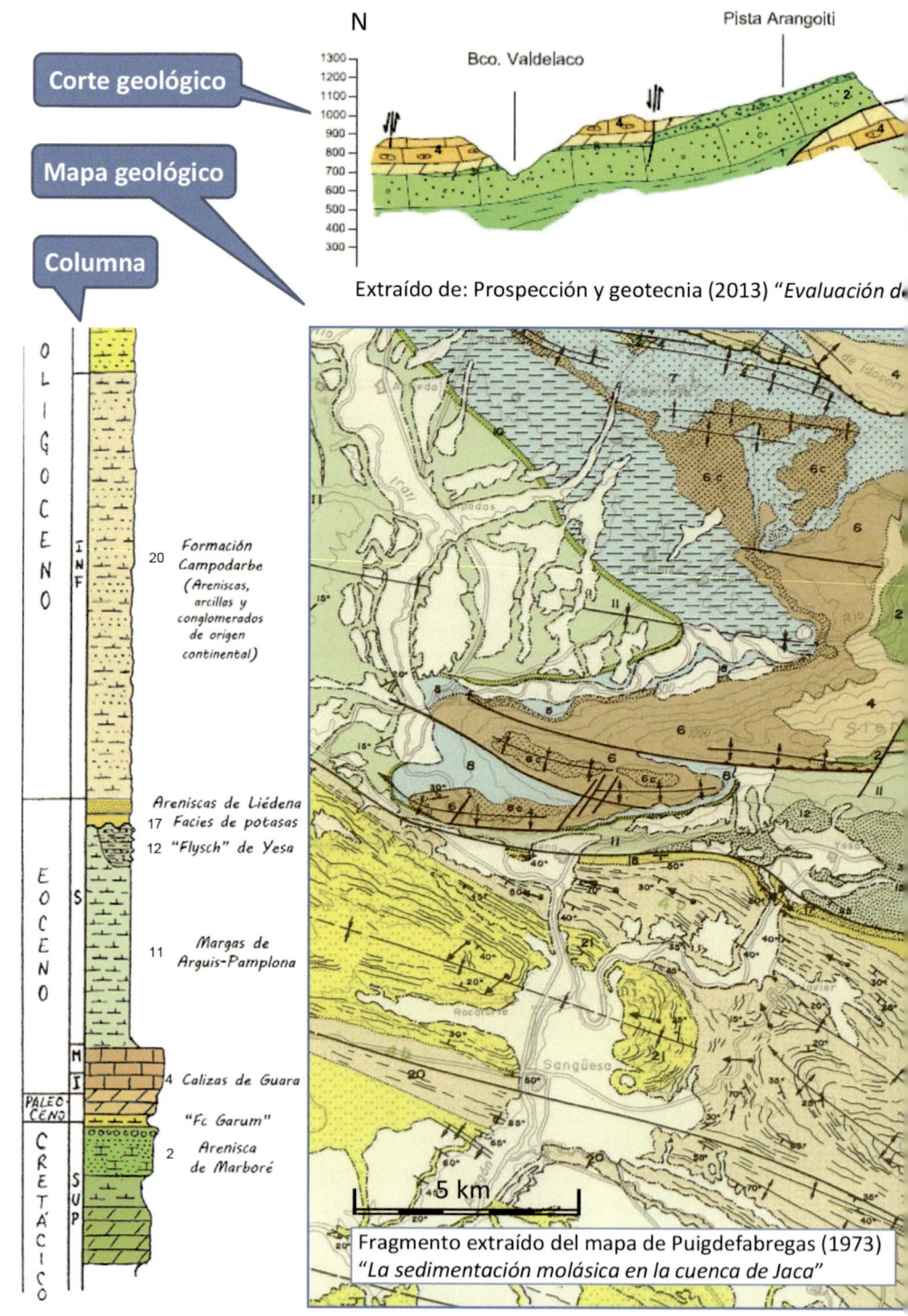

Corte geológico

Mapa geológico

Columna

N

Bco. Valdelaco

Pista Arangoiti

Extraído de: Prospección y geotecnia (2013) "Evaluación de

OLIGOCENO

INF

20 Formación
Campodarbe
(Areniscas,
arcillas y
conglomerados
de origen
continental)

EOCENO

S

Areniscas de Liédena
17 Facies de potasas
12 "Flysch" de Yesa

11 Margas de
Arguis-Pamplona

M
I

4 Calizas de Guara

PALEO
CENO

"Fc Garum"

CRETÁCICO

S
U
P

2 Arenisca
de Marboré

5 km

Fragmento extraído del mapa de Puigdefabregas (1973)
"La sedimentación molásica en la cuenca de Jaca"

Mapa Puigdefábregas 1973. Sedimentación molásica. Columna, mapa y corte geológico de la Alta Zaragoza.

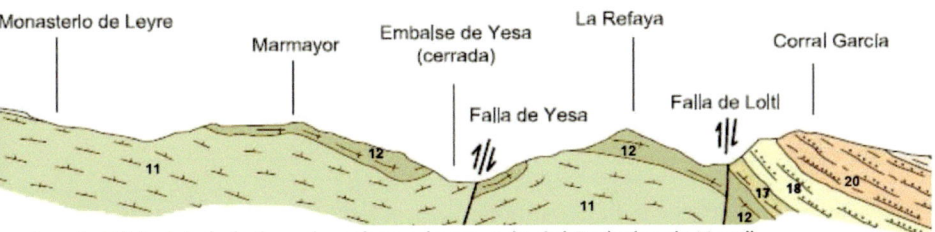

Monasterlo de Leyre

Marmayor

Embalse de Yesa
(cerrada)

La Refaya

Corral García

Falla de Yesa

Falla de Loltl

11

12

12

11

12

17

18

20

es de estabilidad de la ladera derecha en la cerrada del Embalse de Yesa"

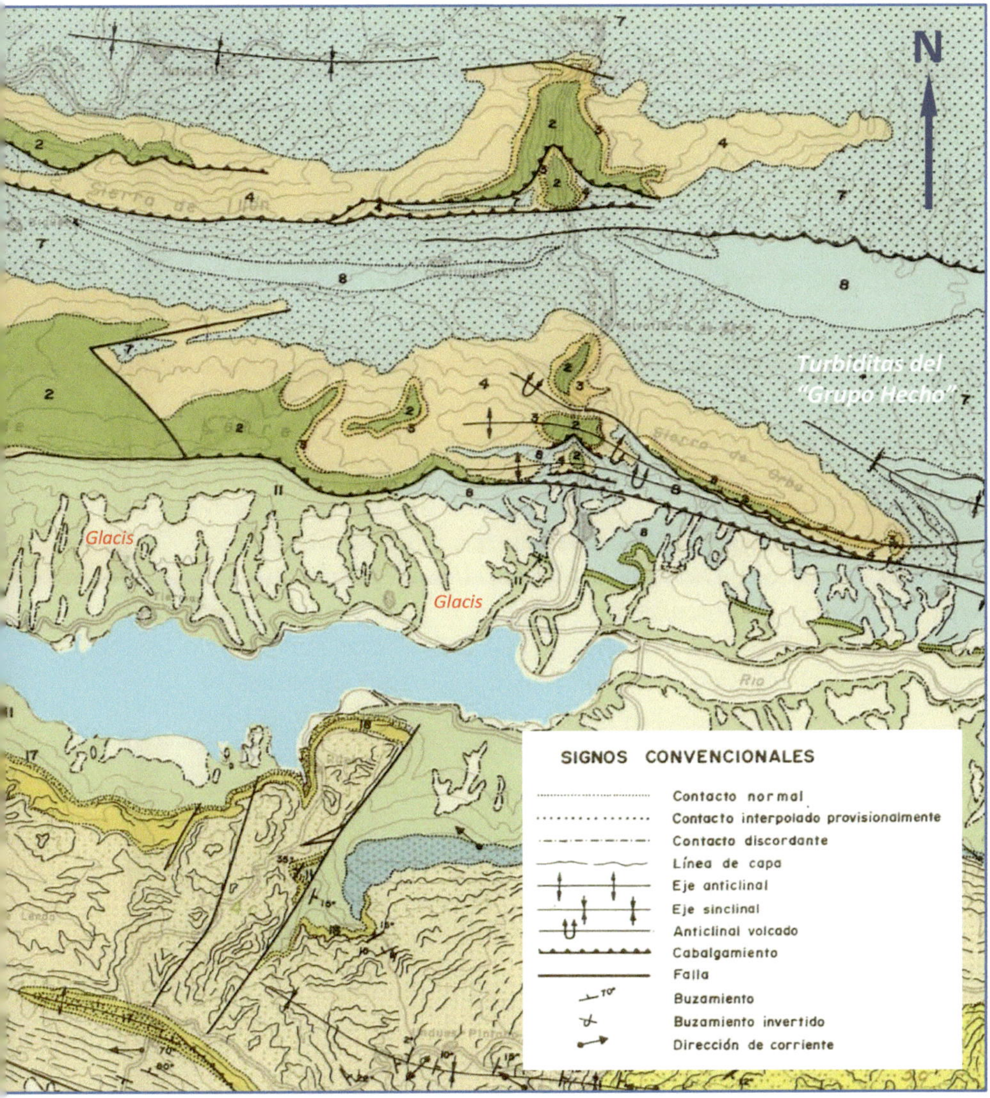

N

Turbiditas del
"Grupo Hecho"

Glacis

Glacis

SIGNOS CONVENCIONALES

....	Contacto normal
·················	Contacto interpolado provisionalmente
·—·—·—·—	Contacto discordante
	Línea de capa
	Eje anticlinal
	Eje sinclinal
	Anticlinal volcado
	Cabalgamiento
	Falla
	Buzamiento
	Buzamiento invertido
	Dirección de corriente

además de otras estructuras asociadas que afloran de forma espectacular en la Foz de Sigüés. En su bloque superior aparecen materiales del Mesozoico y Cenozoico marinos –areniscas, calizas y margas–, mientras que en su bloque inferior, situado al sur, aparecen margas marinas del Eoceno Superior, a las que se superponen depósitos deltaicos y finalmente fluviales. Dicho cabalgamiento está en relación con un importante desnivel producido en las rocas del basamento infrayacente –Paleozoico, fundamentalmente–.

Hacia el sur del cabalgamiento de la Sierra de Leire-Orba los pliegues más importantes son, de norte a sur: el sinclinal de Bailo, el anticlinal de Botaya, el sinclinal de Longás y finalmente el anticlinal de Santo Domingo-Tafalla, que enlaza hacia el este con la propia Sierra de Santo Domingo.

Las estructuras transversales no son muy numerosas, pero tienen una fuerte repercusión en la sismicidad. La principal de ellas es la falla de Ruesta, que presenta dirección noreste-suroeste, cortando todo el flanco norte del sinclinal de Bailo. La falla de Ruesta tiene también expresión en la geomorfología actual, y puede seguirse en las formas del relieve.

Por otro lado, en esta esquina entre Aragón y Navarra los ríos son los responsables de valles fluviales esculpidos en forma de V, así como de la formación de algunas gargantas o cañones de inusitada estrechez como pueden ser los congostos, hoces o foces de Sigüés, Salvatierra de Esca, Forniellos o La Garona… amén de las vecinas foces de Lumbier, Arbayún o Benasa, todas ellas abiertas entre materiales carbonatados cretácicos. En ocasiones hay puntos concretos del terreno en los que la erosión ha dejado al descubierto bellos pliegues y anticlinales geológicos que evidencian que este Pirineo se formó por la convergencia entre las placas Ibérica y Europea, originando cabalgamientos y grandes arrugas como las que hoy se aprecian en la foces del río Esca desde la propia carretera que las atraviesa. Estas gargantas o desfiladeros están definidas por sus altas paredes de roca caliza, farallones en cuyas repisas u oquedades colgadas nidifica y descansa una importante población de aves rapaces, y donde no faltan cascadas tobáceas de "tosca" que dejan incrustadas hojas, ramas y helechos. Además de contar con una interesante vegetación rupícola, en el fondo de los referidos barrancos también se produce el curioso fenómeno de la inversión térmica: donde los pisos vegetales cambian el orden lógico, favorecidos por los ambientes húmedos y sombríos que imperan en las angostas profundidades de estas gargantas fluviales.

Pero también el agua y su erosión es la responsable de otro fenómeno geomorfológico propio de los paisajes kársticos labrados asimismo en regiones de litología caliza: nos referimos a las simas y cuevas donde la circulación del agua de lluvia por el interior de la masa de roca ha generado bellos paisajes de difícil acceso. Según el *"Catálogo de cuevas y simas de la provincia de Zaragoza"* elaborado por Mario Gisbert y Marcos Pastor, en Salvatierra de Esca hay cuatro cuevas destacables para este sector de la comarca de La Jacetania: la Cueva de la Mora –de menos 25 m de desnivel y 190 m de desarrollo subterráneo–, el Ibón de Planio –de menos 62 m de desnivel y 85 m de desarrollo–, la de Peña Blanca –de menos 29 m de desnivel y 205 m de desarrollo– y el grupo de abrigos o covachos de la Foz de Forniellos –como la Raja, la Terraza, el Balcón, Cueva Májica y Peñarroya–, lugar de hábitat y culto para nuestros ancestros donde se han hallado manifestaciones rupestres prehistóricas de estilo esquemático… amén de otras cavidades menores como la cueva del Fémur, Cueva Mataró y el manantial de Moraimo.

TERREMOTOS Y SISMICIDAD

La Canal de Berdún ha sufrido terremotos históricos importantes. Está documentado que tras el terremoto de Biniés en el año 1357, desaparecieron los pueblos de Bahón y Ena surgiendo así luego la reconstruida Villarreal de la Canal. También hay constancia de otro movimiento sísmico importante en 1612 en Sangüesa. O los de los años 1700, 1755, 1900… y, ya en julio de 1923, el reciente episodio con epicentro en la localidad de Martes –junto a Mianos–, que alcanzó una intensidad VIII en la escala de Mercalli y una magnitud estimada en Mw=6.

En Pamplona, en plenos Sanfermines, fue el alcalde quien anunciaba la noticia de este temblor de tierra que generó una gran alarma entre la población y cuyo origen creyeron situ-

INSTITUTO GEOGRÁFICO Y CATASTRAL
— SERVICIO SISMOLÓGICO —

El periodo sísmico
de
"La Canal de Berdún" (Pirineos)
—— 1923-1925 ——
POR
A. REY PASTOR

Estación Sismológica de Toledo

···0···

TOLEDO. —1931
IMPRENTA Y ENCUADERNACIÓN DE JUSTO TORRES.—TENDILLAS.

Portada del libro de Rey Pastor sobre el terremoto de Martes, 1923.

tuar primeramente entre Tiermas, Castillonuevo y Salvatierra de Esca. El referido episodio sísmico duraría hasta 1925, con un total de 189 sacudidas, y con largo alcance hasta diferentes lugares del noreste de España y sur de Francia. "Tuvieron que evacuarnos a todos de nuestras casas porque hubo algunas que se hundieron por completo. Los temblores duraron varios días y la población pasamos bastante miedo porque parecía que no iba a pararse nunca", recuerda un vecino que lo vivió cuando tenía 3 años de edad.

Además de la ruina de edificios, los cambios topográficos y las caídas de laderas fueron tan importantes que algunos han quedado reflejados en la toponimia local, como es el caso del monte "El Trueno", cerca de Biniés, relacionado con el seísmo de 1357 o "Los Terremotos", paraje al sur de Sangüesa donde cayó el terreno sobre el río Aragón a causa de los mismos.

Del Cretácico al Antropoceno

Ana Baquero Herce

Licenciada en Geología y Agente de Protección de la Naturaleza en Sigüés

La zona de la Alta Zaragoza no siempre fue como la vemos. A lo largo de la historia de la Tierra ha pasado por distintos ambientes: un mar somero, un mar profundo, zona de costa y zona continental.

Durante el periodo Cretácico Inferior –hace unos 145 millones de años– todo lo que ahora es el Pirineo era una gran cuenca marina comunicada con un incipiente océano Atlántico, mientras que la zona más profunda de dicho mar coincidiría con lo que ahora son las montañas más elevadas, que es donde aparecen rocas mucho más antiguas –de hace 300 millones de años–. En aquella época la Alta Zaragoza estaba cubierta por el agua, dado que se trataba de un mar poco profundo próximo a la orilla, con un clima cálido y arrecifes de coral como los que pueden verse en las rocas calizas de la Virgen de la Peña, en la Sierra de Leyre y en la de Orba –en cuya parte superior se hallan conglomerados cuarcíticos que indican un área de orilla–.

Desde finales del Cretácico –65 millones de años–, del Cenozoico a la actualidad, y como consecuencia del choque de la placa africana con la euroasiática, todos los sedimentos acumulados en ese mar por

Margas erosionadas en Tiermas.

la compresión norte-sur se fueron elevando –iniciándose la formación del Pirineo– e incluso fueron superponiéndose a materiales más recientes como se aprecia en los cabalgamientos de Leire y en diversos pliegues de las foces del río Esca.

Como consecuencia de ese choque y de la formación del nuevo relieve, dicho mar fue desapareciendo y la zona de costa fue retrocediendo hacia el sur en el margen ibérico, quedando una laguna aislada con agua salada en la que por las altas temperaturas precipitaron gran cantidad de sales de sodio, potasio y magnesio. Fruto de estas elevaciones del Pirineo cambiaron los cursos de los ríos.

Durante el Cenozoico –etapa principal de formación del Pirineo– se distinguen dos etapas:

– Una durante el Eoceno en la que la Alta Zaragoza se encontraba sumergida en una zona de cañones submarinos, tal y como nos lo indican los materiales tipo flysch, caracterizados por la presencia de margas –aquí llamadas "tufarro"… que van intercaladas con areniscas. Dichas margas están compuestas de calcita y de arcilla, e indican un mar con una profundidad de 200 metros.

– La otra etapa estuvo caracterizada por el cierre de la conexión con el Atlántico y el paso a un ambiente continental, motivo que en este caso nos indican las areniscas rojizas que vemos en Peña Nobla.

Posteriormente el periodo Cuaternario –hace unos 2,5 millones de años hasta la actualidad– ha estado caracterizado por etapas glaciares e interglaciares –donde los deshielos debían ser más repentinos y violentos que los de ahora–, con mayor arrastre de materiales, y con lo que sería la verdadera formación de las foces y las terrazas fluviales actualmente visibles.

Y así, poco a poco, hemos llegado a esta época actual a la que muchos geólogos y científicos que leen la vieja historia de la Tierra ya denominan "el Antropoceno", caracterizado por el gran impacto que la actividad del ser humano está teniendo sobre todo el planeta.

Fósiles en la Alta Zaragoza

José Ignacio Canudo Sanagustín
Catedrático de Paleontología y Director del Museo
de Ciencias Naturales de la Universidad de Zaragoza

La parte de la provincia de Zaragoza que llega al Prepirineo es un área en la que no se conocen yacimientos paleontológicos importantes, pero esto no significa que no haya fósiles, ni mucho menos. Las rocas que afloran en los términos municipales de Salvatierra de Esca, Sigüés, Artieda, Mianos son sedimentarias y por lo tanto poseen las características necesarias para conservar organismos fosilizados. Las rocas más antiguas de la zona son del Cretácico –unos 65 millones de años– y se encuentran hacia el norte, aunque la mayor parte pertenecen al Eoceno, hace unos 50-35 millones de años.

La primera referencia de un fósil en la Alta Zaragoza es del gran paleontólogo oscense Lucas Mallada que en el año 1892 cita *Nummulites perforata* en Sigüés, sin más precisión. Los *Nummulites* son abundantes en el Eoceno del Prepirineo, especialmente en la provincia de Huesca donde se les conoce popularmente en ciertas localidades como "dineretes" por su forma redonda y plana. Se trata de fósiles de organismos unicelulares con concha carbonata que llegan a alcanzar un gran tamaño para organismos tan simples, formando unas grandes

Ostreido fósil en la Sierra de Leire.

acumulaciones de tal manera que algunas rocas están compuestas casi exclusivamente por estos fósiles: la llamada caliza de *Nummulites*.

Por otro lado, en las margas grises que abundan en el entorno del pantano de Yesa y que los geólogos conocemos como "margas de Pamplona", en ellas hay abundantes fósiles microscópicos de organismos unicelulares llamados foraminíferos planctónicos. Es necesario un proceso de preparación en el laboratorio para poderlos separar de la roca y un microscopio para lograrlos ver. Hoy en día existen este tipo de animales flotando en casi todos los mares del mundo y suelen formar una parte importante de los fondos marinos. Dichos fósiles nos enseñan que estas margas se formaron en un antiguo mar que ocupaba esta parte del actual Pirineo. De hecho, el que escribe esta nota desarrolló su tesis doctoral sobre estos foraminíferos marinos fósiles del Prepirineo, estudiando numerosas muestras de Artieda que han resultado de gran interés internacional. En su entorno se ha conservado el límite entre dos periodos geológicos llamados el Eoceno Medio y el Superior.

Hay que mencionar que durante las labores de prospección previas al recrecimiento del pantano de Yesa también se encontraron restos óseos en esas "margas de Pamplona" cerca de Sigüés. La excavación resultó un poco frustrante ya que solo se pudo recuperar un fragmento de costilla con una típica "forma de banana" perteneciente a un gran sirenio. Estos son los únicos mamíferos acuáticos comedores de plantas que existen en la actualidad y como nos muestra el fósil de Sigüés estaba ya en estas tierras hace 40 millones de años.

Algunas pisadas fósiles o icnitas también se han encontrado en localidades limítrofes a la Alta Zaragoza: cerca de la presa de Yesa, Cayo Puigdefábregas –un gran geólogo que hizo su tesis doctoral en toda esta parte del Prepirineo–, se refiere a icnitas de aves en la base de algunos estratos. Asimismo, en unas lajas del empedrado de la cercana localidad de Bailo, el forestal Javier Mari Rodríguez reconoció unas icnitas de mamíferos. Y a raíz de todo esto la paleontóloga jacetana Raquel Rabal buscó y encontró las rocas de donde venían en la cercana cantera de Arrés, hallando además una losa en Santa Cruz de la Serós con un par de pisadas fósiles pertenecientes a un carnívoro de unos 38 millones de años.

Una sima de 62 metros de profundidad

Mario Gisbert León y Marcos Pastor López
Autores del Catálogo Subterráneo de Cuevas y Simas de la provincia de Zaragoza.
Centro de Espeleología de Aragón.

Sima Ibón del Planio.

Dentro del territorio de la Alta Zaragoza se encuentran la Sierra de Orba y la vertiente oriental de la Sierra de Leire, relieves geológicos con un potencial calizo suficiente como para que en ellas se hayan desarrollado cavidades de cierta importancia. Estas coincidirían principalmente con la aparición de las calizas eocenas.

Entre las cavidades de estas sierras se pueden reseñar especialmente tres con mayor desarrollo: la Sima del Ibón de Planio, la cueva de la Mora y la cueva de Peña Blanca, situadas en la Foz de Salvatierra a Sigüés, además de una serie de pequeñas cavidades y covachos en la Foz de Forniellos que con finalidad funeraria están asociadas a un importante conjunto de manifestaciones de arte rupestre postpaleolítico.

Entre estas cavidades de mayor desarrollo nos encontramos con la sima del Ibón de Planio, que constituye una de las de mayor profundidad no solo de la zona sino de toda la provincia de Zaragoza, con 62 m de profundidad o desnivel desde su entrada superior. Esta cueva se halla en una de las mesetas orientales de la Sierra de Leire, en la zona denominada La Sarda, al oeste de la localidad de Salvatierra de Esca.

Dicha sima, con una boca circular de 2 metros, se encuentra en una pequeña depresión del terreno y está parcialmente cubierta por zarzales y otros arbustos. Se ha desarrollado principalmente siguiendo una diaclasa vertical de dirección este-oeste. Desde la entrada, una corta rampa de 10 metros conduce a un atrayente pozo de 29 metros con pulidas paredes, desde cuya base colmatada de piedras continúa siguiendo una estrecha grieta en dirección oeste. Descendiendo unos 22 metros entre bloques empotrados, por la angosta y embarrada fisura se alcanza un ensanche de la misma a 62 metros de distancia de la superficie, en donde la reducción de la grieta ya hace imposible continuar la exploración espeleológica.

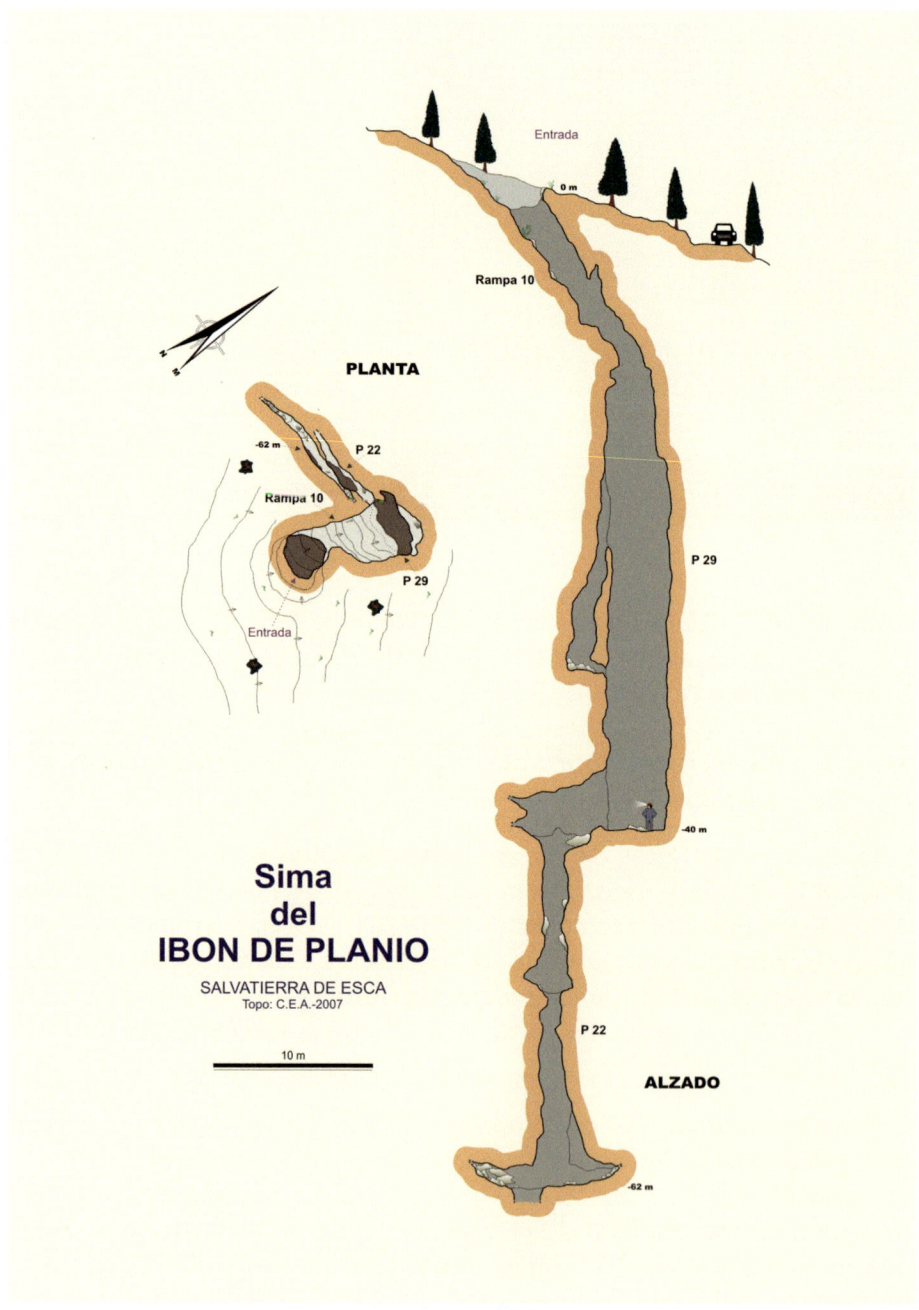

Croquis espeleológico del Ibón del Planio.

Riesgos geológicos y sísmicos

Antonio María Casas Sáinz

Departamento de Ciencias de la Tierra, Universidad de Zaragoza

Los fenómenos geológicos asociados a la estructura geológica de la Alta Zaragoza y con más repercusión a escala humana son el termalismo, la sismicidad y los grandes deslizamientos de ladera. La geotermia está representada por el manantial termal más importante de Aragón, ubicado en Tiermas y actualmente cubierto buena parte del año por las aguas del embalse de Yesa. El agua procedente de varios miles de metros de profundidad, en una estructura probablemente relacionada con el cabalgamiento de Leire-Orba, asciende a través de fracturas situadas en las margas y alcanza la superficie manteniendo una temperatura de 42 °C. No es la única manifestación termal asociada a esta parte del Pirineo, pero sí la más importante.

La sismicidad en la Canal de Berdún es otro de los fenómenos particulares de esta zona del Pirineo. En general, el Pirineo meridional presenta una sismicidad dispersa y poco frecuente, con períodos de recurrencia largos –de varios cientos de años– pero caracterizados por intensidades fuertes. Este es el caso del terremoto de Martes, acontecido el 10 de julio de 1923. A lo largo de varios meses se su-

Grietas en el estribo derecho de la presa de Yesa.

cedió una tormenta sísmica cuyo movimiento más importante alcanzó una intensidad de VIII (en la escala de Mercalli), destruyendo algunas casas del pueblo, otras quedaron en ruinas y obligando a desalojar a la población durante un tiempo. El sismólogo Alfonso Rey Pastor hizo una descripción detallada del mismo y de los daños producidos, así como la justificación de la intensidad asignada. La mayor parte de los terremotos está en relación con el movimiento de fallas geológicas, pero debido a las particularidades de la zona prepirenaica no es fácil asignar este terremoto –y los que previsiblemente se generen en el futuro– con las fallas existentes en la zona. La falla de Ruesta es probablemente la candidata más fiable para la generación de este tipo de fenómenos, pero no hay que descartar los cabalgamientos profundos que afectan al zócalo paleozoico y que se sitúan por debajo de las sierras de Leire y de Orba.

Finalmente, los deslizamientos de ladera están en relación con la estructura y la litología, aunque también con la historia geológica reciente, ya que en su mayor parte se han producido después de la retirada de los hielos de los altos valles pirenaicos en la última glaciación. Existen evidencias históricas recientes de grandes deslizamientos en Artieda –paraje conocido como El Trueno, que aconteció de forma catastrófica–, afectando a las areniscas y sobre todo a las margas Eocenas en Esco, también en las margas –con escaso desplazamiento–, y finalmente y con mucha más repercusión en el tema de los riesgos geológicos en las dos laderas de la cerrada de la presa del pantano de Yesa. En este último caso los materiales afectados son el denominado flysch de Yesa, y aquí los deslizamientos se generan a lo largo de los propios planos de estratificación del flysch (fallas planares), inclinados hacia el embalse, o también cortándolos y adoptando geometría de tipo rotacional. Los deslizamientos de la margen izquierda del río Aragón funcionaron al menos hace 5.000 años –deslizamiento de La Refaya– y posteriormente en 2006 en relación con las obras de recrecimiento del embalse. El principal deslizamiento de la margen derecha del valle del Aragón se sitúa sobre la propia presa y presenta un movimiento continuo de aproximadamente 1 mm por mes, lo que representa un grave riesgo para la estabilidad de la obra. Hay que resaltar que existe también la posibilidad de que el recrecimiento del embalse de Yesa provoque una sismicidad inducida, es decir, favorecida por la presión del agua, lo que agravaría las ya precarias condiciones de estabilidad en que se encuentran estas laderas en la actualidad.

El río Esca vertebra el territorio.

El hidrónimo "Aragón" proviene de la voz prerromana "ara", que quiere decir "río", "ribera", "valle" o "agua corriente"… y que ya aparece documentada por primera vez en un texto árabe del año 921 como "Wadi Araun" o "Narh Aragum". En esta zona geográfica las aguas del Aragón discurren entre los términos de Mianos, Artieda, Sigüés, Urriés y Undués de Lerda, si bien gran parte de dicho recorrido de gran interés hidromorfológico y ecológico "corre" ya bajo las aguas del pantano de Yesa. Su curso total son 195 km de longitud, desde el valle de Canfranc hasta su desemboca en el padre Ebro a la altura de Milagro (Navarra). Antiguamente el fluir del río Aragón se acompañaba de diversos molinos harineros –que además de para moler también fueron usados para producir luz– y de rústicos puentes de piedra construidos con el fin de cruzar el ancho cauce de una orilla a otra, tal y como fueron aquellos ya desaparecidos de Ruesta o el medieval de Tiermas –con grandes arcadas y de origen romano–.

Según los datos recogidos por el Sistema Automático de Información Hidrológica (SAIH) de la Confederación Hidrográfica del Ebro en la estación de aforos del Aragón que está situada en el término de Martes –cerca de Mianos–, el nivel del río en el año 2019 varió desde los 0,13 m de altura mínima (es decir, 1,36 m³/sg de caudal) dado en

Aguas bravas del Esca.

pleno estiaje para el mes de julio, y los 1,58 m de altura máxima (que corresponden a un caudal de 520 m³/sg) en un momento de crecida, si bien hay otros registros históricos aún más excepcionales en dos momentos del año 2012 con datos de 616 y 1.016 m³/s de caudal. En primavera, hacia el mes de mayo o junio concretamente –coincidiendo con el deshielo del manto nival en las regiones de cabecera– se dice coloquialmente en la comarca de La Jacetania eso de que "el río baja mayenco". Su aporte anual en el pantano de Yesa está estimado en 1.287 Hm3. Los altos índices de calidad biológica y el buen estado de sus riberas permiten afirmar que el río Aragón todavía posee un excelente estado hasta alcanzar la cola del pantano.

Por otra parte, el segundo curso de agua superficial más importante de la Alta Zaragoza es el río Esca, tributario del Aragón, el cual recoge las aguas del valle de Roncal puesto que tiene su origen en las montañas navarras que rodean al Rincón de Belagua, donde inicialmente recibe el nombre de río Belagua hasta que al cruzar por el término de Isaba ya se le denomina río Esca –Escá o Eska– y desde donde va a ir aumentando su potencia gracias al aporte de otros torrentes o barrancos como Uzatrroz, Urralegui, Erroeta, Gardalar… o el río Biniés que nace en la sierra de Atuzkarratz, atravesando las localidades de Urzainqui, Roncal y Burgi, hasta que finalmente penetra a través de una estrecha y bella foz en la provincia de Zaragoza por la parte norte de Salvatierra de Esca. Inmediatamente, aguas abajo, antes de Sigüés, de nuevo el Esca debe rebasar otra foz o desfiladero, abriéndose paso entre las sierras contiguas de Leire y de Orba hasta ir al encuentro del río Aragón a la altura del Matral, junto a la venta Carrica. Su cuenca hidrográfica es de 525 km², de las que 445 corresponden a Navarra y el resto a Aragón.

El caudal del Esca aumenta en gran medida durante el invierno y con motivo del deshielo propio de primavera, menguando o quedando bajo mínimos al llegar el estío. En la parte norte de su curso es un río de montaña, de aporte más nival que pluvial y con influencia atlántica. Mientras que en el tramo bajo, cuando ya entra en Zaragoza, ahí adquiere una personalidad más propia de lo que es un cauce fluvial de condiciones climáticas mediterráneas. Según datos recogidos por el Sistema Automático de Información Hidrológica (SAIH) de la Confederación Hidrográfica del Ebro en la estación de aforos del Esca –situada aguas arriba de Sigüés–, el nivel del río en el año 2019 varió de los 0,45 m de altura mínima (es decir, escasos 0,3 m³/sg de caudal) en el mes de julio, y los 4,15 m de altura máxima (que corresponden a un caudal mil veces mayor, de 300 m³/s) en un momento de crecida ordinaria.

Los muestreos de calidad del agua han presentado un valor excelente en casi todas las series del río Esca.

No podíamos olvidar al hablar de este río de que sus pueblos ribereños tuvieron desde antaño –desde el siglo XIV e incluso antes– una importante tradición almadiera, dado que el río Esca en primavera se convertía en una de esas autopistas del agua por donde navegaba el tráfico fluvial de aquellos "navateros" de esta esquina de Aragón y de los "almadieros" del valle del Roncal, gentes valerosas que conducían –no sin grandes dificultades y peligros– esas grandes balsas de madera construidas con troncos de pinos y abetos atados entre sí, para luego poder vender aquellos grandes maderos aguas abajo de Sangüesa –donde se establecían muchos mercaderes de la madera– e incluso a lo largo de todo el valle del Ebro, tierras donde ya no había tantos bosques de la envergadura de las masas forestales pirenaicas. Se cuenta que transportaban hasta 100 y 130 troncos de una sola vez, siendo las almadías de un solo tramo en el río Esca, puesto que ya en el Aragón se juntaban varios tramos o "trampos".

Otros arroyos, riachuelos y cursos de agua interesantes en toda esta esquina geográfica son los de Regal –que llega a Ruesta desde los Pintanos–, del Campo –en Asso Veral–, Navarrán, la Garona… o el barranco de Gabarre –que junto con el de Sacal corre cerca de Lorbés–, el cual nace al pie del monte Algarayeta. Tras un recorrido inicial norte-sur cambia de dirección yendo de oriente a occidente, drenando un amplio territorio y rebasando un bonito puente de piedra hasta verter en el río Esca junto a la población de Salvatierra. Aunque el historiador Mateo Suman decía que era un río de poca consideración, sus crecidas periódicas pueden ocasionar algún susto y graves daños como se constató en el año 2012 cuando su cauce se desbordó afectando a naves, campos agrícolas y a la misma carretera de acceso a Salvatierra.

Buscando en los pausados y líquidos paisajes hídricos, de múltiples colores azules, los encontramos en las aguas represadas del gran pantano de Yesa –o mar del Pirineo– y también en algunas pequeñas balsas o humedales de origen natural como las de la Plana de Sasi o los carrizales de la Canal de Berdún –próximos al río Aragón, donde crían las tres especies de aguiluchos ibéricos–. El pantano de Yesa, que pretende ser nuevamente recrecido en su capacidad con una presa mayor, posee hoy en día una magnitud de 447 Hm3 y una superficie inundada de 2.089 hectáreas, siendo inaugurado en el año 1960 para el abastecimiento de agua de los regadíos en las Cinco Villas –a través del Canal de Bardenas– y para generación eléctrica, motivo que ocasionó el abandono forzoso de varios pueblos de este entorno al inundar sus tierras de cultivo de gran calidad agrícola.

Por otra parte, las balsas de Sasi son unas interesantes zonas húmedas localizadas en la muga con Navarra, en el extremo más norteño de la Alta Zaragoza, pues descansan sobre una planicie elevada a 1.050 m de altitud. Constan de tres pequeñas lagunas de origen kárstico –solo una de ellas en las provincia de Zaragoza–, que se alimentan por un manantial natural y que han sido ligeramente modificadas en algún momento de su historia para uso ganadero. Su superficie es de menos de 0,2 ha, y pese a que se desconoce realmente su funcionamiento hidrogeológico, sí que se ha constatado que en veranos muy secos han llegado a secarse.

Fuentes de agua fresca y saludable en la Alta Zaragoza son la del molino de Mianos, la fuente abovedada de Santiago –en Ruesta–, las numerosas que brotan en la cara sur de la Sierra de Leire –el Carrizar, San Ginés, el Viñero, Mayor, del Junco, los Cebollares, la Regalada, Zamputia, Fuente Alambre, del Bayato, del Eubio, San Martín, la Cañera, la Vieja, las Goteras, Fuenteforca, la Fontaza de Tiermas, etc., amén de la legendaria de San Virila, ya próxima al famoso monasterio navarro–… también la fuente de Forniellos –en Lorbés–… o los muy abundantes manantiales localizados en el término de Salvatierra de Esca como son las fuentes de Fonfría, Fociella –que es el manantial que abastece al pueblo–, Botovía, la Guillena, Frachinal, de Campo Aya, Belbún, Terroroyo, los Moros, la de Canales, Valdecucharas, de Petate, del Canuto –donde se bebía por absorción–, Sodasca, la Ga-

Balsa en la Plana de Sasi, entre Navarra y Aragón.

rona –que mana de la misma roca–, Fayanás, Samper, Cucharero, Soderas, San Esteban... o la del Moraido que surge a borbotones solamente tras fuertes tormentas o después de registros de más de 200 litros de agua de precipitación. Fontanas y hontanares muchos de ellos se han venido utilizando no solo para beber sino también para abrevar el ganado o regar pequeños campos y huertas gracias a la creación de balsas adyacentes, azudes y pequeños sistema de acequias.

Asimismo, es de destacar en todo este contexto hidrográfico que tanto a las simas con agua como a las fuentes –de buen aforo e intermitentes– que se hallan en Sigüés y en Salvatierra se les puede conocer con el nombre genérico de "ibones", lo cual a veces da lugar a confusión entre los foráneos que piensan más bien encontrar aquí alguno de los típicos lagos de origen glaciar del alto Pirineo.

No menos importantes han resultado ser las doce fuentes termales y medicinales del arroyo de los Baños de Tiermas, ya usadas y afamadas en época romana, siendo propicias por su temperatura –de 21 a 42 °C– y composición fisicoquímica e isotópica para sanar perlesias, estupores, infartos de las vísceras abdominales, afecciones articulares, dolores reumáticos, artritis y enfermedades de las vías urinarias entre otros motivos que antaño fueron atendidos en el balneario desaparecido. Como todo manantial termal responde a una rápida descarga vertical y ascendente de un flujo subterráneo que guarda el calor fruto de la presión del interior de la tierra, y al cual no le ha dado tiempo a enfriarse. Por otro lado, no debemos olvidar la fuente del Baño de Asso-Veral, casi arrollada por los escombros y el trazado de la nueva autovía, pequeña, recogida, termal… y afamada por sus barros curativos.

Aguas y ríos de la Alta Zaragoza que han sido fuente viva para todos estos pueblos rodeados de un paisaje bucólico y de una Naturaleza realmente maravillosa.

Búho real y pliegue geológico en la Foz de Sigüés.

SOBRE LOS BAÑOS DE TIERMAS

Existió un poblado primitivo llamado *Thermae*, junto a las fuentes termales que le dan nombre, perteneciente al Convento Jurídico Cesaraugustano, y que nos habla de un importante pasado romano. También se han hallado numerosos restos de aquella época, como una piscina romana, un baño o *balneum* que en el pueblo llamaban "baños de Pilatos", además de varios acueductos.

Algunos nombres de parajes cercanos como *Aquis* –que significa "agua"– y *Centumfontes* –que es "cienfuentes"– hacen referencia a la relevancia del agua en esta zona.

Los baños de Tiermas, que en principio pertenecieron a los reyes de Aragón y que a veces los cedían a algunos caballeros importantes, pasaron posteriormente a manos del Ayuntamiento de Tiermas, y luego a manos privadas hasta su final, cuando quedaron anegados por las aguas del embalse de Yesa –hace más de medio siglo–.

La época más importante del balneario de Tiermas fue en el primer tercio del siglo XX. Contaba con un edificio de tres plantas y todos los servicios propios de un hotel. Constaba de un total de doce manantiales, de los que se explotaban solo tres: el del Establecimiento que nacía al lado del balneario, el del Arzobispo –fuente del Chorro y antes de la Teja–, a 40 pasos del anterior, y el manantial del Alambre –conocida vulgarmente como de los Herpes o de la Ripa–.

Baños termales de Tiermas.

Aforo de caudales en el Aragón, el Esca y el Regal

Juan Manuel Arnal Lizarraga

Comisaría adjunta, Confederación Hidrográfica del Ebro

El río Aragón posee un comportamiento característico de un régimen nivo-pluvial pirenaico en la parte alta de su curso; sus caudales son aforados en la reciente estación de Martes (Huesca) que sustituye a una más antigua, situada aguas abajo en el puente de Artieda. Recibe la escorrentía hasta este punto de 1.127 km², y el máximo caudal instantáneo registrado desde el 2004 –año en que entró en funcionamiento la nueva estación– fue de 1.016 m³/s el 20 de octubre de 2012, coincidiendo con un episodio de avenida extraordinaria que causó aguas arriba daños significativos en las edificaciones de Castiello de Jaca (Huesca) si bien el mayor episodio registrado en la antigua estación del puente de Artieda fue el 1 de mayo de 1979, cuando se llegaron a medir 1.404 m³/s.

Fuerte crecida del río Esca en Salvatierra.

Información sobre Caudales de Referencia, río Aragón

Descripción	Caudal m³/s	Comentario
Máxima crecida ordinaria	311,5	Asociada a periodo de retorno de 2,5 años
Caudales de crecida con periodo de retorno de:		
Periodo	Caudal m³/s	Comentario
2 años	289	
5 años	424	
10 años	526	Caudales en régimen natural
25 años	668	
100 años	932	
500 años	1.357	

El río Esca nace en el Pirineo navarro también con un régimen nivo-pluvial, y desciende por el valle del Roncal hasta su entrada a la provincia de Zaragoza por el congosto formado por sus aguas de la Foz de Salvatierra, desaguando directamente en el embalse de Yesa. Recibe la escorrentía de 526 km², y en la estación de aforos de Sigüés el máximo caudal instantáneo histórico registrado es de 550 m³/s del 27 de octubre de 1937. Como episodio extremo que cabe recordar está la gran avenida de los días 24 y 25 de septiembre del año 1787 por parte tanto del Esca como del Aragón que destruyó varios puentes del valle del Roncal y el antiguo puente de Sigüés, acabando con la vida de 587 personas en la localidad navarra de Sangüesa.

La aportación conjunta del Aragón y Esca al embalse en la media de los últimos 20 años es de 1.109 hm³/año, de los cuales 258 corresponden al Esca.

Por otra parte, el modesto río Regal nace en las aragonesas sierras que conforman el valle de los Pintanos en la comarca vecina de las Cinco Villas, va a desembocar en el embalse de Yesa, junto al núcleo de Ruesta –término de Urriés–, geográficamente perteneciente a la Alta Zaragoza. Discurre de oeste a este para luego, en el término de Urriés, cambiar el rumbo de sur a norte. Este cauce carece de estación de aforos pero se puede afirmar que habitualmente tiene caudales circulantes coincidentes con las lluvias de primavera, que sufre de severos estiajes y que su cauce se seca en la desembocadura. La superficie de la cuenca que drena es de 92 km², lo que supone que en episodios puntuales de lluvias torrenciales sus caudales instantáneos en desembocadura sean de cierta entidad, pudiendo superar

Información sobre Caudales de Referencia, río Esca

Caudal que limita el régimen ordinario del extraordinario		
Descripción	**Caudal m³/s**	**Comentario**
Máxima crecida ordinaria	211,5	Asociada a periodo de retorno de 2,5 años
Caudales de crecida con periodo de retorno de:		
Periodo	**Caudal m³/s**	**Comentario**
2 años	198	
5 años	279	
10 años	335	Caudales en régimen natural
25 años	401	
100 años	499	
500 años	628	

los 100 m³/s tal y como lo atestigua el destruido puente de factura original medieval sito en Ruesta, hoy con apoyos renovados y convertido en una pasarela peatonal del Camino de Santiago. Asimismo, los diques de corrección hidro-forestal situados a lo largo de sus 18,5 km de recorrido son indicativos del intento de disminuir la erosión provocada por las crecidas y de evitar los grandes arrastres de sedimentos.

Caudales de crecida con periodo de retorno del río Regal:	
Periodo	**Caudal m³/s**
2 años	58
5 años	80
10 años	96
25 años	116
100 años	146
500 años	185

Viaje de infancia junto al Esca

José Ramón Marcuello Calvín
Periodista, de Jaca

Aguas claras y limpias del Esca.

Recuerdo con total nitidez que era el día del Carmen del año 1957. Comimos muy pronto a pesar de que era el santo de mi hermana mayor, cogimos la bicicleta de casa, y mi padre y yo nos fuimos a la estación de autobuses de Jaca.

Subimos la bici a la baca del coche de Tiermas y partimos a bordo hasta la venta Carrica. Allí, nos apeamos y esperamos pacientemente la llegada del autobús de "La Roncalesa". Nunca hasta entonces había viajado sobre el techo de un autobús y quizás por ello me impresionó tanto el paisaje, el ruido y los olores del valle del río Esca aguas arriba de Salvatierra.

Dormimos en Roncal, donde mi padre apalabró una partida de quesos para la carnicería y, al día siguiente, nos montamos de nuevo en la bici y, sentado yo de medio lado en la barra nos dejamos caer majestuosamente valle del Roncal abajo hasta llegar de nuevo a la venta Carrica.

Muchos habrán tenido experiencias inolvidables pero como la mía, quizás ninguna.

El río Aragón de aguas achocolotadas tras los arrastres de la tormenta.

"¡Qué goces más puros me ha proporcionado el estudio de la Naturaleza"

Odón de Buen

Al fondo la Virgen de la Peña y Foz de Forniellos

NATURALEZA EN ESTADO PURO: FAUNA Y FLORA

La Alta Zaragoza es una zona de fronteras biogeográficas, de barrera natural. A lo largo y ancho de su territorio, en estas sierras y foces se entremezcla el ambiente mediterráneo –que proviene del sur– con la influencia atlántica o eurosiberiana –del norte–, dando origen a un área natural con una alta biodiversidad y gran disparidad de hábitats.

En aproximadamente 25 km2 de extensión podemos encontrar más de ochocientas especies de flora diferentes, algunas de ellas tan escasas como la *Petrocoptis hispanica*, un clavelito endémico, o singulares orquídeas como *Orchis simia* y la *Ophrys ficalhoana*, raras y amenazadas de desaparecer por el recrecimiento de Yesa. El único bosque de roble melojo de todo el Pirineo aragonés se halla en esta zona, así como los únicos abetos blancos de la provincia de Zaragoza. Pero también las singularidades vivas se dan entre la numerosa y variada fauna que pueblan estas montañas. Aves excepcionales como el camachuelo y el pito negro habitan los hayedos o pinares de pino albar, o bien el barbudo quebrantahuesos sobrevuela los roquedos junto a la estilizada águila-azor perdicera que reaparece tras su desaparición. Pero es entre las aguas claras de los ríos y cursos de agua donde se desenvuelven especies tan interesantes como la nutria, el visón europeo… y quién sabe si aún el desmán de los Pirineos. Mientras que en algunas charcas o barrancos se refugian la sutil ranita de San Antón, los tritones jaspeados y el cangrejo autóctono. Auténticas joyas aladas son la mariposa del madroño, la isabelina, la hormiguera de lunares… el escarabajo ermitaño o la rarísima rosalía alpina de los hayedos maduros, bioindicadoras de una rica y diversa entomofauna.

Así pues, en la Alta Zaragoza podemos hablar de cuatro grandes ambientes naturales o ecosistemas diferenciados que vamos a abordar en profundidad a continuación:

– Las foces y las paredes rocosas. Donde se crean unas condiciones especiales para que se asienten especies de flora rupícola que son raras o escasas, de ambientes húmedos o muy secos, y donde debido al fenómeno de la inversión térmica se produce una curiosa alteración en el orden natural de los pisos de vegetación.

– El bosque autóctono. Desde los naturales pinares musgosos de pino albar o silvestre, a los robledales de roble melojo y albar, pasando por el meridional hayedo, algunos abetales, los encinares… o por pequeños retazos de bosques mixtos en los que se mezclan distintas especies de árboles y arbolillos de hoja caduca.

– El bosque de repoblación. Dominado por los pinares, plantaciones efectuadas con distintas especies de coníferas como el pino carrasco, el pino laricio –las tres subespecies–, el pino de Creta y el pino royo o silvestre.

– Los sotos del río Aragón. En torno a las riberas de los ríos se desarrollan importantes sotos y carrizales, reminiscencias de un frondoso bosque de ribera que aún hoy alberga a una numerosa flora y fauna asociada a los ambientes próximos al agua.

A continuación, en cuatro subapartados, describimos la biodiversidad que alberga cada uno de estos ambientes y hábitats naturales, muchos de los cuales están inventariados como de Interés Comunitario por la Unión Europea a través de las directivas que sustentan la Red Natura 2000.

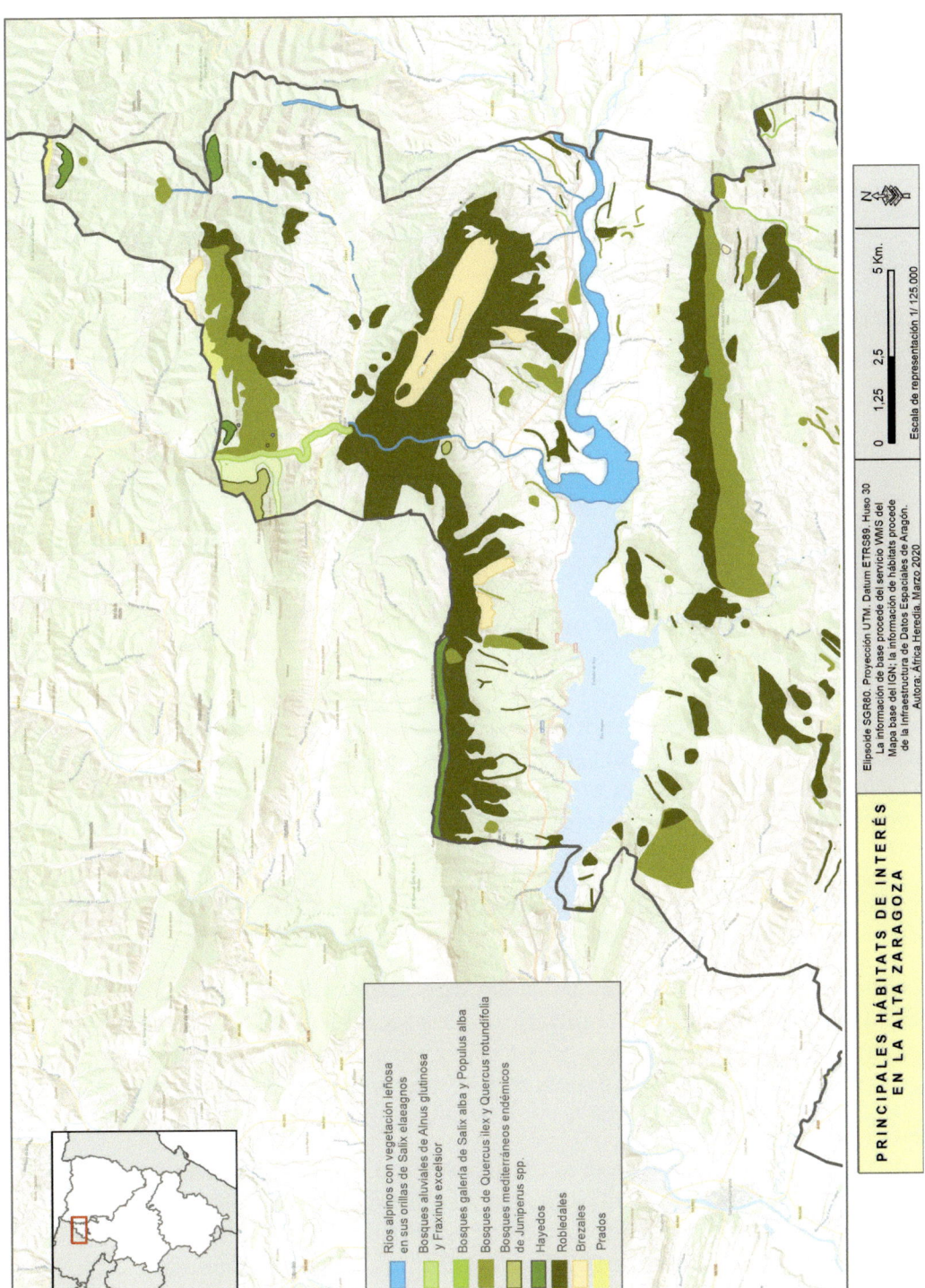

Elipsoide SGR80. Proyección UTM. Datum ETRS89. Huso 30
La información de base procede del servicio WMS del
Mapa base del IGN; la información de hábitats procede
de la Infraestructura de Datos Espaciales de Aragón.
Autora: África Heredia. Marzo 2020

**PRINCIPALES HÁBITATS DE INTERÉS
EN LA ALTA ZARAGOZA**

Escala de representación 1/ 125.000

0   1,25   2,5   5 Km.

Ríos alpinos con vegetación leñosa
en sus orillas de Salix elaeagnos

Bosques aluviales de Alnus glutinosa
y Fraxinus excelsior

Bosques galería de Salix alba y Populus alba

Bosques de Quercus ilex y Quercus rotundifolia

Bosques mediterráneos endémicos
de Juniperus spp.

Hayedos

Robledales

Brezales

Prados

Mapa de Hábitats de Interés.

Ser guarda forestal en tu pueblo

Fernando Lorente Añaños
Agente de Protección de la Naturaleza del Gobierno de Aragón en Salvatierra de Esca

Fernando Lorente, Agente de Protección de la Naturaleza

Buscando una palabra que pudiera definir lo que realmente siento al realizar mi trabajo como Agente de Protección de la Naturaleza (APN) del Gobierno de Aragón, en mi pueblo, en Salvatierra de Esca, solo se me ocurre una que defina lo que es: "privilegio".

Privilegio por realizar una actividad laboral que me gusta, en un entorno de gran valor ambiental y, añadido a esto último, con el plus de poder realizarlo en mi lugar de origen, donde he vivido toda mi vida.

Dejando un poco de lado y quizás para otro libro las carencias que tenemos en recursos para el cuidado de los montes en general –similares a otras zonas de Aragón– voy a relatar lo positivo que tenemos en esta zona y cómo hacemos para seguir manteniéndolo y así favorecer su divulgación.

Los trabajos que hacemos en la actualidad como APN de prevención de incendios, gestión forestal, censos y seguimientos de especies amenazadas o cinegéticas, etc., no se entenderían sin el legado que nos dejaron nuestras generaciones precedentes que, en circunstancias tan adversas de guerras, hambres… supieron mantener de un modo más o menos ordenado el medio natural, el cual les servía para su supervivencia, y que es el que nos encontramos hoy en día. Por todo esto al realizar una jornada de mi trabajo me da muchas veces por pensar en las gentes que han estado aquí antes que yo, en cada uno de los rincones que frecuento.

Contemplo pinares adultos y frondosos en fincas particulares, en perfecto estado, consecuencia de cortas ordenadas hace más de 60 años, bosques que ayudaban a mantener la economía doméstica de muchas familias.

Paseo por hayedos que en nada se diferencian de algunos lugares del Pirineo, porque a alguien se le ocurrió no cortarlos para leña debido a su alto valor ambiental.

Recorro robledales y encinares de buenos portes, en los que se han hecho siempre cortas de leñas vecinales en épocas correctas sin afectar al hábitat y favoreciendo su expansión.

Observo una zona de abetos que se respetó en su día por su alto valor ecológico y geográfico, y que hoy es la única masa homogénea de este árbol en la provincia de Zaragoza.

Asisto a una batida de caza, viendo a un quebrantahuesos sobrevolar por encima de la actividad, sin ningún riesgo para este, porque ha ido calando en los cazadores locales el respeto hacia las especies protegidas.

Voy transitando entre repoblaciones de pinares que se hicieron en los años 50 y 60 del siglo pasado, muchas veces en montes erosionados y en los que antes no había árboles, y que con aclarados ordenados se conseguirá crear masas mixtas de vegetación.

Veo como, al realizar labores de cultivos agrícolas de un modo correcto, se favorece también a muchos animales salvajes, tanto cinegéticos como catalogados y amenazados.

También miro con agrado como sobrevuelan por encima del pueblo gran cantidad de buitres y otras aves rapaces, ligadas muchas veces con el ser humano, a las que se les aportaban cadáveres de animales domésticos en zonas determinadas. Actividad casi perdida, pero que se intenta recuperar.

Y en definitiva, pienso que el hábitat que me rodea es consecuencia de la gente que vive en él y, por lo tanto, que estamos obligados a mantenerlo. A esto último cada uno puede contribuir en la mejora de su entorno, desde un modesto reciclado ordenado de los residuos en su domicilio, hasta los gestores públicos... que todos tenemos algo que decir en esta cosa tan publicitada últimamente que se llama Medio Ambiente, obligados a hacer una gestión ordenada de los recursos naturales. Nuestras generaciones venideras seguro que nos lo agradecerán.

"Del encuentro del hombre con las montañas nacen grandes cosas".

William Blake.

La mariposa alada en las foces, el treparriscos.

El término foz proviene del vocablo latino "faux", que significa fauces, garganta. Las foces son profundos tajos en el paisaje calizo, tallados pacientemente en la roca por la erosión de las aguas de los ríos y barrancos a lo largo de millones de años, producidos al atravesar las sierras o cadenas montañosas que se interponen en su recorrido y que dan origen o forma a grandes cortados, gargantas o desfiladeros rocosos, creando así unos parajes muy curiosos y excepcionales. Son largos y estrechos pasajes flanqueados por grandes farallones rocosos, con fuertes cortados, rellanos, gleras o pedrizas, con pequeños abrigos y enclaves húmedos, escoltando al río o al barranco en gran parte de su recorrido. Pero lo más curioso es que allí dentro se crea un ecosistema muy peculiar, con singularidades realmente especiales que albergan una flora y fauna característica, la cual ha sabido adaptarse al microclima interno y a lo abrupto del terreno rocoso. Son rincones abrigados donde ha podido persistir la vegetación antigua durante las glaciaciones, con plantas como el madroño y otras de tipo laurisilva más resistente a la sequía.

El clima general de la Alta Zaragoza es aún mayoritariamente de tipo mediterráneo, con ligeras influencias atlánticas, pero es en el seno de estas foces donde este último se manifiesta mejor, con algunas especificidades que lo hacen diferente a su entorno inmediato. Eso es gracias a las corrientes de aire que al circular por la estrechez de las foces hace que aumente su velocidad y a la vez su efecto desecador y suavizador de las temperaturas; a la diferente exposición que manifiestan a la luz solar los paredones rocosos, calentándose, o estando más tiempo a la sombra según la orientación; y a la influencia de los cauces de los ríos que propician una mayor humedad ambiental. Todo esto crea unas condiciones especiales para que se asienten especies botánicas que en otros lugares van a ser muy raras o escasas, de ambientes húmedos o muy secos. O para que en ocasiones, debido a la inversión térmica producida, que se manifieste una alteración en el orden lógico de los

Erodium glandulosum.

pisos de vegetación, encontrándose las plantas más frioleras en las zonas más altas y soleadas de las foces, mientras que por el contrario las especies vegetales de requerimientos más frescos y húmedos se sitúan por debajo de aquellas, en las partes más bajas y sombrías, rompiendo el esquema y el orden natural de la vida en altura.

En el ámbito territorial tratado en este libro de la Alta Zaragoza aparecen cuatro "foces" significativas que se vertebran en torno al río Esca. Las dos más destacadas e imponentes son la de Salvatierra de Esca a Burgui –que se forma al atravesar el río las sierras de Illón y de la Virgen de la Peña–, y la de Sigüés a Salvatierra –al atravesar las sierras de Leire y de Orba–, morada inexpugnable de plantas y animales sin vértigo. Otras dos foces menores se desarrollan muy cerca, en el término municipal de Salvatierra, y son las del barranco lateral de la Garona –una profunda falla cortante de más de dos kilómetros de longitud que recibe las aguas de la Sierra de Leire y de la Plana de Castillonuevo, y que desagua en el Esca formando un espectacular salto de agua–, y la más pequeña y escarpada Foz de Forniellos –espectacular e inaccesible desfiladero de unos 700 metros de longitud por algo más de 100 metros de profundidad, en el monte de Huyerma, bajo la Plana de Sasi–.

Del madroño al sauce, pasando por las saxífragas y *Petrocoptis*

La vegetación que se desarrolla a lo largo de estas foces prepirenaicas se asocia a los diferentes ambientes localizados dentro de las mismas. Así, en los lugares más cálidos o termófilos se encuentran interesantes plantas de ambiente mediterráneo y húmedo a la vez, poco resistentes a las heladas. Pequeños arbustos que a veces alcanzan porte arbóreo como el madroño *(Arbutus unedo)*, llamado aquí "modrollo", con sus hojas lanceoladas y con esféricos frutos granulados de color rojizo o anaranjado, que en el mes de noviembre sorprende al fructificar y florecer a la vez mostrando unas flores blancas o rosadas que cuelgan agrupadas. Junto a él suele aparecen la oliveta o labiérnago *(Phillyrea latifolia)* –también de hoja dura y brillante– y el singular durillo *(Viburnum tinus)*, de espectacular floración invernal y bellísimos frutos azulados iridiscentes bajo la lluvia. Muy cerca, en lugares cálidos y protegidos térmicamente, crece la cornicabra o terebinto *(Pistacia terebinthus)* con sus características agallas en forma de cuerno de cabra, además de la madreselva *(Lonicera implexa)*, el espantalobos *(Colutea arborescens)*, la efedra *(Ephedra nebrodensis)*, la lantana *(Virbunum lantana)*, el bonito bonetero *(Euonymus europaeus)*, el jazmín silvestre *(Jasminum fruticans)*, el cerezo de Santa Lucía (*Prunus mahaleb*)… y alguna higuera aislada (*Ficus carica*).

Una de las singularidades que podemos encontrar en estas gargantas fluviales es la rara y casi ausente en Aragón encina litoral de grandes hojas lanceoladas *(Quercus ilex subsp. Ilex)*, junto al guillomo o "senera" (*Amelanchier ovalis*), rusco (*Ruscus aculeatus*) o la gayuba (*Arctostaphyllos uva-ursi*). En las umbrías y lugares más frescos y húmedos, fuera del fondo de barrancos, sobre las rocas se establecen los musgos y los líquenes. Estos últimos son organismos complejos compuestos de un alga y un hongo que asociados en simbiosis colonizan sustratos tan difíciles. También crecen helechos como dos polipodios (*Polypodium vulgare, P. cambricum*) y el culantrillo o adianto negro (*Asplenium onopteris*).

Una pequeña mata que aparece en lugares umbríos del bosque de las foces es el rusco o "bucheta" (*Ruscus aculeatus*), la planta de las piernas ligeras, con sus tallos pinchudos y de llamativos frutos esféricos de color rojo al madurar, la cual se emplea en las pomadas antihemorroidales. No faltan otro tipo de madreselva silvestre *(Lonicera peryclimenum)* –rara y escasa–, y el poligonato o sello de Salomón (*Polygonatum odoratum*) –de bellas flores blancas y colgantes–, además del lirio hediondo *(Iris foetidissima)*, la umbelífera *Opopanax chironium*, un ajo espectacular (*Allium moly*)… y la "parruza" o parra silvestre (*Vitis vinifera*).

En las pequeñas repisas de las foces, con suelo pobre y escaso, aparecen otras especies botánicas aclimatadas a las duras condiciones, con diferentes estrategias como acumular reservas en forma de bulbos o rizomas, o con ciclos muy cortos de vida… Se trata de un medio hostil para la vegetación donde hay que vivir sobre una roca con apenas tierra fértil y donde se constata una gran oscilación térmica, siendo a veces la humedad muy escasa o prácticamente nula. Allí se desarrollan plantas como el geranio *Erodium glandulosum*, el narciso de Asso (*Narcissus assoanus*), el bello tulipán silvestre *(Tulipa sylvestris subsp. australis)*, el jacinto bastardo (*Dipcadi serotinum*) o el de color azulado (*Brimeura amethystina*), algunos ajos silvestres *(Allium sphaerocephalon, A. paniculatum)*, el gladiolo *(Gladiolus illyricus)*, alguna gramínea como *Poa bulbosa*… y también algunas plantas de ciclos biológicos muy cortos como la *Saxifraga tridactyles*, *Centranthus calcitrapae*, *Valerianella dentata*, *Chaenorhinum minus*, *Xeranthemm inapertum*.

Otras plantas leñosas, árboles y arbustos que cubren buena parte de las foces sobre cantiles, covachos, rellanos rocosos y laderas terrosas encontramos a la omnipresente carrasca o encina (*Quercus ilex subsp.*

Durillo, *Viburnum tinus.*

rotundifolia) –dominando la floresta–, junto a la sabina negra *(Junipe-rus phonicea)*, o algún aislado y solitario arce de Montpellier o "es-carrón" *(Acer monspessulanum)* con sus pequeñas hojas trilobuladas. No faltan el florido y pinchudo espino albar *(Crataegus monogyna)*, el rosal silvestre *(Rosa sp.)*, la endémica madreselva del Pirineo *(Lo-nicera pyrenaica)* –de flores blancas y acampanadas y de curiosos frutos rojos, un par de bayas ligeramente soldadas–, la sabina rastre-ra *(Juniperus sabina)* o el pequeño y rastrero *Rhamnus pumila.* Pero aquí y allá, dispersas por los claros rocosos podemos encontrar el famoso té de roca o de Aragón *(Jasonia glutinosa)* que las gentes si-guen aprovechando como digestivo, el geranio o también llamado alfileres de roca *(Erodium glandulosum)* que constituye un endemis-mo de la península ibérica... u otras pequeñas especies vegetales como *Erinus alpinus, Chaenorhinum origanifolim, Iberis carnosa, Anthyllis montana*, las campanillas azuladas de la *Campanula hispa-nica, Erysimum gorbeanum, Minuartia verna*, el cerrillo escobero *(Stipa offneri)* y *Phyteuma charmelii.*

Sobre la misma roca, entre las grietas o fisuras, extraplomos, peque-ñas terrazas, se desarrollan varias saxífragas –plantas que rompen las piedras–: la *Saxifraga cuneata* endémica pirenaico-cantábrica, la corona de rey *(Saxifraga longifolia)* inconfundible con su inflorescen-cia cilíndrica o piramidal de vistosas flores blancas, y la también endémica *Saxifraga losae.* Muy cerca aparecen otras especialistas en piedra y peñasco: la endémica *Valeriana longiflora subsp. paui*, la siempreviva *(Serpervivum tectorum)* o la excepcional *Petrocoptis hispanica,* pequeño clavel que cuelga de las rocas, planta de distribución mundial limitada a esta parte del Prepirineo.

Pero la biodiversidad se incrementa mucho más al mirar en el interior umbrío de estas foces y al hallar en los lugares más húmedos y umbríos, fondos de barrancos y orillas del río Esca, toda una mezcla sorprendente de plantas de ambientes mediterráneos y cantábricos. Algunas laderas de tilos *(Tilia platyphyllos),* se mezclan con fresnos de hoja ancha *(Fraxinus excelsior),* algún acirón *(Acer opalus)* disperso –llamado en esta zona "illón", como la sierra vecina–, grupos de hayas *(Fagus sylvatica)* que a veces se juntan con rodales de las citadas encinas o carrascas, algún blanco abedul *(Betula pendula)* –suelto y escaso–, amén del conocido mostajo *(Sorbus aria)* y del más raro serbal conocido como peral de monte *(Sorbus torminalis).* El avellano (*Corylus avellana*) también ocupa grandes zonas y está muy repartido, tanto en las laderas cercanas como en las orillas del río, y se entremezcla con algún pequeño tejo *(Taxus baccata)* testimonial… o, ya en la zona de influencia del río o de los barrancos, con la sarguera (*Salix eleagnos subsp. angustifolia),* la sarga negra o bardaguera (*Salix atrocinerea),* el chopo negro *(Populus nigra),* el fresno de hoja estrecha *(Fraxinus angustifolia)* y el olmo común (*Ulmus minor)* con el de montaña *(Ulmus glabra).* Bajo el dosel arbóreo de estas masas mixtas naturales crece algún cornejo (*Cornus sanguinea*), la clemátide o "betiquera" *(Clematis recta)* o la menta de lobo *(Lycopus europaeus).*

Buitres, quebrantahuesos y otras aves rupícolas

Por su especial configuración, estos grandes cortados pétreos, repisas o rellanos, pequeños huecos y cavidades colgando del vacío, resultan ser lugares ideales para muchas especies de aves rupícolas que encuentran en este medio vertical innumerables ventajas. Son lugares óptimos para descansar y anidar a salvo de probables depredadores o molestias, disfrutando a su vez de unos oteaderos excelentes desde donde poder controlar gran parte del terreno, así como una adecuada zona de despegue que facilita el tomar rápido contacto con las corrientes térmicas de aire caliente ascendente que les impulsan cielo arriba, sobre todo para las grandes aves rapaces planeadoras que dibujan círculos en el cielo. Entre las más abundantes, representativas y conocidas nos topamos con los buitres leonados *(Gyps fulvus),* quienes descansan en buena parte de los cortados de estos cañones fluviales, siendo aves carroñeras que desempeñan una gran labor sanitaria limpiando de cadáveres el campo.

Más raro y escaso, un especie antediluviana, es el quebrantahuesos *(Gypaetus barbatus)*, única ave osteófaga del mundo que con su vuelo señorial y pausado concita el interés de numerosos ornitólogos y aficionados, que cuenta en esta zona de la provincia con varias parejas reproductoras. Por otra parte, el buitre egipcio o alimoche *(Neophron percnopterus)*, también llamado "milopa" o "boleta" en Aragón, nos visita en primavera para llevar a cabo su cría en una cueva del cortado, alimentándose de pequeñas carroñas y de los restos del banquete de los buitres. Al pie de los mismos cantiles, sobre el mismo suelo pone sus huevos el gran duque o búho real *(Bubo bubo)*, la mayor de nuestras rapaces nocturnas. También el águila real *(Aquila chrysaetos)* sitúa en estos precipicios sus nidos, varios por territorio, los cuales va cambiando cada año. El halcón peregrino *(Falco peregrinus)* halla, asimismo, acomodo en estos desfiladeros, al igual que lo hace el pequeño y aguerrido cernícalo común *(Falco tinnunculus)*, algo más abundante. Pequeñas aves eminentemente roqueras de las foces son, por ejemplo, el roquero solitario *(Monticola solitarius)* o los invernales treparriscos *(Tichodroma muraria)*, ave singular de pico alargado y color gris que en su vuelo semeja a una gran mariposa, el cual se alimenta de insectos que viven escondidos entre las fisuras rocosas. Abundantes y ruidosas son las chovas piquirrojas *(Phyrrocorax phyrrocorax)* que sobrevuelan incansables los cortados, a la par que los atareados aviones roqueros *(Ptionoprogne rupestris)*… o alguna pareja de negros cuervos *(Corvus corax)*.

Mirlo acuático en las frías aguas.

El gran duque, el búho real dueño de la noche.

Entre la vegetación del fondo de las foces escucharemos el canto aflautado de pequeñas aves como la totovía *(Lullula arborea)*, el escribano soteño *(Emberiza cirlus),* el mirlo *(Turdus merula)*, el rechoncho mito *(Aegithalos caudatus),* distintas especies de currucas… Y en las fisuras de las peñas calizas perviven interesantes especies de caracoles rupícolas, aún poco conocidas y divulgadas debido a la escasez de malacólogos expertos.

Si nos fijamos en los mamíferos de este ambiente, además de algunos quirópteros fisurícolas o de cantiles –como el murciélago rabudo *(Tadarida teniotis)* y el montañero *(Hypsugo savii)*–, podemos enumerar primeramente algunas especies generalistas que también podemos hallar luego en otro tipo de ecosistemas: como el jabalí *(Sus scrofa)* –que gusta de las espesuras para refugiarse durante el día y que por su variada alimentación y por carecer de depredadores naturales en la actualidad sus poblaciones no dejan de prosperar–, el corzo *(Capreolus capreolus)* –especie en expansión que se distribuye por todo tipo de ecosistemas– o el tejón o "tajugo" *(Meles meles),* cerca de barrancos y orillas del río donde excava profundas galerías para refugiarse. No faltan los depredadores o carnívoros: el ubicuo zorro o "raposo" *(Vulpes vulpes),* la escurridiza garduña *(Martes foina)* o la gineta *(Genetta genetta),* ágil cazadora de aves, roedores, insectos y hasta conejos. Difícil de observar, el gato montés *(Felis silvestris)* es un raro y escaso animal al que con suerte se le puede sorprender cruzando un camino o carretera cuando ya ha caído la noche.

Pero es en el fondo de estos estrechos barrancos y desfiladeros del río Esca donde junto al agua aparecen aves tan interesantes para la provincia como el mirlo acuático *(Cinclus cinclus)* –que para cazar sus presas se mantiene al acecho sobre una piedra saliente, para luego zambullirse en las aguas del río, bucear y caminar por el fondo–, además de dos lavanderas, la cascadeña y la blanca *(Motacilla cinerea, M. alba).*

En las orillas del río, siempre expectante al movimiento de los barbos, veremos a la garza real *(Ardea cinerea).* Pero es la presencia de restos de espinas de peces o caparazones de cangrejos lo que delatará la presencia, cada vez más abundante, de la nutria *(Lutra lutra)* en las aguas vivas del río. Hoy existe la duda de la presencia por confirmar de dos especies cada vez más escasas: el desmán ibérico o pirenaico *(Galemys pyrenaicus)* y el amenazado visón europeo *(Mustela lutreola)* que bien podrían encontrarse en zonas poco accesibles del fondo de estas foces. El que sí está aún en algunos de estos barrancos apartados de la Alta Zaragoza es el cangrejo de río autóctono *(Austropotamobius pallipes)*, otra especie en peligro de extinción que tiene aquí uno de sus últimos reductos, máxime ante la amenaza de expansión de la peste del cangrejo o "afanomicosis" que le transmiten sus congéneres exóticos invasores, el cangrejo americano *(Procambarus clarkii)* y el señal *(Pacifastacus leniusculus)*, este último cada vez más extendido por el líquido corazón de estos territorios.

Algunos de los reptiles que podemos hallar en las foces son la culebra lisa europea *(Coronella austriaca)*, y la también escasa culebra de Esculapio *(Zamenis longissimus)*… mientras que cerca o dentro del agua habitan la culebra viperina *(Natrix maura)* y la de collar *(Natrix natrix)*. Y algunos de los anfibios que habitan las zonas húmedas como el tritón pirenaico *(Calotriton asper)*, la delicada y rara ranita de San Antonio *(Hyla arborea)*, o el sapo partero *(Alytes obstetricans)*, cuyo macho transporta a la espalda la puesta de huevos.

Por último, las aguas cristalinas del Esca albergan una rica ictiofauna, hasta ocho especies distintas de peces recorren sus aguas: la locha de río *(Barbatula barbatula)*, catalogada como vulnerable, la lamprehuela *(Gobitis calderoni)*, especie catalogada como sensible a la alteración del hábitat, el barbo de montaña o culirroyo *(Barbus haasi)*, el barbo *(Barbus graellsii)*, la trucha común *(Salmo trutta)*, la madrilla *(Parachondrostoma miegii)*, el gobio *(Gobio gobio)* y el foxino o piscardo *(Phoxinus phoxinus)*.

EL MADROÑO (*Arbutus unedo*) Y SUS FRUTOS CARNOSOS

Madroño, árbol mediterráneo que fructifica y florece a la vez.

El botánico Pedro Montserrat destacaba que las hoces del río Esca conservaban una interesante vegetación relíctica de tipo subtropical, restos de laurisilva de la era Terciaria en las que destacan pequeños madroñales cálidos y húmedos como el del llano de Eza, en la parte baja de la Sierra de Orba.

Este arbolillo emblemático del bosque mediterráneo, que aparece en nuestras latitudes refugiado de las heladas en dichas foces o gargantas de la antesala pirenaica, es conocido en los pueblos de alrededor como "modrollero".

Para el naturalista Joaquín Araújo se trata de uno de los árboles más hermosos de nuestro país, "especialmente cuando llega el otoño y hay nuevos colores que vienen a completar esta sinfonía cromática: el blanco completo de las flores, con el carmesí de los frutos de escalonada maduración". Al principio son verdes, van cambiando al amarillo, al anaranjado y, finalmente, se tornan muy rojos, casi granates, siendo apetecidos por aves de mediano tamaño.

Estos frutos o "madroñas" son bayas de piel granulada, comestibles en crudo, pero hay que advertir que mucho cuidado con los "atracones" porque además de ser algo indigestas tienen fama de embriagar o producir dolor de cabeza, ya que bien maduros fermentan y albergan cierta cantidad de alcohol. Por eso en Asturias también les llaman "borrachines".

Al madroño le gusta colonizar terrenos que han sufrido un incendio, y generalmente su hábitat natural no supera la cota de los 1.000 metros de altitud. En el Alto Aragón vive en bosques mediterráneos termófilos, en barrancos abrigados y relativamente húmedos como estos, paisajes que poco tienen que ver con los bosquetes que muestra la especie en Montes de Toledo, Extremadura, Sierra Morena o la salmantina Peña de Francia, ya que aquí esta planta normalmente aparece de forma dispersa, con pies abundantes que forman pequeños grupos, en ciertas foces del Prepirineo –Alta Zaragoza, Fago, Biniés, Olvena–, en la Sierra de Guara, en Santaliestra, al pie de los Mallos de Riglos o en los barrancos y laderas solanas de la cercana Sierra de Santo Domingo.

VARIAS PAREJAS DE QUEBRANTAHUESOS
(*Gypaetus barbatus*)

Antiguamente, hacia mediados del siglo XIX, el quebrantahuesos tenía una amplia distribución por todo el viejo continente. En la península ibérica estaba presente en la gran mayoría de las sierras que por sus características podían albergar a estas aves, pero tras ser perseguido directa e indirectamente por el hombre, este buitre elegante quedó recluido en la cordillera montañosa de los Pirineos como uno de sus últimos bastiones naturales en Europa.

Hoy, afortunadamente, esta ave rapaz carroñera mantiene varias parejas que crían en los cortados y paredes naturales de estas agrestes foces o sierras de la esquina de la Alta Zaragoza... siendo uno de los "animales estrella" de la lista faunística de dicha zona.

Los ejemplares adultos –a partir de siete años de edad– poseen un característico plumaje con pecho anaranjado y las aladas y el dorso de color negro pizarra. Hay quien le conoce también con el nombre de águila barbuda en alusión a la existencia bajo el pico de un penacho de plumas que asemejan un bigote o barba.

Machos y hembras son, en apariencia, prácticamente indiferenciables, pese a que los ejemplares masculinos sean de menor tamaño que los femeninos. Tiene una gran envergadura alar de hasta tres metros de longitud. Su silueta en vuelo es inconfundible: alas oscuras, pecho anaranjado y cola en forma de rombo. En los individuos jóvenes el pecho es oscuro. De hecho, ejemplares subadultos e inmaduros, con edades comprendidas entre 1 y 5 años, se caracterizan por un aspecto más desgarbado que los adultos y un color uniformemente oscuro de su plumaje, con la cabeza de un negro intenso.

Quebrantahuesos alimentándose.

PETROCOPTIS, UN GÉNERO DE ENDEMISMOS QUE ROMPE ROCAS

Petrocoptis hispanica colgando de las paredes.

Como si permanecieran suspendidas del vacío, aparecen en las paredes calizas de estas foces del río Esca unas plantas de hojas pequeñas, glaucas y algo crasas –que forman rosetas basales–, junto a flores blancas de cinco pétalos. Se trata de la especie que los botánicos pirenaicos conocen como *Petrocoptis hispanica*, un endemismo botánico de distribución muy restringida, exclusivo de las provincias de Zaragoza –zona norte–, la parte más occidental de la de Huesca y de Navarra, la cual ocupa las sierras de San Juan de la Peña, Oroel, Orba, Leire… llegando hasta Aralar.

Algunos autores la consideran independiente de *Petrocoptis pyrenaica*, de la que es muy difícil de distinguir, mientras que otros la sitúan muy próxima taxonómicamente al género *Silene*.

Como otras especies del género *Petrocoptis* –que "rompen la piedra"– son plantas propias de grietas en la roca, salientes calizos o conglomerados… y paredes de cuevas. Viven entre los 400 y los 1.500 m de altitud, y florecen entre los meses de mayo y agosto. Tienen, asimismo, grandes semillas de más de 1 mm de diámetro.

Como casi todas las plantas rupícolas constituyen seres vivos que aferran sus raíces directamente en la roca madre, aprovechando cualquier ranura o resquicio sin tan apenas suelo ni tierra nutritiva, ocupando repisas o, más difícil todavía, creciendo en la concavidad de una pared extraplomada. La naturaleza les ha dotado de estrategias propias para que sus semillas no se pierdan en el espacio aéreo y así logren alcanzar los rincones rocosos más inverosímiles. Ahora los científicos explican que muchas de estas plantas son reliquias supervivientes del efecto demoledor de las glaciaciones: las masas de hielo cubrieron entonces buena parte de estas montañas y solo sobrevivieron aquellas que estaban encaramadas o refugiadas en los altos crestones rocosos. Y allí, gracias a su aislamiento en pequeñas poblaciones, los estudiosos de la flora han determinado la existencia de numerosos endemismos, es decir, especies únicas a nivel mundial.

El botánico Pedro Montserrat llegó a decir que esta *Petrocoptis hispanica*, descrita por el alemán Willkomm, era la más típica y propia de la Jacetania.

Maravillas invertebradas: caracoles peludos

Iosu Antón Lázaro
Entomólogo, guarda forestal del Gobierno de Navarra

Son muchos los caracoles de las foces prepirenaicas que presentan la concha recubierta de pelos, aunque la mayoría de la gente y muchos naturalistas lo desconozcan. En general son especies de tamaño pequeño que se refugian del sol y pasan muy desapercibidas.

La utilidad de disponer de una concha con pelos no presenta una explicación sencilla y sigue siendo controvertida. Tenemos varias explicaciones: como que así se mejora el camuflaje, que se mantiene la adherencia a las plantas en situación de niveles altos de humedad... o que se facilita la locomoción en ambientes húmedos. En algunas especies de moluscos, estos solamente tienen pelos en su edad juvenil, aunque en otras se mantienen luego en su vida adulta.

Dentro del ámbito de la Alta Zaragoza encontramos dos especies que coinciden aquí en sus áreas de distribución. A las dos les gustan los ambientes frescos, húmedos y protegidos cercanos al río Esca. Y normalmente se suelen encontrar a cobijo de la sequedad, entre la hojarasca, en grietas o debajo de piedras y troncos.

Helicodonta obvoluta, un raro caracol.

Una es *Helicodonta obvoluta*, un caracolillo que tiene la concha aplanada y cuyo tamaño alcanza el centímetro y medio de diámetro. Sus largos pelos córneos son visibles a simple vista. Le gusta la protección que le dan las foces prepirenaicas. Su distribución ibérica ocupa los Pirineos, Orduña (Bizkaia) y la Sierra de la Demanda (La Rioja). En el Pirineo occidental es una especie poco extendida.

La otra, la segunda, es *Trochulus hispidus*, que tiene la concha cónica en la parte superior y escasamente supera el centímetro de diámetro. Sus pelos son densos, delgados y caducos, dándole un aspecto aterciopelado a la concha. Se trata de una especie frecuente en las choperas y bosques de ribera, siempre cerca del río. En la península ibérica se encuentra bien distribuida, y por eso la podemos encontrar desde los Pirineos hasta los Picos de Europa, ocupando también las provincias de Guadalajara, Soria, Teruel, Valencia y resto de Zaragoza.

Las "parruzas"

Miguel Lorente Blasco

Ingeniero Técnico Agrícola, con orígenes en Salvatierra de Esca

Mi padre era de Salvatierra y al volver de la guerra se hizo forestal, y lo destinaron a Jarque de Moncayo donde pasó el resto de su vida. De pequeño me contaba historias inventadas que siempre ocurrían en su pueblo natal. Hablaba de Morairo que era un "hombraz" que sacaba agua por su bocaza cuando llovía mucho, de la cascada de la Garona provocada por unos gigantes de Castillonuevo cuando se reunían a orinar, de las "parruzas" que daban unas uvas muy pequeñas que cogían los chicos trepando por los árboles… y, sobre todo, hablaba de Gabarre. Con el tiempo aquellas historias empezaron a parecerme inverosímiles pero ya era tarde para sacar de mi conciencia mi relación emocional con Salvatierra, y la curiosidad me llevó a conocer los fenómenos que había utilizado mi padre en sus cuentos.

Parras silvestres en la Foz de Salvatierra, parruzas.

Cuando íbamos a la Garona me enseñaba las parruzas y supe después que eran vides nacidas de pepitas. Lo sorprendente era que si bien las vides cultivadas tienen los dos sexos en la misma flor, estas parruzas los tienen en plantas diferentes, motivo por el que las femeninas dan frutos y las masculinas no.

Hace unos 25 años varios profesores de la Universidad de La Rioja las descubrieron dictaminando que se trataba de la especie *Vitis silvestris*, una originalidad botánica anterior a la que se cultiva (*Vitis vinifera sativa*) que se creía exterminada… y aquello se convirtió en noticia de telediario. Con los avances de los estudios moleculares se vio después que estas plantas tenían el perfil genético de la *Vitis vinifera,* lo que significaba que no podía ser *Vitis silvestris*, aunque se podía decir que eran asilvestradas al nacer de semillas transportadas por los pájaros y perder el perfil genético de las cepas cultivadas que se reproducen por injerto.

Ya sé que esta anécdota no es relevante pero la cuento para resaltar lo importante que son las vivencias de la infancia en la construcción de nuestra personalidad adulta. Y que para amar antes hay que conocer.

"Catalina", una quebrantahuesos marcada en la foz

Juan Antonio Gil Gallús
Fundación para la Conservación del Quebrantahuesos

Marcando a Catalina, joven quebrantahuesos.

El quebrantahuesos "Catalina" –un ejemplar hembra–, fue marcada con anillas, bandas alares y emisor cuando era un pollo en su nido, en el mes de mayo del 2012, en la Foz de Salvatierra (Zaragoza).

El marcaje naturalista fue realizado por un equipo de la Fundación para la Conservación del Quebrantahuesos (FCQ) y el Gobierno de Aragón, dentro de las labores de seguimiento de esta especie que se contemplan en el Plan de Recuperación del Quebrantahuesos en Aragón (Decreto 45/2003).

Se le puso este nombre de "Catalina" en honor a la reina Catalina de Aragón, hija de los Reyes Católicos.

Desde los años 90 del pasado siglo XX y hasta la fecha se han marcado en los Pirineos más de 200 ejemplares de quebrantahuesos, 80 de ellos pollos-marcados con unos 90 días de edad–. Y es gracias al marcaje de estos pollos como se han podido conocer diversas cuestiones sobre la biología y ecología de la especie en la cordillera pirenaica, contribuyendo así al mejor conocimiento científico de la especie a la hora de mejorar la gestión de estos animales en peligro de extinción: en esperanza de vida –longevidad y supervivencia–, en edad de primera reproducción, en las causas de mortalidad, en lo que respecta al periodo de dependencia con los adultos, en dispersión natal y juvenil, en estado sanitario y genético de la población, etc.

Actualmente Catalina tiene ocho años, sigue viva y desde que voló del nido ha visitado y conocido gran parte del Pirineo, desde Navarra, pasando por Francia, Aragón y Cataluña. Una de sus últimas observaciones se realizó en noviembre de 2019, en un punto de alimentación suplementaria o comedero para la especie situado en el Prepirineo de Lérida.

Rapaces de Lumbier y Sierra de Leire

Eduardo Primo Iriarte

Naturalista navarro. Ha trabajo durante muchos años
en la Reserva Natural de la Foz de Lumbier

Habiendo nacido rodeado de foces y buitres, allí donde la Sierra de Leire comienza a levantarse y coger forma, era cuestión de tiempo que la curiosidad que de pequeños todos tenemos hacia lo que se mueve a nuestro alrededor se transformase en afición por la vida salvaje que me rodeaba, y más en concreto hacia los buitres y las aves rapaces que por estos lugares se dejan ver a diario.

Al principio andando, luego en bici, más tarde con una pequeña moto y finalmente en coche fui ampliando el radio de acción para seguir aprendiendo y disfrutando de estos gigantes alados. Poco a poco me di cuenta que lo que me movía las tripas y condicionaba la elección de los lugares a visitar era la posible presencia o no en el lugar del quebrantahuesos, pues ese era el hilo conductor que me abría la puerta de muchos lugares y me hacía disfrutar de la vida salvaje que estos escondían.

Tras la estela de los quebrantahuesos llegué a la cara sur de la Sierra de Leire donde siempre los he visto acompañados en sus vuelos

Quebrantahuesos en la Sierra de Leire.

diarios por buitres, águilas reales, milanos, halcones peregrinos… y más ocasionalmente por otras aves estacionales –o de paso– como águilas de Bonelli –perdiceras–, alimoches, águilas calzadas, grullas…

Me vienen a la mente los gratos recuerdos de un gélido mediodía de febrero, con la nieve tiñendo de blanco las paredes de la sierra cuando entre las nubes que ocultaban parcialmente la parte más alta de los cortados apareció sin avisar, como casi siempre, de la nada, un quebrantahuesos adulto con rumbo fijo y perdiendo altura rápidamente. Con suerte lo logre meter dentro del ocular de mi telescopio y le acompañé en la parte final de su trayecto. Mi corazón latía rápido a sabiendas de que era posible que me enseñase el lugar elegido para ubicar su nido ese invierno. Cuando hizo la maniobra final de aterrizar, la copa de un árbol situado en la parte baja de la pared segó de raíz mis expectativas y escondió tras de sí al quebrantahuesos. A los pocos segundos salió volando de detrás del árbol otro ejemplar adulto y se fue sin titubeos hacia el norte para desaparecer al poco entre las nieblas. Me quedé con cara de circunstancias y sabor agridulce: me había enseñado su escondite, pero solo a medias…

Al día siguiente quedé con una amiga, gran conocedora del lugar y de la vida que esa sierra alberga, y nos acercamos por pistas forestales y caminos varios hasta un punto desde donde observar con nuestro telescopio el secreto que escondía aquella copa del árbol. Efectivamente, allí estaba el nido de la pareja de quebrantahuesos y de lejos pudimos observar un relevo prácticamente a la misma hora del día anterior, y esta vez sin obstáculos. Allí estaba un *"gypaetus"* incubando, tumbado encima de un gran nido hecho con muchas ramas y lana, situado en una cornisa en la parte baja de la pared, rodeado de bastante nieve.

Los quebrantahuesos me llevaron hasta la cara sur de la Sierra de Leire aquel invierno en el que en la cara norte, cerca de la Foz de Arbayún, unas ruidosas maquinas estuvieron abriendo una carretera durante bastante tiempo.

Últimamente esta pareja de "quebrantas" pasan bastante tiempo por la cara norte de la sierra… quizás hayan vuelto buscando la tranquilidad que en el otro lado les niegan las continuas obras de carreteras, pantanos, carreras de montaña… o quizás sea casualidad…

"La leña de los carrascales de la Canal de Berdún y de Yesa no es necesaria actualmente gracias al butano. Y la carrasca debe realizar el papel protector (cortaviento) que le asignó la Naturaleza"

Pedro Montserrat

Bosque autóctono. Hojas de haya.

De forma natural crecen y forman comunidad muchos tipos de árboles en estas sierras, sin que nadie los plantara, donde Dios los trajo al mundo, desde los siglos de los siglos: se trata de masas forestales a base de pino silvestre o albar –pino royo–, de miles de robles, de millones de encinas, de cientos de abetos, de muchas hayas... e incluso de avellanos, abedules, tilos y fresnos. Todos en suma componen el hogar más genuino y complejo que hay en estos lares para muchos otros animales y plantas autóctonas que tienen la suerte de vivir a su amparo, es decir, emboscados.

El bosque más abundante es el que corresponde a los carrascales prepirenaicos o encinares de la depresión media de la Canal de Berdún y los pedregosos piedemontes de las sierras de Leire y de Orba, árboles mediterráneos que en suelos pobres y desolados se pueden ver acompañados de otros arbustos y arbolillos que resisten bien el calor, el sol directo y la sequedad de los meses de verano como son la coscoja (*Quercus coccifera*), el enebro de la miera (*Juniperus oxycedrus*), la aliaga (*Genista scorpius*), el espliego (*Lavandula latifolia*) o, en laderas más altas, el boj (*Buxus sempervirens*) y el quejigo (*Quercus faginea*)... un bosque luminoso que en su estado de mayor desarrollo se ha visto muy mermado en el pasado por las roturaciones agrícolas en las zonas más llanas las de mejor suelo, donde grandes ejemplares fueron sacrificados en aras de un "progreso" mal entendido.

Pinos silvestres naturales, en los barrancos y laderas más norteñas

Los pinares de pino silvestre (*Pinus sylvestris*) en Aragón son muy importantes, suministran el 80% de la madera aragonesa y son los que cubren una superficie mayor, alrededor de 196.000 ha, solo en masas forestales puras. Cubren las laderas más soleadas de los valles pirenaicos entre los 900 y 1.800 m de altitud, así como de las sierras de Javalambre, Gúdar, Albarracín y Puertos de Beceite –en Teruel–. Se desarrollan sobre casi cualquier tipo de suelo, pero estas coníferas también muy extendidas por el resto de Europa precisan algo de humedad en el sustrato, no soportando periodos de sequía prolongada.

El también llamado pino albar –o "royo", en Aragón– es el único pino que de forma natural, espontánea, crece en algunas localizaciones

Restos de viejas tileras de la Sierra de Illón.

de las sierras de Leire, Orba y Peña Nobla. Estas coníferas autóctonas aparecen localizadas en las zonas más altas y umbrías de Mianos, en el monte Pinar, Cingla y Sarda, así como en el monte Opaco Cerrado y Abierto de Artieda. Asimismo, cubren parte del monte de Tiermas en la Sierra de Leire de Tiermas, sobretodo de las más frescas y umbrosas partidas forestales de Salvatierra de Esca como son el Opaco de Orba, Gabarri, Huyerma y Sacal, además de en las hondonadas y laderas de orientación norte llamadas por aquí "pacos" o umbrías.

En las últimas décadas, desde mediados del siglo pasado, la superficie de las masas de pino silvestre naturales se ha ido extendiendo ampliamente gracias a la capacidad colonizadora de este árbol, favorecida también por el abandono de tierras agrarias y de la ganadería extensiva. También porque la explotación maderera ha contribuido a su distribución actual, favoreciendo al productivo pino silvestre en detrimento de otras especies –robles y hayas– por razones de tipo económico. Por eso hay quien en ocasiones los considera como bosques secundarios, de sustitución en el tránsito verdadero hacia climácicos robledales, hayedos o quejigales. No podemos decir que siempre estos pinos formen masas puras o uniformes, ya que dichos bosques de pino silvestre o albar suelen crecer habitualmente mezclados con algunas hayas, robles, quejigos e incluso carrascas. Es por ello que el cortejo florístico acompañante al pino sea realmente muy diverso y que esté formado por especies de matorrales y bosques próximos.

Dentro de la Alta Zaragoza podríamos distinguir dos tipos de pinares albares, los mesófilos –también llamados musgosos o de zonas de umbría, con suelos profundos– y los xerófilos –aquellos situados en laderas de solana.

Los pinares mesófilos ocupan la mayor parte del piso montano pirenaico y las zonas más húmedas de su área de distribución, entre los 1.000 y 1.700 m, dejando paso a hayedos y robledales donde se produce una mayor influencia de tipo atlántico u oceánico. Forman en general masas forestales densas con árboles de troncos rectos y esbeltos, como los de la alta Jacetania o el valle del Roncal. Estos "pinares musgosos" se caracterizan por la abundancia de una alfombra de musgos, líquenes y setas, una capa que almacena agua durante las tormentas y permite al árbol resistir mejor en las corta sequías.

Entre el sotobosque predomina el omnipresente boj, "bucho" o "bujo" (Buxus sempervirens), especie abundantísima en diferentes ambientes y que por sí sola forma extensos bojedales. Pero entre las especies vegetales herbáceas caben destacar algunas violetas (Viola hirta, V. sylvestris) –con hermosas y delicadas flores de color liláceo o azulado–, la aguileña o flor de los celos (Aquilegia vulgaris), –cuyas flores azules tienen forma de trompetilla abierta hacia arriba–, el hipérico de montaña (Hypericum montanum), la temprana hepática (Hepatica nobilis) o la bufalaga endémica (Thymelaea ruizii). Además de la pulmonaria de hoja larga (Pulmonaria longifolia), el tanaceto o margaritón (Tanacetum corymbosum) –una hermosa y esbelta margarita–, y donde no faltan algunas de las representantes de la familia de las orquídeas como el satirión blanco de dos hojas (Platanthera bifolia), la bella cefalantera blanca (Cephalanthera longifolia) o la orquídea olorosa (Gymnadenia conopsea). Indicando el cambio de estación, a inicios de otoño, podemos localizar sobre prados, claros de bosque y bordes de caminos, al azafrán silvestre (Crocus nudiflorus), bella y delicada flor que no comen los animales herbívoros dada su toxicidad.

Por otro lado, los pinares xerófilos o más secos se localizan en la vertiente meridional del piso montano, en solanas y zonas venteadas, como son los grandes ejemplares que en la Sierra de Orba sobrevivieron a un gran incendio en los años 50. Se trata de pinares menos espesos, con grandes claros y con árboles de peor porte y desarrollo, más ramosos, a los antes referidos pinares mesófilos o musgosos. La diferencia más acusada con los anteriores es la ausencia de ese sotobosque más propio de los hayedos o abetales y del estrato de musgos a ras de suelo. Suelen ser pinos colonizadores que se asientan en áreas pobres y erosionadas. Uno de los parásitos que más afecta a estos pinares soleados es el muérdago o "bizco" (Viscum album subsp. Austriacum), subespecie asociada a diversas especies de pinos. En este caso también aparecen y acompañan muchas de las especies propias del quejigal: como la primavera (Primula veris) –una de las primeras especies en florecer–, el singular talictro tuberoso (Thalictrum tuberosum) de bellas flores blancas, el tablero de damas o meleagria (Fritillaria lusitanica) –bella liliácea ajedrezada– y el azafrán blanco o primaveral (Crocus nevadensis) que se deja ver para el mes de marzo. Asimismo, otras plantas frecuentes y abundantes bajo el dosel arbóreo, en los claros, son la oreja de liebre (Bupleurum rigidum), algunas vezas (Vicia cracca, V. sanguineum), el gamón (Asphodelus albus) el cerbero o lastón (Brachypodium pinnatum), el aromático orégano (Origanum vulgare) –usado como condimento en la cocina y con numerosas propiedades medicinales– o el lino viscoso de flor rosada (Linum viscosum). Al igual que el boj acompañaba al pino silvestre en zonas umbrías, en estas solanas destacan algunos matorrales o arbustos asociados como el aligustre o alheña (Ligustrum vulgare), el viburno o barbadejo (Viburnum lantana), el endrino o "arañonero" (Prunus spinosa) –de morados y esféricos frutos que se usan para elaborar el pacharán casero–, el espino cerval *(Rhamnus cathartica)* o las aliguetas finas *(Cytisophyllum sessilifoum, Emerus major)*. Ya en las zonas más bajas y muy soleadas, con grandes claros, quienes aparecen son enebros o "chinebros" *(Juniperus comunis)*.

El único robledal pirenaico de *Quercus pyrenaica*

Varias clases de robles pueblan estas laderas medias del piso vegetal montano: el abundante quejigo o *Quercus faginea* –submediterráneo, en las partes bajas, en contacto con los encinares o carrascales–, el roble albar *(Quercus petraea)* –que es una especie eurosiberiana, de terrenos sueltos y bien drenados–, el roble peludo *(Quercus pubescens)* –submediterráneo, abundante en Navarra y propio de suelos areniscosos que son pobres en bases–, además del melojo, marojo o rebollo *(Quercus pyrenaica)*.

Este último roble de tipo iberoatlántico es una de las grandes sorpresas y singularidades arbóreas más destacadas que podemos descubrir en este rincón de la Alta Zaragoza, concretamente también en las laderas de rocas areniscas de las sierras de Leire y Orba. El melojo es un roble que a pesar de llevar en su denominación en latín como que es una especie *"pirenaica"*, se podría decir que está prácticamente ausente en la parte central de los Pirineos, salvo en las dos

Bella mariposa tau emperador *(Aglia tau)*

sierras antes mencionadas. No llega a aparecer en la provincia de Huesca, pero en cambio sí que resulta muy abundante en otras montañas de España como el Sistema Ibérico –donde se encuentra su área principal de distribución– o el Sistema Central.

El también llamado "roble rebollo" aparece en forma de manchas o pequeños bosquetes en el monte Sierra de Leire de Tiermas –término de Sigüés–, en la Sierra de Orba y en el monte Opaco de Orba –de Salvatierra de Esca–, donde hay una extensión de alrededor 30 hectáreas, y otro pequeño rodal próximo a la población de Asso-Veral. Aquí se desarrolla sobre las areniscas pobres en bases, producto de la lixiviación –lavado del sustrato– por las abundantes lluvias, es decir, en suelos ácidos situados en zonas de umbría, principalmente, entre los 800 y 1.200 metros de altitud.

Estos singulares robledales junto con los encinares y quejigales se han talado desde siempre en turnos muy cortos para leñas y la obtención de carbón, aprovechando la facilidad con la que rebrotan estas especies, dando origen a ejemplares poco desarrollados, con abundantes brotes y gran espesura, de pequeño porte y con bastantes ramas puntisecas, probablemente por la mala calidad del sustrato y de las condiciones climáticas. En estos rebollares o marojales, de los que no queda prácticamente ninguna masa madura, podemos observar dentro del estrato arbustivo abundantes brezos (*Erica cinerea, E. vagans*), el biércol o brecina *(Calluna vulgaris)* –bello arbusto de flores color lila que florecen al final del verano y que dan origen a una miel exquisita–… además de la retama blanca o escobón *(Genista florida)*, la retama negra o de escobas *(Cytissus scoparius)*, el sabroso y medicinal arándano *(Vaccinium myrtillus)* –cuyos frutos son recogidos para elaborar mermeladas– o las diferentes aliagas o aliaguetas: la pinchuda *(Genista anglica)* y otras dos que no tienen espinas *(Genista pilosa, G. teretifolia)*.

Cubriendo gran parte del sotobosque de este robledal crecen la falaguera o helecho macho *(Pteridium aquilinum)*, la jara hoja de salvia *(Cistus salvifolius)* y la uva de oso o gayuba *(Arctostaphyllos uva-ursi)*, la cual se extiende como una gran alfombra verde. Otras plantas singulares asociadas son el conocido rusco o "bucheta" *(Ruscus aculeatus)*, la rara madreselva de los bosques *(Lonicera periclymenum)* o algunas herbáceas como el heno común *(Deschampia flexuosa)* –gramínea de hasta un metro de altura con numerosas espiguillas plateadas– la *Agrostis capillaris*, el *Anthoxanthum odoratum* y la falsa fresa *(Potentilla montana)*. Para terminar, diremos que en algunos claros se pueden ver plantas como el botón azul *(Jasione montana)*, la hierba turmera *(Tuberaria guttata)* –de frágiles y hermosas flores amarillas, y que recibe este nombre popular por las "turmas", hongos que crecen sobre la raíz de la planta que se asemejan a pequeñas patatas–, o bien la arenaria roja *(Spergularia rubra)*. Además, en claros forestales, principalmente de rebollo, carrasca y quejigo, sobre suelos arenosos o arcillosos, secos y con frecuencia pedregosos crece y florece –entre agosto y octubre– la morada flor de la *Scilla autumnalis*.

Se cuenta en Salvatierra que los almadieros usaban los troncos de rebollo para usarlos como "barreles", travesaños delantero y trasero de cada embarcación donde se sujetaban con sargas y avellanos retorcidos todos los largos pinos, a los que se les hacía un agujero en la punta.

Verdes manchas de hayedos

Ya lo hemos dicho antes, pero es importante llegados a esta parte donde tratar de observar y entender la riqueza forestal de estos montes tan próximos al Pirineo: en estas sierras prepirenaicas, zonas con un clima submediterráneo, algunas zonas se benefician y disfrutan de la influencia atlántica gracias a la entrada de la humedad y de nieblas procedentes del Cantábrico, permitiendo que puedan aparecer grupos de hayas en pequeños bosquetes o rodales de gran interés ecológico.

Así nos encontramos con reducidos grupos meridionales de hayas en Artieda, en el monte Opaco Cerrado y Abierto, y en la umbría de Peña Musera. También en Tiermas, en el monte Sierra de Leire, a baja altitud –sobre 400 m– dándose prácticamente la mano –o la rama, mejor dicho– con las vecinas encinas. Y, por supuesto, las hay repartidas por casi todos los montes de Salvatierra de Esca, de manera más o menos abundante, testimonial en algunos casos, pero siempre en los llamados "pacos" o umbrías de los montes de Belbún, Moncín, Orba, Huyerma, Gabarri y Sacal. En el monte de Bardipeña se unen y entremezclan de nuevo las hayas y las encinas, allá donde se entrecruzan dos regiones biogeográficas distintas, la mediterránea y la atlántica.

El haya o "fau" *(Fagus sylvatica)* necesita de atmósferas cargadas de humedad debido a su elevada transpiración, y por ello precisa de las brumas y las nieblas procedentes del océano Atlántico, definiendo estas nubes o "boiras" los límites altitudinales de estos hayedos desplazados al sur. Es por ello que se dice que "a las hayas les gusta tener la cabeza húmeda y los pies secos".

La presencia más o menos extendida del haya en la Alta Zaragoza va a depender, además del sustrato y de la orografía, de las cortas y aprovechamientos a las que se ha visto sometida. Muchos hayedos fueron talados intensamente en el pasado para obtener leñas, para el aprovechamiento de los vecinos, llegando a talar grandes ejemplares, y todo ello en detrimento de estas hermosas masas forestales umbrías y sombrías que en los valles realmente pirenaicos crean auténticas selvas que protegen formidablemente a los montes de algo tan preocupante como es la erosión del suelo.

El haya es un árbol de gran talla, hasta 40 metros de altura, tiene la corteza del tronco de color blanco grisácea, sus hojas son simples, alternas y ovaladas con nervios bien marcados. Florece entre abril y junio, y sus frutos –los hayucos– maduran en otoño. Es indiferente al sustrato, crece igual sobre calizas, pizarras o cuarcitas, siempre y cuando el suelo no esté encharcado. Se encuentra en algunos casos mezclada con pino silvestre, el abeto e incluso con algunos robles. El haya con su porte aparasolado y su tupido o denso follaje origina un ambiente umbroso que no permite apenas el paso de los rayos del sol directos, limitando o impidiendo la presencia de otras muchas especies vegetales. Algunas de las plantas acompañantes, para evitar la ausencia de luz, deben florecer muy temprano, antes de que se produzca el brote de las hojas.

Entre las herbáceas de estos hayedos prepirenaicos destacamos la ásperula olorosa *(Galium odoratum)* –de frágiles y bonitas flores blancas muy olorosas–, el botón de oro *(Ranunculus tuberosus)*, la fiteuma espigada *(Phyteuma spicatum)*, la dentaria *(Cardamine heptaphylla)* o la flor estrellada *(Astrantia major)*. También cabe citar algunos helechos, como el helecho macho o "falaguera" *(Pteridium aquilinum)*, *Polystichum aculeatum* y *P. setiferum*. Por último, no debemos olvidarnos de plantas tan hermosas como el jacinto estrellado *(Scilla lilio-hyacinthus)* –de bellas flores azuladas que se utiliza en jardinería–, el heléboro verde *(Helleborus viridis)*, un tipo de lechetrezna *(Euphorbia hiberna)*, el orégano *(Origanum vulgare)* –que es la planta nutricia de la curiosísima mariposa homiguera de lunares *(Phengaris arion)*–... o la consuelda media *(Ajuga reptans)*. Pero aún hay más, ya que en los claros de estos hayedos aparece una genciana amarilla y grande *(Gentiana lutea subsp. montserratii)*, planta endémica pirenaica.

Abetos relícticos de la esquina norte

En España solo existen dos especies de abetos, el abeto común o pinabete *(Abies alba)* en la zona norte –en el alto Pirineo–, y el pinsapo andaluz *(Abies pinsapo)* en el sur de la península ibérica.

Nuestros abetales pirenaicos son bosques umbríos y perennifolios formados casi exclusivamente por el abeto *(Abies alba)*, aunque a veces comparten el estrato arbóreo con algunas hayas, con pino negro *(Pinus uncinata)* –no presente en la Alta Zaragoza–, y en las zonas más secas combinando su espacio con robles o pinos albares musgosos. Alguien ha dicho que estos eran los bosques nobles que reinaban en los Pirineos cuando el hombre empezó a habitar estas montañas.

Los elegantes abetos son otra de las singularidades forestales y naturalistas de este territorio de fronteras biogeográficas que es la Alta Zaragoza. Aquí se desarrollan en pequeños grupos en algunos de los montes de Salvatierra de Esca. Las masas más extensas de abetos están localizadas en el monte de utilidad pública de Gabarri –el MUP n.° 219– donde ocupan una extensión aproximada de unas cinco hectáreas. También en los montes de Huyerma, Opaco de Orba y Gabarri de Lorbés, apareciendo fuera de estos términos ya tan solo algunos ejemplares sueltos, y llegando a verse en contacto raro con las encinas.

En los abetales puros y umbrosos apenas aparecen especies vegetales bajo el estrato arbóreo, pero en los bosquetes con abeto aquí presentes, donde hay más zonas claras, sí que aparecen algunas plantas más como son el reluciente acebo *(Ilex aquifolium)*, las lianas de la clemátide *(Clematis vitalba)* el saúco rojo *(Sambucus racemosa)* –cuyos frutos son bayas esféricas que presentan un hermoso color rojo, siendo ricas en vitamina C–, el mostajo *(Sorbus aria)* y el arce menor o "escarrón" *(Acer campestre)*. Entre las herbáceas que crecen a los pies de estos gigantes cabría mencionar al cuajaleches *(Galium rotundifolium)*, al trébol encanado *(Trifolium rubens)*, a la adelfilla montana *(Epilobium montanum)*, a la aleluya o acederilla *(Oxalis acetosella)*… además de algunas gramíneas como *Bromus ramosus*, *Brachypodium sylvaticum* y *Melica uniflora*.

En el monte Huyerma de Salvatierra de Esca, en el barranco de Navarrán se halla el ejemplar de abeto más grande de esta parte de la Alta Zaragoza, el cual alcanza hasta veinticinco metros de altura.

Tilos y demás revoltijos mixtos arbóreos

Sobre todo en las laderas norteñas y en las hondonadas de barrancos profundos nos encontramos con pequeños retazos de bosques mixtos caducifolios en los que se mezclan distintas especies de árboles y arbolillos propios de Centroeuropa, los cuales aquí se asientan en lugares frescos y húmedos, con buenos suelos, en el abrigo de las foces, en umbrías, en el fondo de los valles... mezclándose entre ellos, a veces con pinos silvestres. Ahí se hallan varias especies de serbales, desde el mostajo *(Sorbus aria)*, el raro y bonito arganón o peral de monte *(S. torminalis)*, el serbal de cazadores *(S. aucuparia)* y el escaso *(S. hybrida)*. Cerca del agua suelen estar el fresno de hoja ancha *(Fraxinus excelsior)*, el olmo de montaña *(Ulmus glabra)*, el acirón o "illón" *(Acer opalus)*... además del avellano *(Corylus avellana)* –que es abundante y forma sólidos y extensos grupos–, rodales de "tremoletas" o álamos temblones *(Populus tremula)*, algunos abedules *(Betula pendula)*, sauces como el cabruno *(Salix caprea)*... e incluso contadísimos pies de tejo *(Taxus baccata)*.

Mención especial requieren tilos o "tileras" *(Tilia platyphyllos)*, que en otros tiempos fueron aprovechados y muy buscados, dado que la tila generaba buenos ingresos económicos entre las gentes del lugar. Las personas mayores recuerdan que había enormes ejemplares en las umbrías del monte Belbún, y que durante la postguerra estuvieron destacados en Salvatierra de Esca un grupo de soldados para combatir a los "maquis". Uno de aquellos duros inviernos cayó una gran nevada, y nos cuentan que los soldados los cortaron para hacer leña que ladera abajo hicieron rodar junto a la foz hasta hacerlos llegar a la carretera de Burgui, donde con galeras fueron llevados hasta el pueblo para hacer fuego y calentarse.

Fauna forestal, desde el gato montés a los pájaros carpinteros

La fauna de bosques caducifolios –hayas, robles, serbales, arces, avellanos, fresnos...– y de los pinares naturales viene a ser prácticamente la misma en lo que se refiere a los mamíferos, grandes herbívoros y carnívoros que deambulan, se alimentan y se esconden en su refugio frondoso. Los jabalíes *(Sus scrofa)* se mueven por casi todo tipo de ambientes, aprovechando los frutos de arbustos, raíces, invertebrados, huevos, pequeños mamíferos, comiendo de casi todo lo que encuentran. Al igual que los corzos *(Capreolus capreolus)*, herbívoros que viven al amparo de los bosques y salen a comer a los claros, donde hallan herbáceas, gramíneas, hojas y brotes de árboles o arbustos. Excepcionalmente se está empezando a ver ya algún ciervo *(Cervus elaphus)* divagante, en esa dispersión natural de las especies. Otro animal propio de bosques caducifolios es el tejón o "tafugo" *(Meles meles)*, animal compacto y eminentemente nocturno que excava profundas y grandes galerías, y que deposita sus excrementos en características letrinas.

Gato montés, guardián de la noche.

Entre los carnívoros más especializados debemos citar al gato montés *(Felis silvestris)*. En las zonas en que abundan el conejo o los topillos, estos componen su dieta principal. Resulta una especie rara y esquiva de ver, un fantasma que pasa desapercibido gracias a sus hábitos nocturnos y crepusculares. Otro cazador excepcional es la gineta *(Genetta genetta),* un animal eminentemente africano que llegó a nuestro país como animal de compañía de los árabes, y que está más presente en encinares o bosques de ribera mediterráneos. No debemos olvidar a la comadreja o "paniquesa" *(Mustela nivalis),* el carnívoro más pequeño que existe, ni a la garduña *(Martes foina).* Y cómo no mencionar al ubicuo zorro *(Vulpes vulpes),* uno de los mamíferos que ocupa prácticamente todo tipo de ambientes. Los zorros del Pirineo y de zonas altas tienden a tener el pelaje más rojizo y denso. Es activo tanto de día como de noche dependiendo de la presión humana. Durante el celo produce unos sonidos que se parecen a los ladridos de un perro, es el llamado "canto de zorra".

Por otra parte, los bosques caducifolios están cubiertos por una espesa alfombra de hojarasca seca que cubre siempre el suelo, formando un estrato orgánico conocido como "mantillo". Este lo protege de los cambios de temperatura y de humedad, y esto crea a su vez unas condiciones ideales para una infinitud de animalillos, invertebrados como lombrices –que son consideradas como "las ingenieras del suelo" por su capacidad para removerlo y airearlo–, de escarabajos, caracoles y babosas, larvas de insectos, cochinillas de la humedad… Asimismo, la madera muerta también alberga una gran cantidad y diversidad de insectos fitófagos o saproxílicos –comedores de madera–, siendo algunos de ellos tan excepcionales como el ciervo volante *(Lucanus cervus)*, el escarabajo más grande de Europa, que puede alcanzar más de 10 cm de longitud. Sus larvas pueden llegar a vivir 4 años dentro de los troncos y ramas gruesas de robles y encinas. Otro escarabajo excepcional y singular que se alimenta de madera muerta es la rosalía *(Rosalia alpina)*, que habita fundamentalmente en los viejos hayedos. Y cerrando este trío de escarabajos singulares de la madera, mencionaremos al *Osmoderma eremita*, otra especie ligada a los robledales y cuyas orugas se desarrollan en la materia orgánica rica en nitrógeno que se acumula en grandes cavidades de árboles viejos de gran porte. El ciclo larvario de esta especie está en tres o cuatro años, la actividad de los adultos se produce entre los meses de junio y septiembre, pero su capacidad para dispersarse es muy limitada ya que tan solo pueden volar unos centenares de metros. Por eso la retirada de grandes árboles viejos y muertos supone una amenaza para la supervivencia de estas tres últimas especies mencionadas, todas ellas protegidas por la ley.

En estos bosques norteños los roedores forman una comunidad abundante y bien adaptada. Unos viven sobre los árboles y en su adaptación han desarrollado patas largas traseras, colas largas y ojos saltones para poder moverse sobre la arboleda con facilidad, es el caso de la ardilla *(Sciurus vulgaris)*, el lirón gris *(Glis glis)* y el lirón careto *(Elyomis quercineus)*. Y otros pasan la mayor parte del tiempo en el suelo o bajo tierra, como el topillo rojo *(Clethrionomys glareolus)* o el topo europeo *(Talpa talpa)*.

Las zonas húmedas y sombrías de los bosques favorecen la presencia de anfibios, por eso junto a los pequeños arroyos o barrancos podemos hallar a la salamandra común *(Salamandra salamandra)* y al tritón palmeado *(Triturus helveticus)*. Pocos anfibios pueden considerarse estrictamente propios de bosques, pero los más terrestres de ellos, el sapo partero *(Alytes obstetricans)* y la rana bermeja *(Rana temporaria)* pasan buena parte de su vida en las zonas húmedas de los bosques caducifolios.

Entre los reptiles asociados al bosque están el lagarto ocelado o "algardacho"*(Timon lepidus)*, el lagarto verde *(Lacerta bilineata)*, además del lución *(Anguis fragilis)*, un lagarto sin patas y con escamas del cuerpo lisas y brillantes. En los claros forestales y zonas de rocas se solea la víbora áspid *(Vipera aspis)*, así como el eslizón tridáctilo *(Chalcides striatus)* que reposa bajo las piedras a la luz del día.

Sobre las copas de robles y hayas vuelan numerosos murciélagos durante la noche, alimentándose de polillas, coleópteros, mosquitos y demás insectos voladores. Entre ellos el murciélago de bosque *(Barbastella barbastellus),* el nóctulo pequeño *(Nyctalus leisleri)* y el nóctulo común *(Nyctalus noctula).* Se trata de murciélagos eminentemente forestales que aprovechan los huecos, agujeros y hendiduras de los árboles maduros, entre las cortezas, para refugiarse. Son por ello buenos indicadores de la buena salud de los ecosistemas que habitan.

Pero es en estos pinares de montaña donde también vive una de las mariposas nocturnas más grandes y hermosas de Europa, la isabelina *(Graellsia isabellae).* Son unos lepidópteros de gran belleza, con una envergadura de hasta 9 cm, con una coloración predominantemente verde surcada por venas de color marrón rojizo. Tienen en las cuatro alas ocelos de varios colores y las alas posteriores presentan unas llamativas colas. Vuelan durante toda la noche en los meses de mayo y junio, y tienen solo una generación al año. En mayo también vuela por estos escasos hayedos la mariposa nocturna cuatrotés *(Aglia tau).*

La avifauna de los bosques planifolios y pinares de pino albar es muy diversa y está adaptada a vivir entre los árboles. Este es el paraíso de los pájaros carpinteros, siendo uno de los más raros y amenazados el pito o picamaderos negro *(Dryocopus martius),* el mayor de todos los carpinteros de la avifauna europea. Habita por igual en hayedos que pinares o abetales, se alimenta de insectos devoradores de la madera y de hormigas principalmente, que consume tanto en los árboles como en el suelo. También el pico picapinos *(Dendrocopos major)* y el pico menor *(Dryobates minor)* frecuentan los enclaves mejor conservados, los rincones con los árboles maduros, tronchados y caídos, con ramas rotas. El torcecuello *(Jynx torquilla),* cuyo nombre alude a la cualidad de poder girar el cuello como un tornillo, también puebla

Ardilla entre los robles.

estos ambientes. Sobre los troncos de los árboles se desplazan y encuentran su alimento el trepador azul *(Sitta europea)* y el agateador común *(Certhia brachydactyla)*.

Las rapaces forestales han adaptado su capacidad para la caza a la dificultad de volar en un medio cerrado como son los bosques, el cual ofrece refugio y camuflaje a las posibles presas. Una de las más especializadas es el azor *(Accipiter gentilis)*, el pirata del bosque, que se mueve en el borde del mismo cazando mamíferos de tamaño mediano y reptiles. El águililla calzada *(Hieratus pennatus)*, el milano real *(Milvus milvus)* y el ratonero común *(Buteo buteo)*, además del gavilán *(Accipiter nisus)*, encuentran su óptimo entre los árboles. Y especialmente singular entre las rapaces es el abejero europeo *(Pernis apivorus)*, una rapaz migradora de aspecto similar al ratonero común, pero con la cabeza más grande y cola más alargada. Se alimenta básicamente de himenópteros, consumiendo tanto sus larvas como adultos. Ya en el reino de la noche, cuando los roedores inician su actividad, es el cárabo *(Strix aluco)* el que sale en busca de alimento. Un ave al que su plumaje le hace pasar totalmente inadvertido cuando dormita junto al tronco de un árbol.

La lista de aves forestales es larga. De las más llamativas y coloridas que habita la orla arbustiva que acompaña a estos bosques, el camachuelo europeo *(Pyrrhula pyrrhula)* vive principalmente en bosques de hayas. El piquituerto *(Loxia curvirostra)*, es un ave especializada en pinares, en este caso de silvestre, donde se alimenta de piñones que extrae con habilidad gracias a su pico con los extremos de las mandíbulas cruzadas. Son numerosas las pequeñas aves que pululan entre la arboleda, que anidan y se alimentan de semillas e insectos, como el pinzón común *(Fringilla coelebs)*, la totovía *(Lullula arboea)*, el carbonero garrapinos *(Parus ater)*, el carbonero palustre *(Poecile palustris)*, el herrerillo capuchino *(Parus cristatus)*. El arrendajo *(Garrulus glandarius)*, es un ave que tiene preferencia por los bosques de fagáceas, atraído por sus numerosos frutos, bellotas, hayucos, castañas… incansable sembrador de los mismos al almacenarlos en el suelo. Mientras que la becada o chocha perdiz *(Scolopax rusticola)* se refugia por el día en el interior boscoso para durante la noche salir a alimentarse a los prados cercanos. Se trata de una limícola muy especial, dotada de un plumaje críptico, de un largo y sensible pico y de un buen campo de visión.

EL ABETO BLANCO (*Abies alba*), SOLO AQUÍ ARRIBA

Bosque mixto de abetos blancos mezclados con hayas.

No busquen al abeto blanco en otro lugar de la provincia de Zaragoza. Ni en el Moncayo, ni en la cercana Sierra de Santo Domingo... ni tan siquiera en el mismo terreno que ocupan los robles y hayas de Leire o de Orba. No los hallarán más que aquí arriba: en los montes de la esquina norte de Salvatierra de Esca, por encima de Lorbés, al pie de la Cucula y de Algaraieta, ya cerca de Fago y de Burgui, en los barrancos más sombríos donde parece como si solo el pino silvestre o el haya se atrevieran a hacerle compañía.

Normalmente estos árboles de porte piramidal y de hasta 45 m de altura, crecen en zonas con alta pluviometría –más de 1.000 mm anuales–, donde se registran temperaturas frías y donde suelen verse ocupando altitudes en torno a 700 a 2.000 m de altitud. De hecho, el abeto no soporta periodos de sequía, de ahí su escasez en nuestro país.

La corteza de este árbol es lisa y de color gris claro, la cual se va agrietando y oscureciendo con los años. Las hojas de hasta 3 cm de longitud son perennes, lineares y aplanadas, de color verde oscuro por el haz y con dos bandas claras blanquecinas por el envés, de ahí el epíteto de "alba". Las piñas son de color marrón y tienen forma cilíndrica.

LA ROSALÍA ALPINA (Rosalia alpina)

Uno de los insectos y escarabajos más hermosos o fotogénicos de cuantos habitan los montes de la Alta Zaragoza es la rosalía alpina.

Muy llamativo por tener los élitros –falsas alas– alargados de color azulado con manchas negras, y unas largas antenas –a veces superiores a la propia longitud del cuerpo, especialmente en los machos–, este insecto es también uno de los invertebrados más amenazados de Aragón.

Este coleóptero forestal requiere de masas forestales maduras, viejas o ancianas, que no hayan sido sometidas a una intensa explotación maderera ya que para su supervivencia necesita de la existencia de mucha madera muerta en fase de descomposición, pues esta es el alimento de sus larvas. Algunos han dicho que detesta los "bosques-jardines", es decir, podados y limpios ante la mirada de madera en descomposición.

Las larvas de la rosalía, unos gusanos xilófagos de color blanco, tardan entre dos y tres años en crecer y completar el ciclo hasta que forman una pupa o imago de la que al llegar el siguiente verano emergerá el bonito insecto adulto capaz de reproducirse. El escarabajo como tal sólo vuela durante el día, a pleno sol, en los meses de junio, julio y principios de agosto.

Rosalía alpina sobre las hayas.

EL ROBLE "PIRENAICO", ESCASO EN LOS PIRINEOS

Quercus pyrenaica, un roble raro y escaso.

Miren las cuadrículas del *"Atlas de la Flora del Pirineo Aragonés"* correspondientes a la distribución del roble melojo o rebollo. Prácticamente no está, ya que solo queda registrado en un par de ellas, en las correspondientes a las umbrías de la Sierra de Leire y la Sierra de Orba, es decir, a la parte baja del valle del río Esca. Ello es debido a que este árbol caducifolio, tan abundante entre la flora ibérica del norte peninsular solamente medra sobre suelos ácidos, terrenos habitualmente arenosos, lo cual no abunda en nuestro Alto Aragón donde los sustratos predominantes son de rocas calizas y granitos.

¿Pero no le llamaron "Quercus pyrenaica", haciendo alusión a su localización en los Pirineos? ¿Se trata, acaso, de una confusión que no ha sido corregida? El hecho es que en el año 1805 fue el botánico alemán Carl Ludwig Willdenow –uno de los fundadores de la fitogeografía– quien lo bautizaría así al describir una especie nueva para la Ciencia que había sido traída del otro lado de los Pirineos –tal vez de la parte de Navarra o de Gerona–, y que iba acompañada de una etiqueta imprecisa, de procedencia mal situada, lo cual se corroboró sin tener en cuenta la distribución general de dicho árbol.

Propio de las montañas del centro y el cuadrante noroccidental de nuestro país, el rebollo soporta climas continentales, con fuertes heladas en invierno y jornadas calurosas en verano con cierto grado de sequía. Puede alcanzar hasta 25 metros de altura. Posee un follaje verde claro en verano y pardo en invierno. Las hojas son simples y profundamente lobuladas, pelosas por ambas caras, aunque más abundantes por el envés, aspecto importante para diferenciar la especie. Más que caducas, se trata de hojas marcescentes, es decir, que permanecen en el árbol secas hasta la siguiente primavera cuando empiezan a brotar las nuevas. El fruto es una bellota con el pedúnculo muy corto. Puede mezclarse en zonas bajas con encinas y quejigos, y en latitudes superiores con hayas o pinos silvestres.

Aves de montaña y de bosque eurosiberiano

Luis Lorente Villanueva
Ornitólogo y naturalista

La provincia de Zaragoza se caracteriza por los paisajes semiáridos y mediterráneos de la Depresión del Ebro, con pocas excepciones como puede ser el imponente macizo montañoso del Moncayo. Pero dentro de este contexto, el norte de la provincia contrasta sobremanera con ese gran conjunto seco, debido a que aquí se sitúa una pequeña parte del Prepirineo occidental. En esta avanzadilla septentrional, aparecen inesperados enclaves con ambientes eurosiberianos y de montaña que permiten la presencia de especies pirenaicas como el quebrantahuesos –que ha estado presente desde antiguo en las foces de Salvatierra de Esca y Sigüés– o ciertas aves forestales de bosque caducifolio. De hecho, desde el alto donde se sitúa la ermita de la Virgen de la Peña varios naturalistas aragoneses realizamos a principios de la última década del siglo pasado los primeros censos simultáneos de este raro buitre amenazado a escala de toda la cordillera, cuando su población todavía era muy reducida.

En este mirador rocoso, tan próximo a la divisoria pirenaica –desde el cual se tiene una impresionante panorámica– también pudimos llegar a observar bandos de chova piquigualda, gorrión alpino y acentor alpino, especies todas ellas de la alta montaña pirenaica. Estas aves realizan movimientos temporales de poco alcance denominados "fugas de tempero", forzadas por las copiosas nevadas que a veces acontecen en sus territorios de altura. Aquí estas aves alpinas se encuentran más protegidas de los rigores invernales extremos.

A principios de los años 90 del siglo pasado, también tuve la oportunidad de visitar los diferentes hábitats en varias cuadrículas de estudio de 10 km de lado, y que estaban situadas en esta parte de la provincia, con el objeto de localizar e identificar las aves reproductoras de cara a la elaboración del *"Atlas Ornitológico de Aragón"*. ¿Quién diría que estábamos en la provincia de Zaragoza cuando encontramos por aquí especies de bosques de tipo eurosiberiano, con una distribución de ámbito pirenaico? La más imponente de todas sería el mayor de todos los picamaderos europeos, el pito negro (*Dryocopus martius*), y entre las más coloridas el camachuelo europeo (*Pyrrhula pyrrhula*).

Estas especies forestales ocupan los mejores bosques mixtos de pino silvestre o albar y de haya, que se sitúan en las umbrías o "pacos" como se les denomina por la zona.

Pito negro, el picamaderos negro.

Un repaso a la flora singular, rara o amenazada

José Antonio Sesé Franco
Es uno de los autores del Atlas de la Flora del Pirineo Aragonés.
Fue Agente de Protección de la Naturaleza en Salvatierra de Esca

A *grosso modo*, los criterios que se emplean a la hora de asignar el grado de amenaza de una especie se basan en el tamaño de su área de distribución, de su población o poblaciones –número de individuos–, así como en la evolución de aquellas. En este último caso se tiene en cuenta la disminución del número de ejemplares de las mismas en un espacio de tiempo definido. Por otro lado, la rareza de una especie, referida a un territorio previamente delimitado, suele relacionarse únicamente con el número de ejemplares o de poblaciones que presenta en dicho ámbito, por lo general, basándose en una división administrativa: mundial, europea, regional, etc.

Entre las primeras, las especies amenazadas, a nivel europeo –según Directiva Hábitats, 92/43/CEE–, aparece, en el Anexo II, el *Narcissus asturiensis (s.l.)*. En la Alta Zaragoza se encuentra el *Narcissus asturiensis* subsp. *Jacetanus,* un bonito y pequeño narciso de flor amarilla que crece en claros de bosque –pinares o quejigales–, así como en pastos frescos. Se trata de un endemismo que se extiende desde Álava hasta San Juan de la Peña y los valles del Aragón o Aspe, por el oeste. Por otro lado, en el Anexo V, y debido a su presunta recolección en la naturaleza, se cita al rusco *(Ruscus aculeatus)*, que aparece en rellanos de los desfiladeros del Esca u otros barrancos, así como en claros de carrascal o de quejigal. Su rizoma tiene propiedades diuréticas, antiinflamatorias, etc. y también se utilizan sus ramos con fines ornamentales. La genciana amarilla, *Gentiana lutea*, también aparece en dicho Anexo. Es una de las plantas medicinales más afamadas, ya que a su rizoma se le atribuyen no pocas virtudes. Además, en el siglo pasado se recolectó en algunos puntos del Pirineo para la elaboración de diversos licores aperitivos. En nuestro ámbito, es la *Gentiana lutea* subsp. *montserratii*, endémica del Pirineo y Prepirineo español –desde la sierra de Leire hasta el Alto Llobregat–, la cual se localiza en claros de bosque en Salvatierra de Esca.

Si pasamos a nivel nacional, el Real Decreto 139/2011 de Especies Silvestres en Régimen de Protección Especial y del Catálogo Español de Especies Amenazadas, la única especie citada presente en este territorio es el referido *Narcissus asturiensis*. Ahora bien, si descendemos hasta el nivel autonómico "Decreto 181/2005, Catálogo de Especies Amenazadas de Aragón" encontramos en él ocho plantas más, agrupadas en tres categorías. En el grupo de las especies "Sensibles a la alteración del hábitat", aparece *Ophrys riojana*, una orquídea con flores en forma de "abejita", cuya posición taxonómica no está clara. Se distribuye desde Cantabria hasta la cuenca del embalse de Yesa –Artieda, Mianos y Sigüés– y crece en gravas y pastos secos. Entre las "Vulnerables", tenemos una nueva orquídea, *Orchis simia,* cuyas flores se asemejan a la figura de una persona con zapatos de arlequín. En Aragón solo se conoce de esta parte de la Alta

Narcissus asturiensis jacetanus.

Zaragoza, la Jacetania (Ansó) y las Cinco Villas, la cual se halla en claros de carrascal. La otra especie incluida en este grupo es *Saxifraga losae*, endémica del cuadrante norte peninsular, desde la Sierra de la Demanda (Burgos) hasta la Virgen de la Peña y la Algaraieta (Salvatierra de Esca). Es una plantita muy pegajosa –viscosa– que ancla sus raíces en fisuras y rellanitos de roquedos calizos –de ahí su nombre genérico de "rompe-piedras"–. Por último, están catalogadas como especies de "Interés especial" la ya mencionada *Gentiana lutea* y el acebo *(Ilex aquifolium)*, como la anterior incluido para evitar su recolección abusiva, en este caso por su valor ornamental y decorativo, especialmente en Navidad. Pero a estas citadas aún hay que añadir dos especies más, parientes de la aliaga. Una pinchuda, como es *Genista anglica*, que se distribuye por la Europa occidental y en la península por su mitad oeste y norte, fundamentalmente. Y la otra es, inerme, *Genista teretifolia*, endemismo que se extiende entre Álava y Lérida. Ambas se refugian en las areniscas de las sierra de Leire y Orba.

Volviendo al principio, nos referiremos ahora a las especies raras. Sin lugar a dudas, la planta más rara de la Alta Zaragoza y, probablemente de Aragón, carente de protección, es una escrofulariácea llamada *Pedicularis schizocalyx*, endemismo de los sistemas montañosos del centro y el oeste de la península ibérica. Las cuatro "foces" o desfiladeros de este territorio dan cobijo a diversas especies termófilas que alcanzan aquí su límite meridional, como la carrasca mediterránea *Quercus ilex* subsp. *ilex* –subespecie muy rara en Aragón– u otras muy escasas como la esbelta umbelífera *Opopanax chironium* –también muy rara en Aragón–. En las fisuras del roquedo calizo, e incluso en superficies extraplomadas, ancla sus raíces un clavelillo endémico *Petrocoptis hispanica*. Otras plantas viven en sus rellanos, como la citada *Saxifraga losae*, su pariente *S. cuneata* –endémica pirenaico-cantábrica que apenas entra en el Pirineo oscense– o el amarillo alhelí *Erysimum gorbeanum* –en su límite este de distribución–.

Muy destacados son, asimismo, algunos edafismos –plantas que se asientan en sustratos de areniscas acidificadas favorecidas por la influencia sub-cantábrica que acaba en este territorio, en una región en la que domina el sustrato calizo–. Una de las especies más sobresalientes es un árbol, el chaparro o rebollo *(Quercus pyrenaica)* en su límite noroccidental en la península. En nuestro Pirineo, pese a su apellido, no llega a entrar en la provincia de Huesca, pues solo se halla en esta zona –umbrías de las sierras de Leire y Orba–. Otras leñosas son el arbolillo *Sorbus hybrida* –incluido en el *"Libro Rojo de la Flora Vascular de España"*–, o arbustos como la escoba *(Genista florida)* o la retama *(Cytisus scoparius)*, las citadas *Genista anglica* y *G. teretifolia* o, especialmente, la escasa jarilla *Halimium umbellatum* y la liliácea *Simethis mattiazzii*, ambas en su límite noroccidental pirenaico. También la frágil gramínea *Aira praecox,* en su única localidad pirenaica, ya que reaparece en el suroeste de Teruel.

Otro grupo de plantas interesantes lo constituyen aquellas con poblaciones "extremas" en este ámbito, comenzando por el abeto *(Abies alba)* que aparece muy localizado en un rodal que marca uno de sus límites meridionales en el Pirineo, concretamente en el Paco de Ulló –y varios ejemplares en el de L'Aber– de Salvatierra de

Esca. Otras son plantas propias del roquedo pirenaico –donde pueden ascender casi hasta los 3.000 m de altitud– y que se hallan aquí lejos de aquel, como son *Minuartia verna, M. rostrata, Phyteuma charmelii*, o el rarísimo arbustillo que vive pegado a la roca, un verdadero "bonsái" llamado científicamente *Rhamnus pumila.* De igual forma, no pasan más al sur algunas de este ámbito plantas propias de los bosques frescos del Pirineo –o de sus claros– como son *Astrantia major, Erythronium dens-canis, Euphorbia hyberna, Galium rotundofolium, Helleborus viridis, Lamium maculatum, L. galeobdolon, Lathyrus occidentalis* o *Saxifraga hirsuta.* Por último, *Sanguisorba officinalis* salta desde el Alto Pirineo hasta las cercanías de Artieda, reapareciendo también en el suroeste de la provincia de Teruel. Y para acabar, citemos dos leñosas, como son la sabina rastrera *(Juniperus sabina)* –que aparece en la Cucula o Castel de Pintano de Salvatierra– en una localidad extrema, tanto por su latitud como por su baja altitud. Y en segundo lugar, y aunque se trate de un árbol introducido o foráneo, nombraremos al pino de Creta *(Pinus brutia)* por lo raro que es en la península. Aunque hay que decir que aquí fue plantado en las reforestaciones de la margen derecha del embalse de Yesa.

Sobre la mariposa del madroño

Iosu Antón, Ana Baquero y Javier Ibáñez

Naturalistas de la Sociedad Entomológica Aragonesa

Mariposa del madroño, *Charaxes jasius* en sus diferentes fases.

En los encinares y quejigales más protegidos y térmicos de la Alta Zaragoza podemos disfrutar de la presencia del madroño (*Arbutus unedo*). De este arbusto da la casualidad que se alimentan exclusivamente las larvas de una mariposa, la de las cuatro colas (*Charaxes jasius*) que la utilizan de planta nutricia. Esta llamativa mariposa ha pasado desapercibida en estas sierras hasta nuestros días, siendo una espléndida voladora capaz de colonizar rodales de bosque mixto donde esté presente el madroño.

Es muy vistosa y de buen tamaño, con una envergadura de 60 a 75 mm. Inconfundible por sus cuatro colas largas en las alas posteriores. Su color es de fondo marrón con manchas leonadas en la cara superior y diversos colores llamativos en su cara inferior. Como curiosidad, aunque tiene tres pares de patas, el primer par es muy reducido y únicamente posee operativos el segundo y tercer par. Las larvas poseen en la cabeza unas protuberancias características que las hacen inconfundibles.

La mariposa del madroño presenta dos generaciones al año, la primera de ellas la podemos ver volando para finales de mayo a julio. Rápidamente pondrá los huevos de uno en uno en el haz de las hojas, saldrán nuevas larvas y cerrarán el ciclo para volar de nuevo los adultos a finales del verano, entre agosto y octubre, formando otra generación, generalmente más abundante.

Esta especie, al igual que les ocurre a otras de la familia de los ninfálidos, se ve atraída por olores fuertes como pueden ser los excrementos de carnívoros, la carroña o la fruta fermentada. Posee un marcado carácter territorial por el sector ocupado, por donde patrulla con vuelo agresivo, alejando a otros ejemplares y manteniéndose alerta desde alguna rama o atalaya próxima.

Es una mariposa que pertenece a un género tropical, muy bien representado en la región etiópica con más de 150 especies diferentes. *Charaxes jasius* es la única especie que llega a la cuenca mediterránea, ocupando las sierras y laderas costeras, adentrándose como es nuestro caso por los valles y montañas más abrigadas. Su presencia en la zona podemos detectarla tanto en Leire como en la cercana sierra de Orba y las foces del Esca. Hasta la fecha las poblaciones más próximas conocidas ocupan en Navarra los pinares de carrasco con madroño aguas abajo del río Aragón –en la Sierra de Peña– y en el lado zaragozano por la Sierra Mayor –en la comarca de Las Altas Cinco Villas– o los Mallos de Riglos.

Al final del verano siempre nos alegra verla volar en las higueras donde hay frutos maduros o posada en el excremento que un zorro dejó en el sendero o camino para marcar su territorio.

"En un puñado de tierra del bosque se esconden
más seres vivos que hombres hay sobre la tierra"

Peter Wohlleben, La vida secreta de los árboles

Bosque de repoblación. Pinar de Artieda.

EL BOSQUE DE REPOBLACIÓN

La mayoría de la superficie de los pinares que se encuentran repartidos por los municipios de Artieda, Mianos, Tiermas, Esco, Ruesta y Sigüés corresponden a repoblaciones forestales que fueron efectuadas con distintas especies como el pino carrasco, el pino laricio –las tres subespecies–, el pino de Creta o de Siria y el pino royo –albar o silvestre–. En esas superficies tan solo quedan algunos rodales naturales de pino silvestre en las zonas más inaccesibles y remotas –entre roquedos– como testigos de aquella vegetación originaria, masas forestales que los últimos tiempos han ido extendiéndose y colonizando nuevos territorios al amparo del abandono del mismo por parte de las fincas cultivadas y de la presión ganadera.

Sin embargo en Salvatierra de Esca o en Lorbés la mayoría de la superficie de pinares la ocupa el pino silvestre natural y, por lo tanto, ahí arriba son escasas las hectáreas repobladas con pino laricio o silvestre. Otra peculiaridad es la tradición maderera de la gente de Salvatierra, ya que parte de los montes son de propiedad particular y desde siempre se han hecho aprovechamientos de madera que ayudaban a mejorar la economía familiar cuando este recurso natural tenía un alto valor económico. En el monte de Gabarre de Salvatierra de Esca alrededor de 500 ha de monte son particulares.

A mitad de los años 50 del siglo XX se repoblaron los montes de Opaco Cerrado y Abierto –en Artieda– con pino laricio y pino silvestre. O los de Moncín y Opaco de Orba, donde se empleó igualmente pino laricio y silvestre… y los de Anisal y Valbuena y el Sacal –Lorbés–, ambos con pino laricio.

Pero fue en la década de los años 60 del pasado siglo cuando se llevaron a cabo gran parte de las reforestaciones en este territorio, sobre todo con motivo de la construcción del embalse de Yesa y la expropiación de los terrenos circundantes en la zona afectada. Las repoblaciones fueron llevadas a cabo primero por el Patrimonio Forestal del Estado y posteriormente por el ICONA (Instituto para la Conservación de la Naturaleza). Lo hicieron sobre gran parte de los términos municipales de Ruesta, Tiermas y Esco, que antes habían sido expropiados. También la CHE (Confederación Hidrográfica del Ebro) llevó a cabo repoblaciones en el entorno del pantano tras su finalización en 1959, –más de 500 ha– para así evitar la erosión y los movimientos de tierras hacia el vaso del embalse, en terrenos que pasarían a ser de su propiedad, con el fin de evitar la colmatación de tierras arrastradas en el referido pantano.

En Tiermas el monte Sierra de Leire se repobló con pino laricio, pino de Creta, algunos rodales de pino piñonero y pino carrasco, además de cipreses bordeando los caminos y repoblaciones. En Esco, en el monte Plana Mayor se utilizó como planta el pino laricio, el pino de Creta, el pino carrasco, con rodales de pino piñonero y cipreses sueltos en alineaciones. Y en Ruesta, en el monte Sierra o Monte Alto, se plantó también pino laricio. Estas coníferas son plantas colonizadoras capaces de adaptarse a las condiciones más duras de falta de suelos, erosionados, con fuertes pendientes, y pueden sobrevivir en casi todo tipo de climas y altitudes, frenando la erosión y la desertización.

Estas repoblaciones de pinos se realizaron especialmente sobre suelos erosionados y desprovistos de vegetación debido a la presión humana que en el pasado hubo en el aprovechamiento de los recursos, con pastoreo abusivo ligado a la quema del matorral, intenso carboneo, cortas de maderas y leñas, roturaciones para campos de cultivo −que posteriormente serían abandonados−…y grandes superficies de suelos de margas profundamente erosionadas y desnudas de vegetación. Unos terrenos que ocupaban la banda de hábitat potencial del encinar y del quejigar, prácticamente desaparecidos.

Los pinares repoblados por el ser humano están poblados principalmente por las siguientes especies que pasamos a enumerar y describir.

Pino de Creta, de Siria
(*Pinus halepensis var. brutia*)

La repoblación con esta especie emparentada con el pino carrasco o de Alepo constituye una rareza, una excepcionalidad que no se da en ningún otro lugar de Aragón, salvo en un pequeño rodal que se plantó en el parque de Mularroya −en la Almunia de Doña Godina (Zaragoza)−. Nos cuenta José Antonio Sesé, agente forestal y experto botánico, que todo hace pensar que la no utilización de esta variedad en otras repoblaciones de Aragón podría ser porque aquí se plantó por confusión con pino carrasco (*Pinus halepensis*) a partir de semilla traída de Italia, de donde es originario, al sur de Calabria.

Ambos pinos forman un grupo de especies emparentadas, que pueden hibridarse, pero que ocupan diferentes distribuciones geográficas y bioclimas. El *Pinus brutia* cubre grandes extensiones al este del Mediterráneo, en Grecia, Turquía, Chipre, Siria y Líbano, además de en unas pocas poblaciones de Irak e Irán. Es un árbol que puede

Pinar de repoblación con arces y quejigos en otoño.

alcanzar 25 m de altura y que se distingue del pino carrasco por mostrar el tronco y las ramas de color rojo amarillento en vez de grisáceas, y porque además tiene hojas más gruesas y largas de color verde oscuro. Las piñas no tienen pedúnculo y aparecen en grupos, permaneciendo varios años en el árbol. La productividad de este pino es mayor que la del carrasco. Requiere mayores precipitaciones y es menos friolero que el carrasco. El pino de Siria o de Creta está plantado en las orillas del embalse de Yesa, a las faldas de la sierra de Leire, en los montes de Tiermas y de Esco.

En los bordes del pinar de pino de Creta que bordea el embalse de Yesa, cerca de la carretera o en el interior, podemos hallar una gran diversidad de orquídeas, algunas de ellas raras y escasas, incluso amenazadas. Una de las más bellas y amenazadas es la *Ophrys ficalhoana*, que tiene aquí su única población en Aragón, que está incluida en el *Catálogo de Especies Amenazadas de Aragón* y que podría desaparecer con el recrecimiento del embalse de Yesa. La lista de especies es sorprendente y emocionante, ya que podemos encontrar entre otras *Ophrys picta, Ophrys insectifera* y la parecida *Ophrys subinsectifera*, las primeras *O. lupercalis, O. lutea. Plantanthera chlorantha, P. algeriensis, Serapias lingua, Cephalanthera damasinoium…* una verdadera muestra de biodiversidad exuberante.

Abundantes pinos carrascos
(Pinus halepensis)

Es de entre todos los pinos ibéricos el más friolero y resistente a la sequía. Profusamente empleado en repoblaciones de Aragón, en el valle del Ebro y el sistema ibérico, principalmente. Por su carácter termófilo aparece en zonas bajas, desde el nivel del mar hasta los 1.000 m de altitud. Sobre enclaves abruptos, coloniza y soporta casi todo tipo de suelos calizos, los yesos aquellos muy secos. Apenas alcanza los 20 m de altura y presenta troncos retorcidos con abundantes ramas. Tiene la corteza y ramas de tonos grisáceos, las acículas muy finas, de color verde claro. Las piñas son grandes y pedunculadas, y permanecen en las ramas después de secas. Se ha repoblado con él en las zonas más bajas de la Sierra de Leire, en los antiguos términos municipales de Tiermas y Esco.

Generalmente estos pinos son especies de luz y suelen conformar bosques abiertos que dejan pasar los rayos del sol a los estratos inferiores donde la descomposición de las acículas es lenta y donde los microorganismos del suelo tienen dificultades, de ahí que resulte ser un suelo pobre en el que se desarrolla por lo general una vegetación rala y escasa. Aprovechando los claros en las zonas soleadas el suelo se cubre con el lastón (Brachypodium retusum), tapizándolo, protegiéndolo y estabilizándolo en taludes áridos y pedregosos. Por el contrario, en las umbrías y barrancos el musgo ejerce esta función además de almacenar el agua de lluvia. Bajo el dosel arbóreo del pinar de carrasco, podemos encontrar dispersas la curiosa flor de la aristoloquia (Aristolochia pistolochia) –con sus flores en forma de trompeta– o la singular cuchara de pastor (Leuzea conífera) cuya flor tiene forma de piña. No falta el hinojo de perro (Bupleurum frutiscescens) –con sus hojas rígidas y sus flores en umbela–, la hierba pincel (Staehelina dubia) o el retorcido y pinchudo espárrago silvestre (Asparagus acutifolius). Otras plantas representativas son el junco florido (Aphyllanthes monspeliensis), la hierba de las siete sangrías (Lithodora fruticosa), algunas matas aisladas de santolina o manzanilla basta (Santolina chamaecyparissus), los abundantes tomillos (Thymus vulgaris), la salvia (Salvia lavandulifolia), la candilera (Phlomis lychnitis) o las zamarrillas (Teucrium capitatum, T. chamaedrys).

En pequeños claros y espacios abiertos, donde el pinar pierde la continuidad, o en zonas de roquedo, aparecen sitios y oportunidades para otras especies vegetales de mayor porte o envergadura: los enebros o "chinebros" de la miera (Juniperus oxycedrus) –con sus dos rayitas blancas en el haz de las hojas–, el numeroso boj (Buxus *sempervirens)* llamado "bucho" por estas montañas, el florido jazmín silvestre *(Jasminum fruticans)* o la coqueta carrasquilla *(Rhamnus alaternus)*.

El pino laricio (*Pinus nigra*) en sus tres variedades

El pino laricio (*Pinus nigra subsp. Salzmannii*) o pino salgareño, también llamado "nasarro" o "de Salzmann", es en realidad una especie autóctona de nuestro país, originaria de las montañas menos frías del sur de Francia y de la mitad oriental de la península ibérica. Es abundante en los Pirineos, en sierras catalanas, sistema ibérico, serranía de Cuenca, Guadalajara o Teruel, y en el sistema bético. Este pino es un árbol que puede alcanzar los 40 m de altura gracias a su fuste recto. Tiene una corteza gris-plateada en los árboles jóvenes, castaño-oscura en la madurez, posee acículas que nacen a pares, de color verde claro, de entre 8-16 cm de longitud… y piñas pequeñas de color pardo amarillento con un rabillo muy corto. En Aragón esta especie se da en el Prepirineo, sobre todo en la Jacetania y el Sobrarbe –alcanzando los somontanos–, en el Moncayo, comarcas de Calatayud y Cariñena y casi todas las sierras de Teruel, donde forma bosques mixtos, mezclados muchas veces con el también autóctono quejigo (*Quercus faginea*).

Asimismo, fruto de las repoblaciones forestales, en la Alta Zaragoza también se halla ampliamente extendida otra variedad de pino laricio que es oriunda de Austria, Yugoslavia, Albania y Grecia: la subespecie *P. n. nigra*. Además de la subespecie *P. n. laricio,* que es propia de Italia, Sicilia y Córcega. Ambas introducidas con los mismos fines que los pinos antes citados, en gran parte de la cuenca del embalse, y en concreto cerca de Tiermas –en el monte Sierra de Leire–, en Esco –en el monte Plana Mayor–, en Ruesta –en el monte de La Sierra o Monte Alto–, en Mianos –en el Pinar, Cingla y Sarda–, algunos rodales más en Artieda –en el monte Opaco Cerrado y Abierto–, además de en Salvatierra de Esca –en los montes del Sacal, Anisal y Valbuena, Opaco de Orba y Moncín–. Según nos cuentan la elección de estas variedades de pino se debió al bajo coste de la semilla que fue importada de la antigua Yugoslavia y Hungría, dado que además las diferencias con nuestro pino laricio autóctono son mínimas.

La mayor parte de estos pinares se encuentran entre 900 y 1.500 m de altitud. La continentalidad les favorece competitivamente a estos bosques frente a los encinares, quejigares y robledales, mientras que la sequía de las laderas solanas favorece al pino laricio frente al pino silvestre, dándose abundantes situaciones ecotonales en las que ambas especies aparecen entremezcladas, y en las que el pino albar o "royo" *(Pinus sylvestris)* ocuparía las zonas más altas y umbrías, con mayor humedad. Pero sobre todo estos pinares repoblados que ahora abordamos, también ocupan la banda de vegetación potencial que correspondería al quejigal. Hay que decir que la flora que acompaña a estas repoblaciones es exigua, ya que la elevada densidad de estas plantaciones apenas deja espacio a otras plantas silvestres, si bien la sombra abundante favorece la aparición de lastonares de *Brachypodium pinnatum* –pequeña gramínea que tiene las hojas planas en general y nervios poco marcados en el haz– o de *B. phoenicoides* –que se diferencia del anterior por las hojas de color verde más apagado y que además suelen enrollarse, mostrándose enrolladas en estado seco–. Plantas como el majuelo *(Crataegus monogyna)*, el escaramu-

jo *(Rosa canina)*, el endrino o "arañón" *(Prunus spinosa)*, el té de burro o de tierra *(Jasonia tuberosa)*, la falsa árnica o té de prado *(Inula salicina)*, además de diferentes ericas y jarillas aportan más nota de vida y color a estos bosques no naturales.

Buen lugar, por cierto, para setas tan buscadas en otoño como el níscalo o rebollón *(Lactarius deliciosus)*.

Níscalos o rebollones del pinar.

Bioespecialistas del pinar

La fauna que habita, se desarrolla o transita por los pinares reforestados de las sierras de Leire, Orba o Sierra Nobla es variada y diversa. Podemos citar especies generalistas que pueden encontrarse también en otro tipo de ambientes y que se van a mover indistintamente por ellos, como los numerosos jabalíes *(Sus scrofa)* o los corzos *(Capreolus capreolus)*, pequeños cérvidos que se mueven bien en la espesura y que al atardecer salen a alimentarse en los claros o parcelas cercanas de cultivo. Por las ramas andan las escurridizas y simpáticas ardillas rojas *(Sciurus vulgaris)*, perfectamente adaptadas a vivir en los bosques de coníferas de cuyas piñas se alimentan principalmente. Algunos de los carnívoros que habitan estos predios son la garduña o "fuina" *(Martes foina)*, el esquivo gato montés *(Felis silvestris)* o el zorro *(Vulpes vulpes)*.

Jabalí.

En las zonas más bajas y soleadas, entre los claros y las rocas se puede observar al más grande de nuestros lagartos, al lagarto ocelado *(Lacerta lepida)* y a su potencial depredador, la culebra bastarda *(Malpolon monspessulanus)*.

Gran parte de las aves que viven en los pinares de repoblación están especializadas, y se refugian y encuentran su alimento sobre los pinos; algunas incluso llevan hasta el nombre, como el pico picapinos *(Dendrocopos major)*, carpintero que busca su alimento en el interior de la madera –o entre las cortezas, donde captura larvas o insectos de todo tipo. Otra ave súper especialista es el piquituerto *(Loxia curvirostra)*, que halla su mejor alimento en los piñones que extrae de las piñas, las cuales abre con facilidad gracias a una herramienta diseñada por la naturaleza para ello: un exclusivo pico que tiene la mandíbula superior recta mientras la inferior se acomoda y encaja a esta otra entrecruzándose, haciendo así palanca entre las escamas de las piñas… un portento de adaptación.

Otras de las aves que eligen los pinares como zonas de cría y dormideros son las palomas torcaces *(Columba palumbus)*, las pasajeras tórtolas comunes *(Streptopelia turtur)*, el arrendajo *(Garrulus glandarius)* –guardián del bosque que cuando detecta presencia humana huye asustado alarmando a todo ser vivo– y diversas rapaces que anidan entre las copas de los pinos como el azor *(Accipiter gentilis)*, las águilas calzada *(Hieraaetus pennatus)* y culebrera europea *(Cir-*

Pico picapinos preparando su nido.

caetus gallicus) –en busca de alguna culebra de escalera *(Rinechis scalaris)*–.

Pero, sin duda, las aves más abundantes y patentes en estos pinares son los pequeños páridos, que visten de cantos y de color este duro ambiente. Es fácil observar al rechoncho carbonero común *(Parus major)* –el más abundante y grande de la familia con su plumaje amarillo– y a su pariente cercano el carbonero garrapinos *(Peripapus ater)*, mucho más discreto y pequeño. No muy lejos andará el herrerillo común *(Cyanistes caeruleus)* –de colores amarillos y azulados con la lista ocular negra que lo hacen inconfundible– o el herrerillo capuchino *(Lophophanes cristatus)* –con su marcada cresta–. Otros dos pájaros que llamarán nuestra atención por recorrer inquietos los troncos de los pinos son el trepador azul *(Sitta europaea)* –que se desliza por los troncos cabeza abajo–, y el agateador común *(Certhia brachydactyla)* –que se mueve cabeza arriba apoyándose con su cola–. Pero, sin duda la lista ornítica es más larga: aves singulares como el torcecuello *(Jynx torquilla)*, el diminuto chochín *(Troglodytes troglodytes)*, el acentor común *(Prunella modularis)*, los pinzones *(Fringilla coelebs)*… o los diminutos reyezuelos: el sencillo *(Regulus regulus)* y el listado *(Regulus ignicapilla)*.

EL PINO QUE VINO DE ORIENTE MEDIO:
Pinus brutia

Cuando hace más de medio siglo se repobló forestalmente el entorno del pantano de Yesa alguien usó un pino muy parecido al conocido carrasco, pero que era otra especie mediterránea que por aquí nunca se había visto: el *Pinus brutia* o pino de Siria. Allí se mezcla con pinos carrascos, con pinos laricios y con la vegetación espontánea de quejigos, bojes, carrascas o enebros. Hay quien dice que su presencia podría ser obra de una confusión pasada.

Lo cierto es que hoy en la orilla norte del embalse, en torno a Tiermas y a Esco, nos encontramos con muchos ejemplares de esta especie que es igualmente muy resistente a la sequía y que se suele adaptar bastante bien a los incendios forestales, ya que regenera con éxito por semilla tras el fuego.

El *Pinus brutia*, hoy por hoy, una curiosidad florística más que nos ofrece la Alta Zaragoza.

Detalle de la piña y las hojas del pino de Siria.

¡ALARMA: ESPECIES EXÓTICAS INVASORAS!

La primera voz de alarma la dio en el año 2106 la presencia constatada en Aragón de un nido de la temida avispa asiática (*Vespa velutina*) en lo alto de un árbol de Salvatierra de Esca, una especie invasora procedente de China e Indonesia que rápidamente se ha extendido por todo el norte peninsular, pues cada año aparecen nuevas localizaciones cerca del extremo noroccidental de Aragón: en 2017 en Hecho y Luesia, en 2018 en Ambel y Sigüés, en 2019 en Sos del Rey Católico, y en 2020 en Jaca o Viacamp.

Preocupante es también la expansión desde Navarra de otra plaga originaria del este de Asia, la polilla del boj (*Cydalima perspectalis*), cuyas insaciables orugas llegan a causar graves daños en los bojedales o "bujaqueras" naturales, donde comen todas las hojas que les es posible, llegando incluso a dejar a este arbusto completamente defoliado. En 2018 los vecinos forales ya decretaron la expansión de este insecto por buena parte del Pirineo y Prepirineo Occidental, y hoy son ya una realidad en las sierras de Leire y Orba, donde se desconoce muy bien qué consecuencias tendrá tan rápida entrada.

Pero hay más especies exóticas que avanzan, que corren o que nadan por la Alta Zaragoza como el castor (*Castor fiber*), que sube por los sotos y riberas del río Aragón... el cangrejo señal (*Pacifastacus leniusculus*) o los muchos peces de fuera que los pescadores han ido introduciendo en los ríos y masas de agua dulce, como el black-bass (*Micropterus salmoides*), un auténtico competidor contra los peces autóctonos.

Los expertos se alarman especialmente por estas especies que además de ser exóticas son consideradas también "invasoras", capaces de colonizar un territorio con tal intensidad que llegan a competir con las que ya estaban antes, peleando por el alimento, el espacio o la luz. También hay algunas de ellas que, debido a su carácter, reciben el calificativo de especies "ingenieras", al ser capaces de cambiar todo lo que les rodea, modificando hábitats, alterando recursos, comportando daños económicos importantes e importando enfermedades.

Nido de avispa asiática, especie invasora.

El mejor sitio de Aragón para ver orquídeas

Conchita Muñoz Ortega
Autora del libro de las Orquídeas de Aragón

Ophrys ficalhoana, una rara orquídea.

En los prados y claros de bosque cercanos al pantano de Yesa podemos disfrutar de una gran variedad de orquídeas silvestres desde finales de abril hasta finales de julio. Según el momento, la semana en la que nos encontremos veremos especies diferentes. Una de las más tempraneras en florecer es la *Orchis purpurea*, llamada también "Orquídea de dama". Es bastante abundante y llamativa por sus colores, tamaño y la variabilidad de sus formas. Junto a ella podemos encontrar la *Orchis simia*, una especie muy singular por la forma de sus flores, que como su nombre nos indica tiene un gran parecido con un "monito". Como resultado de la hibridación de estas dos especies observamos a veces una orquídea muy especial: la *Orchis x angusticruris*.

La que podríamos considerar como la orquídea más emblemática de esta zona de la Alta Zaragoza es, sin duda, la *Ophrys ficalhoana*, no solo por sus colores vibrantes que destacan sobre los tonos verdes del bosque, sino porque su localización es única en todo Aragón. Esta especie, junto con la rara *Ophrys riojana*, está incluida en el *Catálogo de Flora Amenazada de Aragón*, ya que está en peligro de desparecer por el recrecimiento del embalse de Yesa, con una única ubicación actualmente. Junto a ambas aparecen un gran número de orquídeas que corren el mismo peligro, como es el caso de la rosada *Orchis militaris,* la *Ophrys picta,* la *Ophrys insectifera* y la pequeña *Ophrys subinsectifera,* entre otras.

Otra de las orquídeas más complicadas de localizar por ser también muy escasa en Aragón, pero presente en esta zona, es la *Orchis provincialis.* Se trata de una planta de pequeño tamaño dentro de las orquídeas de su género, de un color blanco-amarillento, y con un periodo de floración relativamente corto.

Orchis simia.

Mi experiencia con plantas forrajeras en Salvatierra de Esca

Ignacio Delgado Enguita
Investigador "ad honorem" del Centro de Investigación
y Tecnología Agroalimentaria de Aragón (CITA)

Un grupo de vecinos de Salvatierra de Esca, conscientes de la importancia que la ganadería tenía para su territorio, había constituido la Cooperativa Ganadera "Virgen de la Peña", con la ayuda de la Agencia de Desarrollo Ganadero, recientemente instalada en Aragón. Enrique Corbera, responsable entonces de la Agencia Comarcal de Extensión Agraria de Sos del Rey Católico, nos propuso conocer la potencialidad *"in situ"* de las diferentes especies forrajeras que podrían sembrarse en esta zona, por lo que se decidió instalar un campo de ensayo en la localidad de Lorbés, cercana a las instalaciones ganaderas de la Cooperativa. Después de una serie de años de estudio sobre la evolución de las diferentes plantas forrajeras, pudimos fundamentar las conclusiones que nos llevarían a recomendar la siembra de diferentes especies forrajeras en los valles del Pirineo.

Como investigadores que iniciábamos nuestros estudios hace ya unos 40 años, pensamos que las condiciones climáticas del Pirineo eran similares a las de la cornisa cantábrica o la verde Europa. Ello hizo que los experimentos sobre nuevos cultivos forrajeros se orientaran a especies afamadas como el raigrás inglés, la festuca pratense, el fleo, el dáctilo o los tréboles varios.

Al establecer los primeros ensayos, las especies que más destacaron fueron, sin embargo, la alfalfa, la festuca elevada y el raigrás italiano. La esparceta, por aquel entonces, no era considerada una especie de primer rango.

Cuando comenzamos a conocer mejor el Pirineo, apreciamos que los veranos son muy calurosos y con gran irradiación solar, que frecuentemente hay sequías y que los suelos cultivables son calizos. Fue entonces cuando entendimos los resultados de aquellos ensayos: las condiciones del Pirineo se asemejan a las del llano y las mismas especies que sobresalen en el valle del Ebro por su productividad y adaptación son también válidas para el Pirineo, es decir, la alfalfa, la festuca elevada y el raigrás italiano.

"Los árboles. Crecen buscando la
carne de la luz, el agua de la luz,
los huesos de la luz, el aire
oculto de la profundidad"

Trinidad Ruiz Marcellán

Sotos del río Aragón. Vista aérea de la ribera desde el puente nuevo de acceso a Artieda.

LOS SOTOS DEL RÍO ARAGÓN

Los sotos, riberas y las zonas húmedas son unos de los ecosistemas más ricos y productivos de nuestra región, si bien a la vez son también de los más alterados y amenazados por el ser humano. Sobre ellos se ciernen numerosos intereses económicos que acaban alterándolos y dañándolos ostensiblemente. Los ambientes naturales asociados al agua suelen estar muy relacionados con la economía de los hombres, bien porque cerca de ellos se asientan poblaciones humanas, ya sea porque tienen mucho que ver con la producción agraria y ganadera, porque generan energía, abastecen de agua… y todos ellos componen el hábitat de numerosas especies de flora y fauna acuática, anfibia o terrestre. Aunque también hay que decir que estos ambientes se recuperan con prontitud y facilidad cuando cesan las presiones ambientales ejercidas sobre este medio.

Tratamos aquí de los sotos del río Aragón en su tramo medio, que desde más abajo de la población de Jaca, por la Canal de Berdún, llega hasta el embalse de Yesa, confluyendo varios valles procedentes del alto Pirineo occidental, principalmente los del referido Aragón y el río Esca, que junto a la cola del pantano conforman una gran masa de agua. En torno a la misma se desarrollan importantes sotos y carrizales, un frondoso bosque de galería que alberga una numerosa o variada flora y fauna. Los suelos están constituidos por depósitos aluviales, arenas, limos y arcillas. Y en estos ecosistemas de ribera se diferencian dos unidades ecológicas: una, que es el propio cauce del río o embalse –por donde fluye y corre el agua– y otra formada por el soto o bosque de ribera.

En el cauce del río viven numerosos organismos como los macrófitos –plantas vasculares, briófitos, macroalgas y cianobacterias–, los macroinvertebrados y los moluscos, una comunidad formada por todas esas formas de vida que habitan en el fondo de los medios acuáticos… y que a su vez son la base de la pirámide ecológica, el caldo de cultivo para que peces, aves y mamíferos se alimenten y puedan sobrevivir. Muchas de estas especies "menores" son indicadores biológicos que permiten determinar la salud de los ecosistemas vinculados al agua.

Sauces, alisos, álamos y fresnos de hoja estrecha

La vegetación riparia se distribuye generalmente en bandas longitudinales a lo largo del agua –ríos o embalses–, según su mayor tolerancia o necesidad. Las saucedas, comunidad vegetal en la que predominan los sauces, como el blanco o salguera *(Salix alba)* o las mimbreras *(Salix purpurea, S. triandra)*, aparecen en las orillas del río Aragón. Se trata de especies de árboles o arbolillos muy flexibles, adaptados a la oscilación y violencia del caudal de los ríos durante sus crecidas. Un poco más atrás, algo más lejos del cauce, aparecen alineados y escoltando al agua los álamos o chopos negros *(Populus nigra),* que a veces forman pequeñas arboledas naturales que en esta zona se mezclan con choperas cultivadas de chopos papeleros *(Populus x deltoides, P. x canadensis),* o diferentes clones de estos árboles creados para una producción mayor de madera para pasta de papel.

Es interesante saber que salpican las orillas también algunos alisos *(Alnus glutinosa),* árbol de media montaña poco frecuente en Aragón, que ocupa fondos de

Detalle de la corteza del olmo.

valle de aguas permanentes y suelos profundos. Y que también le acompaña su pariente el aliso italiano *(Alnus cordata),* oriundo del sur de Italia y Córcega, y que se cultiva en el norte de España. Este último se halla naturalizado y en expansión en lugares como la parte alta y media del río Aragón. Otros árboles propios de este tupido bosque de galería son el fresno de hoja estrecha *(Fraxinus angustifolia)*, el tamariz o tamarindo *(Tamarix canariensis)* y el olmo *(Ulmus minor)*, árbol cuyas hojas antaño fueron muy empleadas como "ramonizo" para dar de comer al ganado.

En las orillas, ya más alejadas del agua corriente, pero a su amparo, donde aún se sufren periódicas inundaciones, pueden aparecer plantas diversas que requieren de suelos muy húmedos, por ejemplo el taray europeo *(Myricaria germanica)* –pequeño arbusto que prefiere las gravas y terrenos de aluvión de ríos de montaña–, el cornejo o "sanguiño" *(Cornus sanguinea)* –de vistosas flores blancas y frutos negros que no son comestibles para el hombre, pero sí aprovechados por las aves y mamíferos que facilitan su dispersión–, la bardana *(Arctium lappa)*, la zarzamora *(Rubus ulmifolius)*, la achicoria silvestre *(Cichorium intybus)*, el agracejo *(Berberis vulgaris)*, los conejitos *(Antirrhinum majus),* la orquídea *Epipactis palustris* y la jabonera *(Saponaria officinalis)*. No faltan en estas riberas las lianas de la clemátide o "be-

Hojas de aliso común.

tiquera herbácea" *(Clematis recta)*, *Pastinaca sativa*, el arraclán *(Frangula alnus)* –arbusto de gran tamaño con característicos frutos negros y muy tóxicos–, el equiseto *(Equisetum telmateia)*, la lantana o "betelaina" *(Viburnun lantana)*, el *Viburnum opulus* –de Artieda–, el mundillo o sauquillo *(Clematis recta),* la menta de lobo *(Lycopus europaeus),* la artemisia *(Artemisia vulgaris)* o el lirio amarillo *(Iris pseudacorus)*. Mientras que en los lugares más alejados del soto hallamos plantas como la retama de los tintoreros *(Genista tinctoria)* y el lino marítimo *(Linum maritimum)*.

Dentro de las singularidades hay que citar la presencia del *Carex elata,* especie muy rara en Aragón, cuya única cita para el Pirineo está registrada en las gravas del río Esca junto a Sigüés. O las pequeñas poblaciones de las orquídeas *Ophrys riojana* –de los sotos de Artieda y de Mianos– y de la *Anacamptis laxiflora*, primera cita para Aragón en las cercanías de Tiermas, emparentada con la también rosada *A. palustris* y con dos pequeñas subpoblaciones jacetanas.

Llegados a las orillas del pantano veremos que las oscilaciones constantes del nivel de las aguas no impiden que se desarrollen comunidades colonizadoras como la de los cenizos o "ceñisclos" *(Chenopodium glaucum, Ch. murale)* –en los afloramientos termales y afloramientos salinos–, la capitana *(Salsola kali), Coronopus squamatus*, las salicarias *(Lythrum hyssopifolia, L. portula)*, la nebulosa *(Limonium catalaunicum)*, el *Teucrium gnaphalodes*… Pero, sin embargo, al junco marino *(Scirpus maritimus)*, al *Juncus maritimus* y a la masiega *(Cladium mariscus)* les gustan más las aguas encharcadas, lagunas y remansos, puesto que son taxones botánicos más higrófilos. Incluso aquí ya se desarrollan algunos tamarices *(Tamarix canariensis)* con formas arbustivas.

Peces, anfibios y aves de ribera

También dentro de las aguas se distribuye una interesante fauna piscícola, que en estos tramos medios del río Aragón se mezclan con las poblaciones de aguas estancadas de Yesa y de la desembocadura del afluente Esca, aumentando así la diversidad de peces que viven en esta confluencia fluvial. Dentro del pantano aparecen peces propios de aguas embalsadas, especies generalistas como la carpa *(Cyprinus carpio)*, uno de los peces que mejor se adapta a cualquier condición de las masas de agua en las que ha sido introducido. Otras tres abundantes son la voraz perca americana o black-bass *(Micropterus salmoides)*, el alburno *(Alburnus alburnus)* y el hidrodinámico lucio *(Exos lucius)*, trío de especies introducidas para fomento de la pesca deportiva. Pero para un naturalista el aliciente viene de las especies originarias de los ríos Aragón y Esca, peces autóctonos, de menor tamaño, como el gobio *(Gobio gobio)*, el lobo de río o "locha" *(Barbatula quignardi)*, la trucha común *(Salmo trutta)*, el barbo culirroyo *(Luciobarbus haasi)* el barbo *(Barbus graellsii)*, la madrilla *(Parachondrostoma miegii)*… a las que hay que sumar las del tramo final del río Esca, donde también vive la lamprehuela *(Gobitis calderoni)* –incluida como "sensible a la alteración de su hábitat" en el *Catálogo de Especies Amenazadas de Aragón*–, y el foxino o piscardo *(Phoxinus phoxinus)*, pez este último al que en Esco llamaban "chipas".

Además del abundante cangrejo señal *(Pacifastacus leniusculus)*, introducido en las aguas de nuestros ríos y que transmite la "peste del cangrejo" que ha diezmado y casi extinguido nuestro cangrejo autóctono, en las aguas de los dos ríos de la Alta Zaragoza habitan la rata de agua *(Arvicola sapidus)* –antaño fuente de alimentación de las gentes de los pueblos–, el musgaño patiblanco *(Neomys fodiens)* y la nutria *(Lutra lutra)*, de presencia cada vez más notoria y abundante. Por otro lado, se desconoce si a ciencia cierta el desmán de los Pirineos o almizclera *(Galemys pyrenaicus)* podría habitar en las aguas más remotas y salvajes del Esca, aunque ha sido citado en el vecino río Veral y en la Zona de Especial Conservación "Río Ezka-Biniés" (Navarra). O si en el río Aragón podría sobrevivir el amenazadísimo visón europeo *(Mustela lutreola)*, pues sí que se le ha detectado en el también cercano río Onsella y aguas abajo del embalse de Yesa. Eso sí, lo que sí que se ha constatado y fotografiado es la presencia novedosa del castor europeo *(Castor fiber)*, especie introducida en

Nutria en el río Aragón en el frío enero.

los últimos años en el río Ebro, desde el que ha ido colonizando en poco tiempo el curso de muchos ríos afluentes.

Las zonas más óptimas para la presencia de los anfibios se hallan en los cursos del Aragón y del Esca, además de en las aguas de la cola del pantano, sobre aguas poco profundas, remansos y orillas tranquilas. Por aquí podemos ver a la abundante rana común *(Pelophylax perezi)*, a los sapos partero, común y corredor *(Alytes obstetricans, Bufo spinosus, Epidalea calamita)*, a los sapillos moteado y pintojo *(Pelodytes punctatus, Discoglossus galganoi)…* o en el caso de las Balsas de Sasi a la delicada y singular ranita de San Antonio *(Hyla arborea)*, que habita estos humedales colgados en compañía de los tritones jaspeado y palmeado *(Tritorus marmoratus, Lissotriton helveticus)*. Más raro de hallar, el tritón pirenaico *(Calotriton asper)*, requiere de barrancos con aguas frías, bien oxigenadas, donde no llegan las truchas y otros peces depredadores.

Los reptiles asociados a este medio húmedo, a los ríos y sus sotos, son las dos culebras de agua: la de collar *(Natrix natrix)* y la viperina o "gripia" *(Natrix maura)*.

Donde hay agua de niveles freáticos y no crecen árboles en abundancia, prolifera la planta del carrizo, dando origen a un tupido hogar y denso escondrijo vegetal que no solo protege a las tres especies de aguiluchos –el lagunero *(Circus aeruginosus)*, el pálido *(Circus cyaenus)* y el cenizo *(Circus pygargus)*– sino que también puede dar cobertura al ánade real *(Anas platyrhynchos)*, la gallineta de agua *(Gallinula chloropus)*, los carriceros tordal y común *(Acrocephalus arundinaceus, A. scirpaceus)* o el rascón europeo *(Rallus aquaticus)*.

Agua, río y embalse, atraen en mayor o menor medida a un rico elenco de aves acuáticas como el zampullín común *(Tachybaptus ruficollis)*, el somormujo lavanco *(Podiceps cristatus)*, la garza real *(Ardea cinerea)* –fácil de ver–, las lavanderas blanca y cascadeña *(Motacilla alba, M. cinerea)*, el avión zapador *(Riparia riparia)*, el ruiseñor bastardo *(Cettia cetti)*, el martín pescador *(Alcedo atthis)*, el autillo *(Otus scops)*, la garza imperial *(Ardea purpurea)*, la garceta común *(Egretta garcetta)*, la gaviota patiamarilla *(Larus michaellis)…* o en época de paso primaveral y otoñal a la cigüeña negra *(Ciconia nigra)*, al águila pescadora *(Pandion haliaetus)* o al pequeño colirrojo real *(Phoenicurus phoenicurus)*.

Entre las limícolas que nidifican en el entorno del embalse y del río Aragón, mencionar el chorlitejo chico *(Charadius dubius)* y el andarríos chico *(Actitis hypoleucos)*, del tamaño de un estornino, que acostumbra a agitar la cabeza y que tiene una distribución amplísima que cubre más de la mitad del mundo. Y durante los últimos años en el embalse de Yesa se ha instalada una colonia de cormorán grande *(Phalacrocorax carbo)*, con alrededor de veintitrés nidos ocupados, de la que solo se ve parcialmente el margen sur de la colonia, ya que el nivel del agua no deja verla completa.

Por último, entre la frondosa arboleda de los sotos y márgenes de los ríos, en la espesura y colgados de las

Escribano soteño en el río.

ramas como faroles de lana, se puede localizar algún nido de pájaro moscón *(Remiz pendulinus)* –pequeño pájaro con antifaz asociado a los álamos y carrizales–, así como de oropéndola *(Oriolus oriolus)*, bellísima ave con un plumaje amarillo intenso en los machos y verde en las hembras, a los que apenas se les ve, pero sí se escucha a menudo con su canto repetitivo y aflautado. En los pequeños ribazos y cortados de tierra cercanos al río quien construye sus nidos en profundos túneles es el abejaruco *(Merops apiaster)*, una de las aves estivales de mayor colorido. Amén de libélulas, insectos acuáticos… o mariposas como la doncella de ondas rojas *(Euphydryas aurinia)*.

No olvidemos que los sotos de la cola del embalse de Yesa y la confluencia de los ríos Aragón y Esca constituyen además un importante corredor ecológico para las aves migratorias, que tienen aquí un espacio ideal para su descanso y alimentación en sus rutas migratorias, antes y después de cruzar la barrera montañosa de los Pirineos. En los últimos años miles de grullas *(Grus grus)* se concentran en los campos aledaños de Artieda y Mianos, así como en los sotos de Sigüés, en sus paradas obligadas ante el gran reto de la migración entre el norte y el sur de Europa.

Varios son los pueblos
que tuvieron que ser abandonados.
Una historia triste que se lee
entre muros caídos, y ventanas
a través de las cuales asoma
la vegetación que poco a poco
lo invade todo. Las torres de
Ruesta, en este caso, testigos mudas.

En los inviernos duros, los
treparriscos (Tichodroma muraria) bajan
de los altos cortados a las paredes
de piedra de los pueblos más norteños.

Treparriscos y castillo de Ruesta.

UNA ORQUÍDEA MUY ESCASA EN ARAGÓN,
Ophrys riojana

Esta orquídea con aspecto de "flor abeja" es un endemismo del norte de la península ibérica, pues sólo se ha citado en Cantabria, Burgos, La Rioja, Álava, Navarra y Aragón... pero dentro de esta última comunidad autónoma únicamente está citada en dos poblaciones que corresponden a las gravas y riberas de la parte zaragozana de la Canal de Berdún (Artieda, Mianos y Sigüés) y a otro punto muy concreto de las Cinco Villas (Biota-El Frago). Un censo botánico realizado en años pasados dio una cifra de cinco localizaciones, con menos de 300 individuos, repartidos en grupos muy pequeños o aislados.

Fue clasificada como una nueva especie en el año 1999, y es muy similar a la *Ophrys sphegodes*. Sus flores, que se dejan ver de mayo a junio, son de pequeño tamaño, con el perianto de color verde a verde-amarillento.

Esta especie vegetal se halla incluida en el *Catálogo de Especies Amenazadas de Aragón* desde el año 2004 como "sensible a la alteración de su hábitat", pues corre peligro por la alteración de cauces y sotos en los que vive, con obras como el recrecimiento de Yesa que inundará algunas de sus poblaciones, además de buena parte de su hábitat potencial.

Ophrys riojana.

Un ornitólogo: de la Canal de Berdún a Doñana

David Serrano Larrás

Biólogo e investigador de la Estación Biológica de Doñana, CSIC

Aunque mi niñez y adolescencia discurrieron en la ciudad de Zaragoza, los veranos y las festividades señaladas nos llevaban a Berdún, donde vivía parte de mi familia materna. Allí, brincando entre las provincias de Zaragoza y Huesca, me curtí como "pajarero", con unos viejos prismáticos rusos y una guía Peterson raída que me regaló mi tío, casi siempre acompañado por mi hermano Manuel, mi primo Carlos, o Juanito "el inglés".

Recuerdo con nitidez los quebraderos de cabeza que nos daban las hembras de escribano por las margas y sotos del río Aragón, las escaladas temerarias buscando búhos, la emoción ante las primeras danzas aéreas de las grandes águilas, el júbilo por poder poner nombre a esa curruca que asomaba por fin de la aliaga o el zarzal, los escondites improvisados para ver comer a buitres, milanos y alimoches, los primeros avistamientos de quebrantas, pitos negros, mirlos acuáticos…

Pero también ahí aprendí a vivir una libertad imposible en la urbe, y a viajar hasta La Jacetania en mis ensoñaciones cuando el colegio y el instituto me mantenían físicamente atado a la ciudad. Con el tiempo, mi afición por los pájaros tornó en obsesión, y finalmente en profesión. Tuve que cambiar las foces y carrascas de la Canal de Berdún por los albardinares y ontinares monegrinos, para acabar estableciéndome en Andalucía, desde donde tengo el privilegio de investigar en ecología y conservación de aves para la Estación Biológica de Doñana, un instituto del Consejo Superior de Investigaciones Científicas (CSIC) de prestigio internacional.

Todos los años, aun así, recorro al menos una vez los casi mil kilómetros que me separan de la tierra de mi madre para aparcar la ciencia y, persiguiendo a "boletas" (alimoches) y "alforrochos" (milanos), volver a ser niño otra vez.

Carrizales, a proteger y gestionar

Paco Ferrer Lerín

Escritor y fue biólogo del Instituto Pirenaico de Ecología de Jaca

Paco Ferrer en el Reguero del Tomizar de Martes.

En el año 1989 inicié la prospección de los enclaves de la Canal de Berdún susceptibles de albergar aves del género *Circus,* es decir, aguiluchos.

Pronto descubro algunas parejas de aguilucho cenizo (*Circus pygargus*) ocupando campos de cereal, y unas pocas de aguilucho pálido (*Circus cyaneus*) en zonas de monte bajo.

Sin embargo la mayor abundancia de aves de este género se daba y da en las formaciones de carrizo (*Phragmites australis*), en la "lisca" –la planta– o "liscar" –el conjunto– que prosperan en los "regueros" situados entre las características "coronas" o cerros de este tramo del río Aragón.

Los regueros cuando no quedan excesivamente encajonados, constituyen un lugar de nidificación ideal para aguilucho lagunero (*Circus aeruginosus*) y cuando disponen de gran amplitud permiten la cría, en sus márgenes no inundables del aguilucho cenizo, así como del aguilucho pálido en el monte, no arbolado, aledaño… constituyendo esta confluencia de las tres especies un fenómeno único en Europa occidental y motivo suficiente para la protección de unos espacios que durante estos 30 años de estudio, sustanciados en 294 visitas, veo que han experimentado un dramático deterioro, no solo de carácter paisajístico sino también poblacional en lo que respecta a aves rapaces diurnas.

En concreto los aguiluchos han caído numéricamente, excepción hecha del aguilucho lagunero al que le ha beneficiado la desaparición del ganado mayor, en especial de las yeguas que antes pastaban –y chapoteaban– en las partes inundadas del carrizal que, además, era quemado anualmente para facilitar su rebrote.

En este largo periodo ha resultado inútil insistir a la Administración aragonesa sobre la importancia del ecosistema, pues no se ha conseguido que actuaran sobre los agricultores, que ya han eliminado varios pequeños "regueros" y que cercenan los mayores. Pero tampoco sobre los cazadores, que metidos en el carrizal disparan sobre cualquier especie, sea o no sea cinegética.

Debo decir que en los límites occidentales de la Canal de Berdún es posible ver avutardas (*Otis tarda*) y, en la cota superior del territorio, dos parejas de águila real (*Aquila chrysaetos*) que a menudo solapan sus territorios.

Foz de Salvatierra-Burgui desde la ermita de la Virgen de la Peña.

"Cuando se destruye la Natura se destruye el sentimiento de belleza dentro de nosotros mismos"

Joaquín Araújo

Saltamontes en una *Anacamptis pyramidalis*.

LA PROTECCIÓN DE LO NATURAL

Bosque mixto entre Artieda y Ruesta.

La Tierra, la Naturaleza de cualquier sitio de nuestro planeta o de nuestra región atesora maravillas que parece que los seres humanos nos empeñamos en destruir, en degradar su salud y en alterar el frágil equilibrio milenario: cuevas, bosques de todo tipo, desfiladeros, arroyos y humedales. No importa que hablemos del Ártico, de la Amazonía… o de la Alta Zaragoza. Pocos son ya los lugares que escapan, no solo de la intervención y el uso del hombre, sino de lo que podríamos considerar el abuso grosero que generan ciertas actividades que, aunque amparadas por la ley, rayan lo ilegítimo.

Nuestra bella porción territorial prepirenaica, el norte de la provincia de Zaragoza, donde aún constatamos que pervive una rica diversidad de paisajes naturales, de fauna y flora silvestre autóctona, no es ajena a intervenciones humanas que van más allá de los usos tradicionales integrados en el medio natural o de esa gran punzada global que es el cambio climático. Desgraciadamente, en el ámbito de este libro podemos enumerar diversos factores de amenaza medioambiental como son el recrecimiento del pantano de Yesa –basado en un modelo de gestión y explotación de los ríos anclado en el pasado–, la construcción de la autovía Jaca-Pamplona que crea en la faz de estos escenarios una cicatriz difícil de disimular, la amenaza de los parques eólicos o la mina de Undués de Lerda… amén de talas indiscriminadas o de canteras que década a década van mermando calidad a un rincón de Aragón olvidado y vaciado que bien podría ser considerado de primer orden por sus tesoros ecológicos.

Es cierto, la Red Natura 2000, con los LICs y ZEPAs, ampara bajo su estatus de protección a una parte de este territorio, al igual que lo hacen los Montes de Utilidad Pública que suponen una garantía de gestión de uso y explotación… pero, ¿es suficiente con esto? Tal vez haga falta interés y decisión política para declarar algo más contundente: un Parque Natural, un Paisaje Protegido o una Reserva Natural, máxime sabiendo que los espacios naturales protegidos constituyen un balón de oxígeno para la España Vacía, un valor añadido de verdadero desarrollo sostenible en el seno del mundo rural, tan castigado y desequilibrado por la despoblación como es este que aquí nos ocupa. En Navarra, la Foz de Burgui es desde hace más de treinta años una Reserva Natural bien conocida y protegida por las normas forales de nuestros vecinos. Su continuación natural, lo que podríamos llamar la Foz de Salvatierra de Esca, carece de una figura de protección homónima. ¿No es ilógico pensar que la misma naturaleza deja de disfrutar de un estatus de conservación legal, porque simplemente hemos cambiado de comunidad autónoma?

Ya en el año 1802 el padre Mateo Suman, en *"Apuntes para el Diccionario Geográfico del Reino de Aragón"* advertía que en esta zona donde se funden las Cinco Villas con el Pirineo se venía realizando un descuido especial de los árboles –"de los que se cortan y extraen por los ríos cada año unos 6.000 árboles o maderos para construcción urbana", decía– y de los pastos –con un crecido número de ganados–, perpetuando lo que el fray calificó de "abuso" en unas montañas con "una inmensa riqueza ignorada, a la que un día pondrán luz las Ciencias y la Historia Natural".

Muy cerca de lo que es hoy el pantano de Yesa, en Undués de Lerda, los autores del libro que realiza un repaso histórico a esta villa *Entre reyes, señores y abades"*, describen el episodio de crecimiento poblacional que se experimentó en la década de 1850 a 1860, y que bien podría ser extrapolable al resto de municipios del entorno que aquí nos ocupan: un gran incremento de habitantes –entre 400 y 500 vecinos– que vino a provocar una crisis ecológica local puesto que

Antiguos guardas forestales de la Jacetania.

en esos años se rompe con la explotación equilibrada que durante siglos han venido practicando sus anteriores habitantes, lo cual desembocaría también en nefastas consecuencias para la economía del lugar: "La pérdida significativa de masa vegetal en el término de Undués de Lerda hizo que las tierras del lugar se empobrecieran considerablemente debido a su gran escorrentía. Las tormentas arrasaron parte de la capa cultivable del lugar, provocando que algunas de estas tierras se convirtieran en estériles y otras bajaran considerablemente su producción. Eso llevó de nuevo a iniciar un ciclo de sobreexplotación natural roturando nuevas tierras y talando leñas para la producción de abonos vegetales. Un ciclo infinito de pérdida de recursos naturales que los habitantes del lugar no supieron o no pudieron frenar a tiempo, y que llevó a una importante recesión económica (…) Pero no solo cambió la economía, sino que creemos que esta sobreexplotación produjo igualmente un cambio en el paisaje de la zona que rodea al pueblo. El aspecto de páramo que tiene actualmente gran parte del término municipal pudo ser debido a los abusos medioambientales de aquella época. La situación fue irreversible y el daño ya estaba hecho, por lo que a finales del siglo XIX ya no se pudo subsanar. La pobreza que arrastraron las generaciones del siglo XX tiene su origen en aquella explotación de los recursos naturales", afirman sus autores José Alfonso López Aguerri, Ángel Chaverri y Elena García-Valdecasas.

Ya más recientemente, el destacado botánico Pedro Montserrat, también se referirá en su estudio sobre la vida vegetal de La Jacetania a la pasada existencia, hoy muy mermada, de bosques climácicos de carrasca con boj –situados en los secos crestones solanos, y para los cuales pide que sean conservados por su papel protector como cortavientos para evitar la desecación del suelo– o también de aquellos grupos de quejigos –o cajicos– que han pervivido en las vallonadas y que tiempo atrás fueron intensamente explotados para leñas o carbón, pero que ya a partir de la década de los años setenta empezaron a recuperarse gracias al "benemérito butano".

El propio botánico se refiere a que lo que hoy es la Canal Berdún correspondería a este tipo de bosques originales o primigenios, corroborando científicamente que en las sierras prepirenaicas el "artigueo" –o cultivo nómada, con roturación y cultivo, fuegos y pastoreo– supone una actuación humana que desde la Reconquista ha conllevado en la zona fuertes procesos de erosión del suelo en los que ahora abundan bosques pobres de difícil evolución, puesto que el suelo fértil ha sido arrastrado hacia los ríos por la fuerza de las tormentas. Montserrat fue un pionero especialista que no dudaría en 1970 en ponderar la belleza del bosque natural, donde dice que espontáneamente la Naturaleza se ha desarrollado pacientemente en su lucha con los elementos. Y quien tampoco dudaría en solicitar la urgente creación de "reservas zonales" o "integrales" para los mejores bosques de la comarca donde se planifique y se conserve antes de que se explote la madera, aumentando además así, con visión de futuro, el atractivo turístico de la zona

Muro de Sigüés, vista aérea.

y la rentabilidad económica que pueden proporcionar esos paisajes vegetales. "Si labráramos solo los llanos de La Jacetania y mantuviésemos en la cabecera de los valles pirenaicos que son afluentes del Aragón una pradería bien regada, reduciríamos la colmatación de tierras y margas del pantano de Yesa, y evitaríamos la erosión, el cáncer jacetano", decía Pedro Montserrat.

Sería por entonces cuando el ingeniero de montes Emilio Pérez Bujarrabal, que trabajó para el antiguo ICONA (Instituto para la Conservación de la Naturaleza) y luego para la Diputación General de Aragón, nos recuerda los trabajos forestales que se desarrollaron en la zona entre los años 1966 y 1969, en la Canal de Berdún y en la Alta Zaragoza, en este sector de la provincia de Zaragoza que él llegó a considerar cariñosamente su "parque natural particular".

Emilio recuerda las actuaciones que dirigiría en treinta y tres Montes de Utilidad Pública pertenecientes a ocho términos municipales, seis de los cuales presentaban una superficie superior a las mil hectáreas. Eran montes muy diversificados sobre los que ya antes su querido profesor Pedro Montserrat había descrito de forma completa y útil la vegetación existente y la potencial, comprendiendo de esta manera la evolución y el deterioro sufrido a lo largo de los años a causa de las actuaciones del hombre y sus ganados. Parajes donde lo predominante debería de ser una vegetación submediterránea a base de quejigal seco pirenaico y donde ya entonces se evolucionaba hacia el rústico pinar, recordando de esta manera las necesidades históricas de la población de maderas y leñas para la construcción y para el consumo en hogares u hornos. En aquellos años de finales de la década de los sesenta los vecinos de Salvatierra aún recordaban de sus mayores un área denominada "La Limpia" –en la zona baja del Paco de Orba–, que estaba poblada de pinos jóvenes de 1 a 2 m de altura, y que en su día había sido un extenso robledal o quejigal.

En aquellos años y en aquellos montes se venía desarrollando un pinar repoblado con grandes densidades cuyas medidas eran de 15 a 23 cm de diámetro, y de unos 5 a 6 m de altura, bosques incipientes que era preciso aclarar y aprovechar con su señalamiento y venta como paquetes o puntales. "Los pinos proporcionaban unos ingresos a los ayuntamientos propietarios que pedían a veces la corta del doble, dejando sin cortar al año siguiente para así poder resolver obras municipales", recuerda Pérez Bujarrabal. "Todos los años había señalamientos, y en los montes de Salvatierra y de Lorbés las cortas del año 1966 fueron de 1.756 pies y 703 m³ de volumen, y en 1967 de 2.511 pies con volúmenes medios por árbol de 0,40-0,42 m³, lo cual se estima aceptable para aquella calidad de pinar", explica el ingeniero de montes.

En esos tres o cuatro años en los Montes de Utilidad Pública se hicieron muchas actuaciones: el seguimiento del plan de ordenación del monte El Sacal (n.°199), se repararon pistas y caminos, se construyeron badenes de hormigón y un puente de paso sobre el barranco de Gabarre para facilitar el tránsito hacia los montes y el pueblo de Lorbés, se desbrozaron masas arboladas, se hicieron señalamientos, levantamientos topográficos, repoblaciones con chopos en zonas de ribera del Aragón como el Soto Casquetas de Sigüés, se adecuaron las sendas de acceso a las orillas del río Esca para pescadores, se regularon los aprovechamientos ganaderos... y se efectuaron otros trabajos de conservación y mejora de los montes de acuerdo con los ayuntamientos propietarios, siempre en función de la disponibilidad del dinero que venía de los Presupuestos Generales y del "Fondo de Mejoras" –que era el 15% ingresado de los aprovechamientos forestales realizados–. Toda una serie de trabajos que fueron bien atendidos en la fonda de Miguela Lorente –eficaz hostelera, hermana de Félix Lorente, guarda forestal en Jarque de Moncayo–, y con la gran colaboración de los guardas del Distrito Forestal del Estado en toda esta zona: Ángel Artieda, José Antonio Borruel y Laureano Otal.

Más allá de esos Montes de Utilidad Pública y de las leyes generales de protección del medio natural, a finales del siglo XX y comienzos del XXI la conciencia de protección de los paisajes de montaña de los Pirineos parece que apenas ha llegado a esta Alta Zaragoza, pues tan solo se han dado tímidos pasos con la declaración de algunos espacios que forman parte de la Red Natura 2000, carentes hoy día de medidas concretas y específicas en planes de gestión.

Mientras tanto, recientemente, la amenaza del recrecimiento de Yesa, auspiciada por el Gobierno de Aragón y por los sucesivos Ministerios de Medio Ambiente de España, ha ido generado un movimiento social de reacción en la zona aragonesa y navarra para la defensa del territorio y del patrimonio natural que, bajo el nombre de la Asociación Río Aragón, supone un brote verde de respeto y de sensibilidad hacia lo bello y necesario, hacia esa Naturaleza que es lo verdaderamente trascendente... Un nutrido grupo de personas locales, que viven en esta zona y que se encuadran dentro de la llamada Nueva Cultura del Agua, pues su empeño desinteresado es conservar y no destruir.

ESPACIOS QUE ESTÁN PROTEGIDOS

La Red Natura 2000 de la Unión Europea en Aragón otorga protección a siete espacios de alto valor justificados en la presencia de hábitats de interés comunitario, así como de especies de fauna y flora raras o escasas en el contexto del viejo continente, enclaves protegidos cuyos límites entran dentro del ámbito de la Alta Zaragoza.

Se trata de tres Zonas de Especial Protección para las Aves (ZEPA) y de cuatro Lugares de Importancia Comunitaria (LIC), incluidos dentro de la región biogeográfica mediterránea. A ellos se suman la presencia de los Montes de Utilidad Pública, en parte coincidentes con la Red Natural 2000, cuya gestión igualmente está encomendada al Gobierno de Aragón.

Sin embargo, y dada la alta calidad del medio natural y del paisaje, se echa en falta la existencia de un espacio natural protegido de mayor rango legal como bien podría ser un Parque Natural, alguna Reserva Natural o un Paisaje Protegido… como ya existe, sin ir más lejos, al otro lado de la Foz de la Salvatierra, en la llamada "Foz de Burgui" que en su mitad navarra es desde el año 1987 una Reserva Natural protegida de 151 hectáreas. Máxime cuando hoy sobre este territorio valioso se han desarrollado y están en proyecto diversas obras o actuaciones con severo impacto ambiental que afectan a la conservación de los paisajes, los recursos naturales y a una biodiversidad única, tal y como vamos a ver más adelante.

1. ZEPA "Salvatierra – Foces de Fago y Biniés – Barranco del Infierno"

Zona de Especial Protección para las Aves, de 2.589 hectáreas totales, repartida en varias porciones inconexas entre sí: la Foz de Fago –barranco de Fago–, la Foz de Biniés –río Veral–, el barranco del Infierno –o barranco Miguel, lateral de la Foz de Biniés– y, ya dentro de nuestro ámbito, la Foz de Salvatierra labrada por las aguas del río Esca, una garganta fluvial de especial relevancia para la nidificación de aves rupícolas.

Espacio agreste que abarca el monte Belbún (Sierra de Illón), el río Esca, la Virgen de la Peña y el monte Bardipeña, alcanzando la Plana de Sasi, todo ello en el término municipal de Salvatierra de Esca.

Presencia de colonias de buitre leonado, además varios territorios de quebrantahuesos, y una alta densidad de alimoche y águila real. Otras especies orníticas de interés son: vencejo real, búho real, hal-

Grullas sobre la ZEPA Sierra de Leire y Orba.

cón peregrino, chova piquirroja, pito negro y culebrera europea. En invierno, camachuelo y treparriscos.

2. ZEPA "Sierras de Leyre y Orba"

Zona de Especial Protección para las Aves situada más al sur de la anterior, en toda la parte aragonesa de la Sierra de Leire –junto a Navarra–, el desfiladero del río Esca atravesando la Foz de Sigüés y las dos vertientes de la Sierra de Orba. Tiene 5.802 ha de superficie distribuidas por los términos municipales de Salvatierra de Esca y Sigüés, repartida altitudinalmente entre los 1.347 m de la parte más alta y los 933 m del punto más bajo. Se superpone con parte del LIC Sierras de Leyre y Orba que sube hasta la Foz de Salvatierra.

Buenas poblaciones de aves rapaces como quebrantahuesos (1-2 parejas), buitre leonado (113 parejas), halcón peregrino, alimoche… y presencia puntual reciente de águila azor-perdicera. Se observan también vencejo real, totovía, chotacabras, milano real, becada, pito negro, acentor… y diversas currucas.

3. ZEPA "Río Aragón. Sotos y carrizales"

Otra área de relevancia ornitológica se estira por el curso medio del río Aragón, sus riberas arboladas y por el fondo de valle de la Canal de Berdún entre las localidades de Jaca y Mianos, cerca ya de la cola del embalse de Yesa donde el río se adentra en la provincia de Zaragoza.

Esta zona de protección lineal tiene un total de 1.939 hectáreas de superficie y adquiere sentido por la existencia de garza real e imperial, cormorán grande, los dos milanos –el real y el negro–, diversos carriceros, limícolas, especies de bosque de ribera –ruiseñor, autillo, oropéndola, martín pescador, cuco, abejaruco–, por las aves acuáticas.. y muy especialmente por la reproducción en las masas de carrizo –como el Tomizar o Cercito, ya cerca de Martes– de los tres tipos de aguiluchos ibéricos: el lagunero, el cenizo y el raro pálido.

4. LIC "Foz de Salvatierra"

El espacio natural de la Foz de Salvatierra, labrado por la acción erosiva del río Esca entre Navarra y Aragón, tiene de nuevo en la parte zaragozana reconocimiento dentro de la Red Natura 2000 como Lugar de Importancia Comunitaria debido a la presencia de hábitats y especies de interés comunitario como la mariposa isabelina, el cangrejo de río, el barbo culirroyo, la nutria, el tritón pirenaico... o ciertas especies vegetales propias del roquedo.

Protege un espacio algo menor que la ZEPA, tratándose de 521 ha ceñidas al propio desfiladero y a los montes de Belbún y de la Virgen de la Peña.

Predominan las zonas de bosque esclerófilo –encina–, con manchas de quejigo, bojes, robles, además de pequeños rodales eurosiberianos de hayedos y tileras.

Se solapa al sur con otro LIC y a la vez ZEPA que son las Sierras de Leyre y de Orba. Al norte, coincide con la ZEPA Sierra de Illón – Foz de Burgui, gestionada por la Comunidad Foral de Navarra.

5. LIC "Sierras de Leyre y Orba"

Amplio espacio natural de 7.014 ha que entre los términos de Sigüés y Salvatierra de Esca se extiende por las vertientes sur y este de la Sierra de Leyre –perteneciente a Aragón–, la Foz de Sigüés, la práctica totalidad de la Sierra de Orba y que en sus límites sube por Salvatierra de Esca hasta la entrada de la Foz de Salvatierra, situada al norte.

De esta manera protege formaciones boscosas de tipo mediterráneo –encina, boj, enebro, y pinos laricio, carrasco y silvestre–, realzadas por la presencia de arbustos termófilos –como el madroño– y de algunos rodales de especies arbóreas de tipo atlántico –como el roble o el rebollo pirenaico–.

Más allá de lo ornitológico destacan algunas especies como la madrilla o el cangrejo de río.

6. LIC "Río Aragón-Canal de Berdún"

Coincide con la parte occidental de la ZEPA del río Aragón, superpuesta como Lugar de Importancia Comunitaria para resaltar la presencia

de los hábitats de vegetación mixta asociada a la ribera –bosques maduros de álamos, fresnos, olmos y sauces, praderas higrófilas y carrizales, junto a choperas repobladas– así como por otras especies vivas asociadas a los medios fluviales como nutria, la madrilla, además de otras clases de peces y de anfibios.

Tiene 981 hectáreas repartidas por los municipios de Bailo, Canal de Berdún, Jaca, Mianos, Puente la Reina de Jaca, Santa Cilia, Santa Cruz de la Serós y Sigüés.

Sierra de Orba desde un risco.

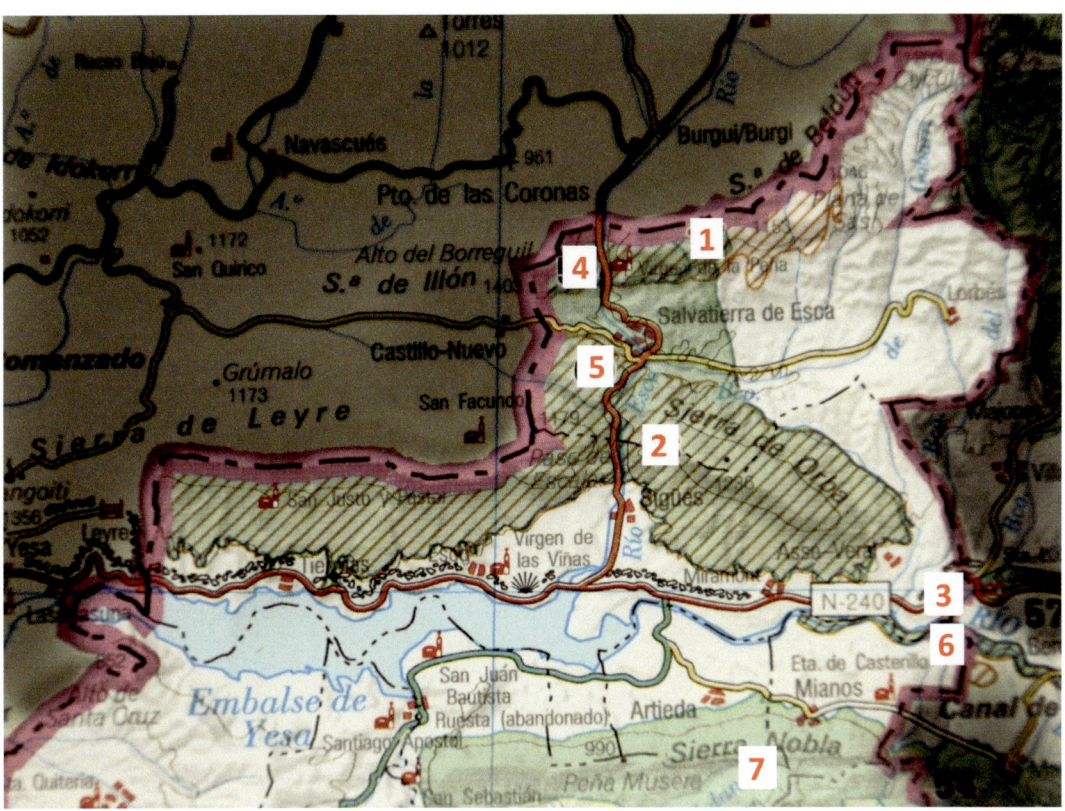

Mapa lugares Red Natura 2000.

7. LIC "San Juan de la Peña y Oroel"

Extremo occidental de un largo Lugar de Importancia Comunitaria –de 18.186 ha en total– que viene desde los lugares de referencia y que se estira por los montes o cordales serranos de la parte meridional de la Canal de Berdún y la Depresión Media Pirenaica, pero que en la zona de la Alta Zaragoza acoge las crestas y laderas de ambas vertientes de la Sierra Nobla, hasta más allá de Peña Musera –cerca del río Regal y de Ruesta–, y siempre al sur de las localidades de Mianos y Artieda.

Destaca por la gran variedad de ambientes vegetales dominados por el bosque mesomediterráneo mixto de quejigo con encina, al que se suman el arce, pinares de repoblación –laricio y silvestre–, enebros, campos en abandono, espinares, avellanos, chopos… donde viven especies de insectos como el ciervo volante, la mariposa doncella de ondas rojas y el escarabajo longicornio de las encinas.

Montes de Utilidad Pública

Otra de las figuras de protección de las que disfrutan desde antiguo algunos espacios naturales de la Alta Zaragoza es la que corresponde a la declaración de Monte de Utilidad Pública (MUP).

La mayor parte de estos montes fueron incluidos hace más de un siglo dentro de un catálogo legal, registro público de carácter administrativo, y a la vez instrumento que los salvó de la venta y destrucción que en los años 1833 y 1855 impulsaron las desamortizaciones de Mendizábal y de Madoz, con las que se pusieron en venta en manos de propiedades particulares la mayor parte de las fincas rústicas eclesiásticas y municipales de nuestro país, tal y como eran por aquellos años los mejores bosques.

En la zona geográfica del ámbito de este libro encontramos hoy 27 Montes de Utilidad Pública, con una superficie que suma unas 14.100 hectáreas protegidas, repartidas por todos los términos municipales aquí descritos.

Esta antigua fórmula de conservación de lo natural ampara no a sólo montes excepcionales, sino también a otros menos vistosos pero igualmente de gran riqueza forestal y valor ecológico donde lo que importa es la protección del suelo frente a los procesos de erosión, el aterramiento de embalses, la regulación hídrica en la cabecera de las cuencas de los ríos, la protección de los cultivos frente al viento, la conservación de la diversidad biológica y genética... e incluso a aquellos que supongan una mejora en la calidad de vida de las poblaciones del mundo rural.

En Salvatierra de Esca los MUP números 198 "Anisal y Valbuena", 221 "Moncín" –o "Fragas"– y 222 "Opaco de Orba", se repoblaron en una pequeña parte con pinos durante los años 50, replantando con mucho cuidado, de forma manual y con gran éxito, vistos los crecimientos desarrollados medio siglo después. Y eso que en zonas como Moncín había suelos tan rocosos, con hoyas tan exiguas, que quienes repoblaron aún recuerdan que los arbolillos se tenían que poner con la raíz doblada.

Antiguamente en casi todos estos montes la gente hacía madera con ayuda de machos y caballerías, e incluso se daban lotes de pinos secos, puesto que un árbol daba para varios jornales. Ya en los años 60 se hicieron las primeras pistas forestales de acceso, aunque antes hubo una que pagó un vecino de Burgui para llegar con una máquina aventadora desde el barranco Gabarre a los campos de la Plana de Sasi, y para la que tuvo que contratar a gente de Salvatierra que la construyó a pico y pala. El deslinde de algunos de estos montes sigue siendo hoy una asignatura pendiente, pues tan sólo se ha realizado en MUP como Rionda y Leyre –en Sigüés– o el Opaco de Orba –el único de los nueve existentes en Salvatierra de Esca–.

En el mapa anexo y en el recuadro resumen podemos ver su localización, número y denominación dentro del Catálogo de MUP, así como la superficie ocupada y los límites aproximados.

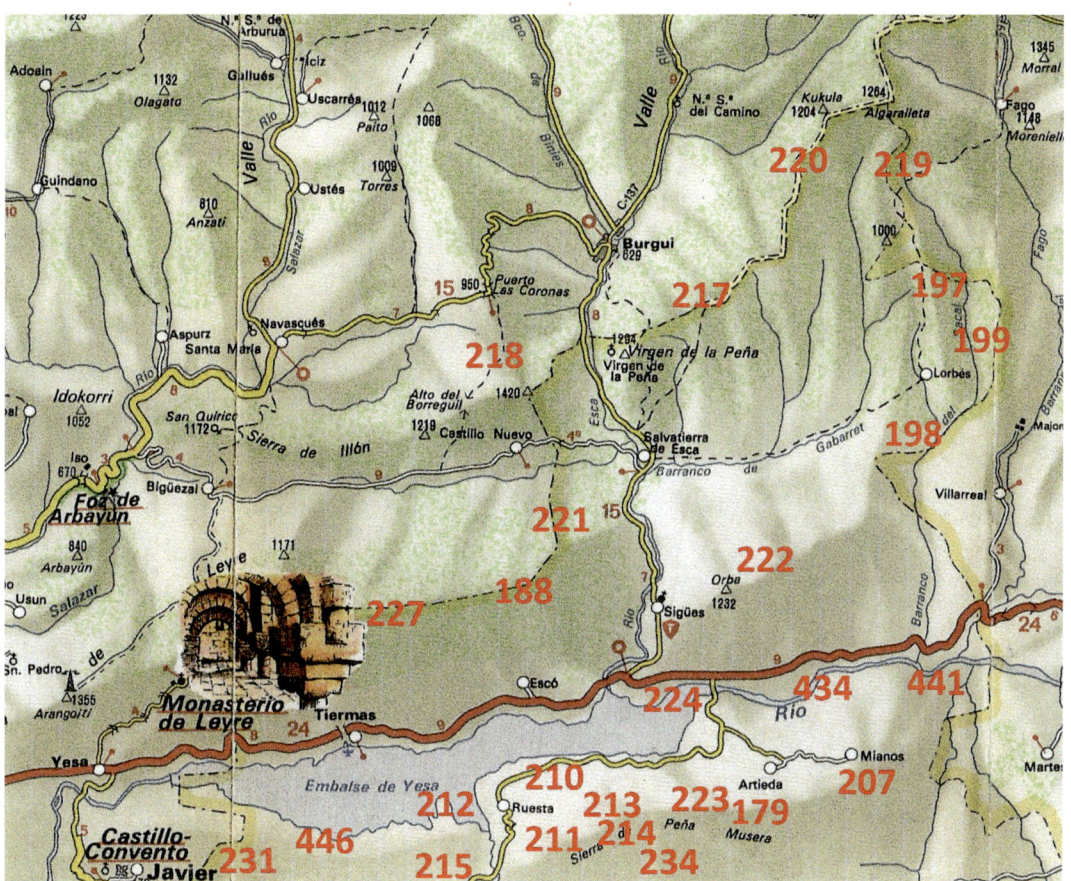

Mapas Montes de Utilidad Pública de la Alta Zaragoza.

Montes de Utilidad Pública en la Alta Zaragoza, según Emilio Pérez Bujarrabal

Nº MUP	Término Municipal	Nombre del Monte U.P.	Superficie (ha)	
179	Artieda	Opaco cerrado y abierto	345	
188	Sigüés	Plana Mayor	769	
197	Salvatierra de Esca	Gabarri	1645	
198	Salvatierra de Esca	Anisal y Valbuena	300	
199	Salvatierra de Esca	El Sacal	300	
207	Mianos	Pinar, Cingla y Sarda	102	
210	Los Pintanos	Corraliza de Cercito	200	
211	Los Pintanos	Corraliza del Lugar	300	
212	Urriés	Corraliza de Vallés	416	
213	Los Pintanos	Corraliza de Vidiella	680	
214	Los Pintanos	Opaco y sus falderas	465	
215	Urriés	Sierra o Monte Alto	574	
217	Salvatierra de Esca	Bardipeña	1.137	
218	Salvatierra de Esca	Belbún	426	
219	Salvatierra de Esca	Gabarri	1285	
220	Salvatierra de Esca	Huyerma	1050	
221	Salvatierra de Esca	Moncín	500	
222	Salvatierra de Esca	Opaco de Orba	1.101	
223	Sigüés	Pardina de Rionda	317	
224	Sigüés	Soto Casquetas	100	
227	Sigüés	Sierra de Leyre	1550	
231	Undués de Lerda	Alto de Santa Cruz	213	
234	Los Pintanos	Sierra del Solano	447	
441	Mianos	Riberas del río Aragón	114	
446	Undués de Lerda	Cabaña Marco	103	
433	Artieda	Riberas del río Aragón	39	
434	Sigüés	Riberas del río Aragón	62	

Límites
Norte.- Propiedades particulares. Este.- Término de Mianos. Sur.- Término de Los Pintanos. Oeste.- Término de Sigüés.
N.- Navarra, Castillo Nuevo. E.- Solana de Orba, Sigüés. S.- CHE. O.- Sierra de Leire, UP 277, de Sigüés.
N.- Fago. E.- El Sacal de Salvatierra de Esca. S.- Anisal y Valbuena de Salvatierra de Esca. O.- UP 277, de Sigüés.
N.- UP 197, Gabarri, y UP 199, El Sacal. E.- El sacal. S.- Provincia de Huesca. O.- Términos municipales de Sigüés y Salvatierra.
N.- Provincia de Huesca, Fago. E.- Provincia de Huesca. S.- Huesca y UP 198, Anisal y Valbuena. O.- Anisal y Balbuena, y Gabarri.
N.- Propiedades particulares. E.- Huesca, término de Berdún. S.- Términos de Bagüés y Los Pintanos. O.- Término de Artieda.
N.- CHE, Yesa. E.- Sotillo Alto y Bajo. S.- UP 213, Corraliza de Vidiella, y UP 211, Corraliza del Lugar. O.- CHE.
N.- CHE, Yesa. E.- UP 210, Corraliza de cercito y UP 213, C. de Vidiella. S.- UP 214, Opaco y sus falderas. O.- Propiedades particuales.
N.- CHE, Yesa. E.- Propiedades particulares, CHE Yesa. S.- Propiedades particulares y UP 215, Sierra y Monte Alto. O.- Undués de Lerda.
N.- Corraliza de Cercito y CHE. E.- UP 223, Pardina de Rionda. S.- UP 214, Opaco y sus falderas. O.- UP 211, Corraliza del Lugar.
N.- UP 213, Corral de Vidiella y algunas fincas CHE. E.- UP 223, Pardina de Rionda, y UP 234, S. de Solano. S.- S de Solano y Sierra o Monte Alto. O.- Varios.
N.- UP 212, Corral de Vallés, p. particulares, UP 211, C. del Lugar, UP 214, Opaco y sus falderas. E.- UP 214. S.- UP 235, Val Valiciella. O.- Undués de Lerda.
N.- Navarra, Burgui. E.- UP 220, Huyerma. S.- Propiedades particulares. O.- Río Esca y propiedades particulares.
N.- Navarra, Burgui. E.- Río Esca. S.- UP 221, Moncín. O.- Navarra, Castillo Nuevo-Navascués.
N- Navarra, Garde.- E.- Término de Fago, UP 197, Gabarri. S.- UP 220, Huyerma. O.- UP 220 Huyerma y Navarra, Burgui.
N.- Navarra. E.- UP 219, Gabarri y propiedades particulares. S.- Propiedades particulares. O.- UP 217, Bardipeña y propiedades particulares.
N.- UP 218, Belbún. E.- Río Esca. S.- Término de Sigüés. O.- Navarra, Castillo Nuevo.
N.- Barranco de Gabarri. E.- UP 198, Anisal y Valbuena. S.- Sigüés. O.- Río Esca.
N.- Máximo embalse de Yesa. E.- propiedades particulares y UP 179, Opaco cerrado y abierto. S.- UP 234, S. de Solano. O.- UP 214 y 213 y p. particulares
N. E. y O.- Propiedades particulares. S.- Río Aragón.
N.- Navarra, Romanzado y Castillo Nuevo. E.- UP 188, Plana Mayor. S.- CHE. O.- Navarra, Yesa.
N.- Navarra, Sangüesa, y CHE. E.- CHE y UP 446, Cabaña Marco. S.- Monte común de Undués de Lerda y p. particulares. O.- Monte Común Undués de Lerda.
N.- UP 214, Opaco y sus falderas, UP 233, Pardina de Rionda. E.- Samitier. S.- P. particulares y Samitier. 0.- UP 214, Opaco y sus falderas.
N.- UP 434, Riberas del Aragón, Sigüés y Berdún. E.- Riberas del Aragón, Berdún. S.- Monte comunal y p. particulares de Mianos. O.- UP 433, Riberas del Aragón.
N.- CHE, monte Z-3172 Tiermas. E.- Común de Undués de Lerda y p. particulares. S.- Común de Undués de Lerda y p. particulares. O.- UP 231, Alto de Sta. Cruz.
N.- Río Aragón, Sigüés. E.- Mianos, UP 441. S.- Terraplén río Aragón y p. particulares Vega de Artieda. O.- Puente carretera Pte. La Reina-Pamplona.
N.- Terraplésn río Aragón. E.- Río Veral. S.- Mianos, Artieda y río Aragón. O.- Puente sobre el río Aragón.

Otros espacios protegidos contiguos o próximos

En Aragón, fuera de nuestro ámbito geográfico, se han ido declarando diversos espacios naturales próximos a la Alta Zaragoza. En el año 2006 y tras un largo proceso de participación pública para la elaboración previa de un Plan de Ordenación de los Recursos Naturales (PORN) se aprobará el Parque Natural de los Valles Occidentales, en la esquina más noroccidental de la comunidad autónoma, con 27.073 hectáreas de superficie protegida.

Más al sur, en las sierras prepirenaicas de La Jacetania, se declara en el año 2007 el Paisaje Protegido de San Juan de la Peña y Monte Oroel –cuyo antecedente menor hay que buscarlo en la pionera figura del Sitio Natural de Interés Nacional de San Juan de la Peña, implantada en el año 1920–, con 9.513 hectáreas actuales, siendo parte del mismo un Parque Cultural. Tres años más tarde, en el 2010, se crea el Paisaje Protegido de las Fozes de Fago y de Biniés, repartido en dos sectores fluviales de 1.158 y 1.282 hectareas.

Muy cerca, en Navarra, también encontramos más espacios naturales protegidos, casi todos ellos Reservas Naturales como las de Acantilados y Piedra de San Adrián –en la Sierra de Leire–, las Foces de Arbayún, de Benasa, de Burgui, de Lumbier y de Ugarrón... a las que se añaden el Enclave Natural de Soto de Campo Allende, y más al norte –en el Alto Pirineo y el valle de Roncal–, las Reservas Integrales de Aztaparreta y de Ukerdi –junto a la Reserva Natural de Larra–.

A todo ello se les van a sumar otros espacios próximos de la Red Natura 2000, LICs y ZEPAs cercanas, como Los Valles Sur, Río Veral, Sierras de Santo Domingo y Caballera... o, ya en la Comunidad Foral de Navarra los espacios de interés comunitario del tramo medio del río Aragón, los ríos Eská y Biniés, la Sierra de Leire-Foz de Arbayún, la Sierra de Illón-Foz de Burgui o la Sierra de San Miguel.

Nos referimos a espacios naturales protegidos periféricos, todos ellos abordados con más detalle en el capítulo "Otros espacios próximos, de interés natural y cultural a visitar" que incluye este libro y en los que no sólo se valora que sean lugares poco transformados por la explotación u ocupación humana sino que también son enclaves en los que se ensalza emblemáticamente la vinculación del ser humano con la conservación y el disfrute de la montaña.

Año 1976, Ruesta: caminando por esa "punta de flecha" de la provincia

Emilio Pérez Bujarrabal
Ingeniero de Montes ya jubilado que trabajó en esta zona
entre los años 1966 y 1969

Uno de los lugares menos conocido o valorado, y de gran interés por sus construcciones y por su paisaje, es ese extremo de la provincia de Zaragoza, que como punta de flecha sin retorno se nos escapa hacia el norte.

Su topografía accidentada y clima duro, como anuncio del cercano Pirineo resume, entre otras circunstancias, su situación deprimida.

Región casi olvidada en el mapa de isocronas de la provincia desde la capital, nos atrae y nos agrada, posiblemente por la dificultad de alcanzarla. Su vegetación, sus cielos barridos o nubosos, su paisaje, su lluvia, sus pueblos, su luz, merecen visitarlos; tan aragoneses y tan distintos a los que encontramos en otros itinerarios provinciales. Conocerlos sin prisa, con pausa, sin reloj, con tiempo, no de ser sino de estar, olvidándonos de nuestro ritmo urbano polucionado y sin sosiego. Recorramos sus montes, sus caminos, sus pinares, sus villas, bajo un limpio sol o empapados por su monótona e insistente lluvia.

Hoy he recorrido una vez más el pueblo de Ruesta, sus callejas, sus pequeñas plazas, sus casas apretadas, medianil contra medianil, en actitud defensiva. Sobrecoge el ánimo recorrer y perderse por los vericuetos urbanos de estos pueblos abandonados. Sus ventanas y puertas con los quicios bloqueados, como bocas y órbitas atónitas, vacías, sorprendidas al ver marchar sus pobladores.

Año 1976, Ruesta. Aleros y balcones.

Fogariles colgados sobre los muros, aleros de lajas de piedra, sobre los tejados grandes chimeneas, circulares, troncocónicas, que nos recuerdan ya a las del Alto Aragón, balcones con balaustradas de madera y patios empedrados. Nos adentramos silenciosos: empujamos una puerta de madera partida en dos, respetuosos entramos en un zaguán, a la izquierda una pequeña habitación con un hogar, en ella una sencilla escalera de madera sube a las habitaciones-vivienda del primer piso; al fondo a la derecha una puerta da paso a las dependencias del ganado, pesebres donde atar las caballerías, pajar con dos pisos, cochiqueras... todo muy unido, muy junto, es un país frío donde no hay que perder calorías y hay que bajar a medianoche a dar una ojeada al ganado.

Enfrente, en la lejanía, sobre una meseta de laderas grises arañadas, queda Tiermas. Hermanadas en la soledad, en el olvido, en el abandono. Las poblaciones de Ruesta y Tiermas, hermanas en su vigilia sobre el río Aragón, hermanas en el reflejo de sus aguas.

El silencio que se vive entre sus muros y callejas hace enmudecer, impresiona y ensordece a la vez. Se diría que queda aún como reliquia y unción el calor de los últimos habitantes impregnando sus paredes, sus huecos, el empedrado de sus suelos, las dovelas de sus puertas, algunas mutiladas, unas por recuerdo y otras por botín.

"Las casas las mantiene el humo", esta máxima escrita ya en algún lugar se vive en todos estos pueblos. Humo que hizo toser a la anciana, llorar al niño, humo que secó los peales del hombre de la casa al regreso del monte, humo que curó matanzas y que en su ausencia todo se va desmoronando.

¿No podría buscarse una solución para conservar estas muestras de la arquitectura urbana popular? Comprendemos que mantener o restaurar estas poblaciones es costoso, pero debía estudiarse el mantener una calle, la iglesia, algunas casas... Mejoradas ¿no podrían utilizarse con fines turísticos?

Busquemos al menos entre todos alguna fórmula, mejorando la vida de sus habitantes para que los pequeños pueblos que aún tienen vida en aquella región no sean un día montones de escombros, muros derruidos donde las lagartijas tomen el sol del otoño, aniden las lechuzas o las comadrejas busquen su cobijo.

Extracto del artículo publicado en la revista "Aragón, turístico y monumental", número 307, del mes de enero del año 1976.

EL PANTANO DE YESA. SU RECRECIMIENTO

Una de las causas de desaparición y alteración de los hábitats ribereños es la construcción de presas en sus cursos de agua olvidando que los ríos y su área periférica se encuentran entre los ecosistemas más productivos del mundo, y que son albergue y generadores de vida como ningún otro medio natural, muy por encima de los de su entorno circundante.

España, que tiene el "mérito" de ser uno de los países con más presas por kilómetro cuadrado, ha perdido bajo las aguas embalsadas muchos kilómetros de bosques de ribera, de tierras fértiles, de corredores naturales para la biodiversidad… ya que la regulación de caudales conlleva graves modificaciones ecológicas en el paisaje, en las comunidades de macroinvertebrados, de las aves, en la migración de los peces, entre los mamíferos acuáticos… amén de las de la transformación y destrucción de la vegetación de ribera o de la reducción de caudales aguas abajo, donde se invierten los regímenes ecológicos –ya que el agua embalsada para riego corre en verano y sin embargo se retiene en la época en que debería de tener sus máximos anuales–, modificando también los ciclos naturales de avenidas e inundaciones propios de las llanuras aluviales en las que se asientan los sotos o bosques riparios, trastocando así de este modo gravemente las condiciones necesarias para la supervivencia de estos bellos ambientes lineales siempre asociados al agua de los ríos.

Se calcula que en la vertiente meridional del Pirineo se almacenan ya unos 5.000 Hm3 de agua, lo que le convierte a esta parte de la cordillera en un gran grifo para el desarrollo socioeconómico de la tierra llana… pero donde los embalses de los años 50 –Mediano, El Grado, Yesa, Lanuza, etc.– contribuyeron al éxodo masivo y a la desvertebración de la economía tradicional de los pueblos de la montaña. Son embalses que han dejado una profunda huella en el paisaje y en los miles de personas que se han visto y se ven obligados a abandonar sus pueblos. Un futuro que desgraciadamente aún les aguarda a nuevos afectados por estas grandes obras hidráulicas.

En la Alta Zaragoza hay que destacar lo que fue la construcción del embalse de Yesa. Este pantano primeramente se proyectó en el año 1902 dentro del Plan Nacional de Obras Hidráulicas aprobado por un Real Decreto en el que se contemplaba un complejo hidráulico que estaría conformado por los Canales de Bardenas de Yesa, de la Foz de Biniés, de la foz de Salvatierra de Esca y de Usún (Arbayún), cada uno de ellos con un pantano. Pero este proyecto inicial se modificará en 1926 con otra Real Orden que plantea una única presa en el pueblo de Yesa, y para la cual en 1928 se acometen las primeras obras de cimentación, las cuales pronto deberán ser reformuladas al aparecer problemas en el asentamiento del estribo derecho. Es en 1929, con Primo de Rivera, cuando se prosigue con las primeras tasaciones y expropiaciones. Pero durante la Guerra Civil el proyecto de obras estuvo paralizado y habría que esperar a 1945 para reanudar dichos trabajos dirigidos por el ingeniero René Petit, quien constata diversos problemas y adecua el proyecto a una dimensión prudente.

Definitivamente, la primera presa de Yesa fue inaugurada en el año 1959 por el dictador Francisco Franco, inundando 2.500 hectáreas de las mejores tierras del río Aragón, expropiando cerca de 10.000 hectáreas y sumergiendo a esta zona geográfica en una lenta agonía. Lo que hoy contemplamos y que se ha dado en llamar "el Mar de los Pirineos" es un gran pantano de 447 hectómetros cúbicos y 2.098 hectáreas de superficie, ubicado en la comarca aragonesa de La Jacetania, pero cuya pared –de 76 m de altura– se levanta en el término de Yesa, en la merindad navarra de Sangüesa. Hablamos de una gran presa de gravedad a base de hormigón que no solo ocasionó una transformación del paisaje natural sino que también propició el abandono de muchas personas nativas, pues dejó a 1.500 habitantes sin casa, ni pueblo, ni tierras de cultivo. De los 2.727 habitantes se bajó rápidamente a la cifra de 717. Todo el mundo recuerda que lo que queda bajo las aguas del pantano de Yesa fue hasta hace unas décadas un valle rico, pero que desde que se construyó el pantano la prosperidad de casi todo este entorno ha brillado por su ausencia, hasta terminar de generar un desierto humano. Los pocos habitantes que no quisieron marcharse y que resistieron en los pueblos de Tiermas –en lo alto de una colina–, de Esco y de Ruesta, finalmente fueron abandonando paulatinamente su lugar de nacimiento hasta los años 80 debido a la falta de recursos y de tierras que cultivar. Algunos vecinos incluso marcharon con el agua entrando en sus casas, cuando con motivo de unas fuertes tormentas la Confederación Hidrográfica del Ebro realizó un llenado acelerado. La vida de la comarca se truncó y en el entorno se generó una profunda sensación de impotencia y desánimo.

Según la visión de la Nueva Cultura del Agua, la política hidráulica actual ha recuperado de nuevo ese ímpetu constructor del pasado, pero ahora con menos justificación para el moderno siglo XXI tal y como ya se ha visto en Jánovas –descartado por una Declaración de Impacto Ambiental negativa– o en Itoiz –donde se ha dilapidado mucho dinero público en obras ilegales–. Y tal y como se aprecia en los proyectos vigentes de Biscarrués –río Gállego– o del recrecimiento de la presa actual de Yesa… todo ello en esta región de España donde el agua sigue siendo religión y fuente de conflicto a la vez,

Carga policial contra los opositores al recrecimiento de Yesa.

entre quienes quieren el agua para regar en la tierra llana y poder competir en Europa a través del desarrollo agrario, y entre quienes van a seguir soportando las afecciones de este tipo de obras que anegan pueblos y valles enteros en nombre del progreso. Alfredo Ollero, profesor de Geografía de la Universidad de Zaragoza dice que las minorías de la montaña, tradicionalmente avasalladas, deben ser escuchadas y que exigen respeto y compensaciones, por lo que se pregunta: "¿Son necesarios tantos embalses? ¿Responden a una mejora del regadío o al interés de grandes empresas eléctricas y constructoras? ¿Están justificados como para seguir destruyendo el patrimonio ambiental del Pirineo?".

El nuevo macroproyecto de recrecimiento de Yesa, proyectado en los años 80 e iniciado en el año 2001 para abastecer de agua de boca a la ciudad de Zaragoza y para satisfacer la demanda de los nuevos regadíos de Bardenas y de Cinco Villas, prevé en la actualidad una altura de presa de 104 m, para retener una capacidad de agua tres veces mayor –de 1.079 Hm3 y del doble de superficie, 4.084 ha–, lo cual ha estado a punto de inundar el pueblo de Sigüés –"salvado" por la solución de un muro de hormigón–. Un proyecto que destruirá físicamente 22 km del ramal derecho del Camino de Santiago a su paso por Aragón –pese a ser Patrimonio de la Humanidad de la Unesco desde el año 1993–, que anegará parte de uno de los mejores sotos de sauces y álamos del Pirineo, que ha conllevado desgajar el suelo con canteras en las sierras y con extracciones de áridos... o que ha obligado al sobredimensionamiento de la carretera de Jaca a Pamplona. El agua embalsada llegará en un futuro próximo hasta casi la misma entrada de la Foz de Sigüés, paisaje emblemático protegido de este entorno natural.

La Asociación Río Aragón y el ayuntamiento de Artieda, junto al apoyo de los grupos ecologistas y de investigadores independientes, argumentan que esta gran obra del recrecimiento es sospechosa de ser peligrosa debido a la aparición de numerosas grietas, de hasta 5 metros de profundidad que han evidenciado corrimientos de tierra, haciendo desaparecer el camino de grava que realizaron los constructores para el paso de camiones, y que en el año 2013 obligó al desalojo de la urbanización próxima de "Lasaitasuna" (La Tranquilidad) –con 84 viviendas– y también la de "El Mirador de Yesa" –con 19 viviendas que ya fueron reconstruidas con dinero público en 2003–.

Yesa se ubica en una falla geológica y en un territorio con cierta incidencia de movimientos sísmicos. "Existe un riesgo para las personas de aguas abajo, debido a los deslizamientos y filtraciones de la ladera derecha sobre la que está anclada la presa", dice Miguel Solana, presidente de la Asociación Río Aragón: "La propia Naturaleza, contraviniendo lo que decía la documentación oficial del proyecto, demostró en 2006 y 2012 con fuertes deslizamientos que la cerrada de Yesa es altamente inestable. Se ratificaba así lo que ya anunció en su momento el constructor del actual embalse, René Petit, que se opuso a que allí se almacenara más agua a la vista de los problemas que ya tuvieron en aquella construcción", tema sobre el que se rodó un documental divulgativo llamado "Los malos sueños de René Petit" en el que el profesor de Geología de la Universidad de Zaragoza, Antonio Casas, expone la inseguridad que se vive en esta comarca. El referido ingeniero Petit ya se opuso a hacer un embalse mayor, como se le exigía, porque más allá de la cota actual los problemas crecían exponencialmente. Y lo cierto es que hoy las laderas se siguen moviendo. Por eso en Sangüesa, río abajo, ha surgido una nueva plataforma ciudadana, Yesa + No, ante los riesgos de rotura de la presa que podrían desencadenar que esta localidad navarra quedara inundada en un 80% por 25 m de agua en tan solo 20 minutos, tal y como apuntan prestigiosos geólogos independientes que han advertido de consecuencias nefastas.

Los detractores del recrecimiento de Yesa proponen alternativas al proyecto que se basan en la modernización de los obsoletos sistemas de riego de las zonas beneficiadas, en un mayor control del gasto de agua mediante contadores, en la construcción de pequeños embalses aguas abajo del actual pantano… e incluso han llegado a solicitar que suban la altura de la presa para darle consistencia y estabilidad, pero sin subir el nivel del agua actual, pues en primer lugar está la seguridad de las personas que viven aguas abajo.

El presupuesto inicial de la obra para el recrecimiento, cifrada en 113 millones de euros, ha pasado a cuadriplicarse en la actualidad, hasta los 460 millones de euros, estando prevista su finalización para el año 2021, a pesar de que el Tribunal de Cuentas en el año 2018 emitió un informe sobre grandes obras públicas en el que dedicaba un párrafo al tema de Yesa, y donde pone de ejemplo la falta de previsión y la mala planificación, y en el que incluso se llega a cuestionar el Interés General de la obra dados los sobrecostes que han ido conllevando las modificaciones de los trabajos del recrecimiento del embalse.

30 años en defensa de los ríos

Miguel Solana Garcés
Presidente de la Asociación Río Aragón-Coagret, de la Coordinadora
de Afectados por Grandes Embalses y Trasvases

La construcción del embalse de Yesa, inaugurado en 1959, supuso un mazazo social, económico y sentimental para la comarca que lo alberga. El proyecto de recrecimiento que pretende llevar su capacidad de los 470 Hm3 hasta los 1.070 Hm3 no hace sino multiplicar aquellos efectos añadiendo otros nuevos. Aquí se han destruido territorios de un enorme potencial para el desarrollo de iniciativas verdaderamente sostenibles y de futuro, basadas en la convivencia con los ríos y en un aprovechamiento racional de sus aguas en los territorios que atraviesan.

No es fácil trasmitir la sensación que producen las expropiaciones para embalses, pero sobre todo produce una sensación desgarradora. Por una parte, es arrebatar el soporte para la economía de muchas familias que, sin él, ven su viabilidad en ese espacio amenazada. Pero además no hemos de perder de vista lo que supone para el imaginario y los sentimientos la desaparición de paisajes y de patrimonio de todo tipo. Su destrucción literal, no hablamos de reconversión en algo que pueda compensar lo perdido, es una puña-

Concentración de afectados contra el embalse de Yesa.

lada que queda de por vida. Para más *"inri"* la periodicidad de los embalses y desembalses hace aflorar las ruinas de lo que hubo como si fueran fantasmas que recuerdan el pasado. Muchos de los que abandonaron los pueblos con Yesa tuvieron siempre en el imaginario su pueblo (Tiermas, Ruesta o Esco) en mayor medida que el que los acogió, y bastantes de ellos hicieron que a la muerte sus restos fueran enterrados en los viejos y muchas veces semiabandonados cementerios. Es una prueba del dolor causado por su desplazamiento forzoso.

Yo nunca he entendido la Ley de Expropiaciones. Hay demasiados valores intangibles e impagables tras lo que inunda un embalse. ¿Cuánto vale la huerta que ha alimentado a generaciones o los caminos junto al río, o los sotos…? Es como pretender poner valor al afecto o a la vida.

Todos entendemos que hay que racionalizar el valor de la propiedad privada y que nunca puede estar por encima del bien común o anular una declaración de interés general. Pero cuando el bien a impulsar no es tan común como se dice, la declaración de interés general adolece de razones bien fundamentadas y se basa en el simple deseo de quien ostenta una mayoría política. Cuando, además, hay alternativas más racionales y sensatas, a lo que en realidad se asiste es a un proceso de expolio y colonización del débil por parte del fuerte. Y ello es profundamente injusto y, en parte, explica la contundencia y continuidad en el tiempo de la oposición a proyectos como el recrecimiento de Yesa.

Es lamentable no poder dedicar todas las energías a impulsar las potencialidades de un territorio sino a luchar contra su destrucción. Son años y años que terminan marcando una impronta en los pueblos y sus vecinos. Una impronta que muchas veces queda definida por el tesón, la creatividad, la solidaridad… y que se termina pasando de padres a hijos. Pero otras veces esta dinámica genera pesimismo, frustración y resignación. De ambas cosas puede observarse cuando se analizan los más de 30 años que arrastra el proyecto de recrecimiento de Yesa.

EL IMPACTO DE LA AUTOVÍA JACA-PAMPLONA

En la ciudad de Jaca se ha hablado mucho de la afección de la variante norte que unirá la autovía Jaca-Pamplona (A-21) y Jaca-Huesca (A-23)… pero ¿quién habla del impacto paisajístico y ambiental de esta gran vía de comunicación, la A-21, que irrumpe en el valioso espacio natural que es la Alta Zaragoza?

La "autovía de los Pirineos" que va a terminar de unir los importantes núcleos de Pamplona, Jaca y Huesca, y que se presenta como una alternativa rápida al corredor del Ebro, discurre al norte del embalse de Yesa y el río Aragón por debajo de las sierras de Leire y de Orba, en un terreno accidentado y vulnerable en el que se acompaña de elevados viaductos –como el de Sigüés, sobre el río Esca–, túneles, vallados a ambos lados y una ancha calzada asfaltada. Pese a que entre las medidas de corrección medioambiental se ha tratado de integrar paisajísticamente dicha megaobra –pues se han revegetado taludes, se han diseñado pasos para la fauna silvestre, se han realizado prospecciones arqueológicas y se ha contado con un plan de vigilancia ambiental–, la gran cicatriz de la vía rodada en el paisaje prepirenaico es evidente, muy visual y difícil de disimular.

Toda autovía conlleva severos daños irreversibles en el paisaje, contaminación acústica, polución de emisiones atmosféricas, tráfico pesado y de mercancías peligrosas, corte de las vías de migración de animales salvajes, corte de grandes taludes y su consiguiente erosión… ¿En que beneficia esta gran inversión de dinero público a Artieda, a Sigüés o a Mianos, más allá de unos minutos menos de viaje? ¿Qué medidas compensatorias económicas y ambientales ha recibido este territorio, estos municipios? Ya en el año 2001 la Fundación Ecología y Desarrollo mostró su desacuerdo con la obra, señalando en un informe técnico que los técnicos de obras públicas solo consideran realmente necesaria una autovía cuando el tráfico diario supera los 7.000 vehículos de IMD (Intensidad Media Diaria), mientras que por la carretera entre Puente la Reina y Sangüesa tan solo pasan 1.247 vehículos. También apuntaron que solo se conseguiría ahorrar 20 minutos en el trayecto Huesca-Pamplona a costa de una inversión desmesurada de 120.000 millones de euros, ya que al haberse elegido un trazado montañoso su coste cuadruplica el de un itinerario más llano. No dejaron de avisar también del incremento de accidentes que podría suponer la mayor velocidad en una vía con fuertes pendientes. Pero el informe iba más allá y decía: "Por otra parte, su trazado entre Sabiñánigo y Jaca, y por la Canal de Berdún ocupa las mejores tierras agrícolas de la zona, un bien escaso en la

La autovía a su paso por Leire.

montaña y cuyo mantenimiento en cultivo constituye un importante activo ecológico", advirtiendo que la autovía tendría consecuencias negativas para los valles del Aragón y de Tena dado que provocaría una concentración masiva de automóviles que arrastraría a una ampliación de las zonas de aparcamiento de las estaciones de esquí, con el consiguiente aterrazamiento de laderas, y entubamiento de ríos y torrentes en el alto Pirineo. Desde la Fundación Ecología y Desarrollo propusieron, sin efecto alguno en las instancias políticas, otras alternativas y soluciones como la mejora de carreteras ya construidas y el fomento del ferrocarril.

LA MINA DE UNDUÉS DE LERDA

Desde el año 2015 planea sobre la orilla izquierda del pantano de Yesa otro proyecto de cuestionado daño ambiental que es "Mina Muga", una mina de potasa subterránea planteada por la empresa Geoalcali –filial de la multinacional australiana Highfield Resources– sobre 2.400 hectáreas de los términos municipales de Urriés y Undués de Lerda –en la provincia de Zaragoza, donde irán las dos bocaminas–, y de Sangüesa y Javier –en la parte de Navarra–, la cual pese a haber contado con opiniones encontradas entre vecinos, alcaldes, ecologistas, geólogos y otros expertos, y pese a recibir más de 400 alegaciones en el proceso de información pública, obtuvo finalmente en junio de 2019 una Declaración de Impacto Ambiental positiva –es decir, favorable–, por parte del Ministerio para la Transición Ecológica, la cual está condicionada a una serie de medidas preventivas y correctoras, así como a un plan de vigilancia ambiental que dé garantías de ejecución con el fin de minimizar los riesgos o daños a los ecosistemas naturales de esta zona situada a tan solo un kilómetro del embalse.

Para llegar a esta situación, la promotora Geoalcali ha tenido que subsanar diversas deficiencias técnicas y ambientales, lo cual no impide que siga suscitando dudas, no solo dada su agresividad en el medio natural sino también debido a los posibles riesgos de los que ya han advertido informes del Instituto Geológico y Minero de España, la Confederación Hidrográfica del Ebro o el Instituto Geográfico Nacional.

Se ha informado que Mina Muga empezará su actividad en el año 2022, y que producirá hasta 500.000 toneladas anuales de potasa durante la primera fase de desarrollo del proyecto hasta llegar al millón de toneladas anuales durante la segunda fase. Y que se contempla una inversión total del entorno de los 540 millones de euros, 340 para la primera fase y 199 para la segunda. Una cuenta rápida nos indica que más de 4 millones de toneladas anuales serán inertes, de los que habitualmente quedan almacenados en una gran montaña en este tipo de explotaciones, y que la empresa asegura que servirán para rellenar los huecos mineros y galerías subterráneas durante los 30 años previstos de la explotación de este yacimiento mineral que se va a emplear como fertilizante para la tierra.

Los pueblos afectados se han unido de nuevo en una Plataforma Unitaria contra las Minas de Posada en la Val d'Onsella y la Sierra del Perdón, al entender que estos proyectos extractivos generan contaminación por salinización de acuíferos, conllevan impacto visual y acústico con el tránsito de cientos de vehículos pesados que están proyectados en una zona sísmica muy cerca de la presa de Yesa, y que también ponen en peligro –una vez más– el patrimonio, los ecosistemas y los valores culturales de un entorno que debería ser cuidado y respetado. Los promotores defienden, por contra, que es "un proyecto sostenible de futuro para Aragón y Navarra" que generará 800 empleos.

OTROS IMPACTOS EN ESTA "TIERRA DE NADIE"

Pero no podemos obviar que existen otras afecciones ambientales, otros problemas que en mayor o menor medida inciden en la merma del patrimonio natural de esta "tierra de nadie".

En el año 2011 la decana revista naturalista "Quercus" publicaba la noticia de que una cantera de piedra caliza en el paraje de Fociella –en el término de Sigüés, muy cerca de Asso-Veral– ponía en duda la validez de las garantías proteccionistas de la Red Natura 2000 puesto que las obras habían comenzado en la Sierra de Orba, catalogada como LIC y como ZEPA, y situada en las proximidades de áreas de cría de aves en peligro como el quebrantahuesos y el alimoche. Felizmente, el proyecto que en un principio había sido autorizado por el Gobierno de Aragón, no siguió adelante.

Pero, en mayor o menor medida, nuestro territorio sigue perdiendo salud ecológica por otros "problemillas" ambientales añadidos a los antes mencionados como pueden ser la extracción de áridos, la tala de arbolado –como ha sucedido en el arrasado Soto Casqueta, junto a la Venta Carrica–, los incendios forestales y las quemas ilegales, la concentración parcelaria en terrenos agrícolas de Canal de Berdún, las plagas y la llegada de especies invasoras exóticas, el uso de herbicidas y productos fitosanitarios, la merma en el caudal de los ríos, la amenaza de nuevos proyectos de instalación de parques eólicos, las plantaciones industriales de chopos híbridos en zonas de ribera –sustituyendo a lo que debería ser el soto natural–, los vertidos urbanos sin depurar tanto en la zona como en la comarca en

Cantera de gravas en el soto Casquetas, Sigüés.

época de verano con alta carga turística que rebajan el buen estado de los ríos que preconiza la Directiva Marco del Agua… y, por supuesto, el golpe del cambio climático: esa crisis global que nos advierte que Tierra no hay más que una, que este planeta es nuestra única casa, y que debemos cuidarla desde nuestro ámbito local, con el buen hacer de cada día que pasa.

Ilustración de la cabeza de un quebrantahuesos.

Oteando desde Artieda la crisis climática

Guillermo Prudencio Vergara

Periodista especializado en temas ambientales, ha vivido en Artieda
y ha trabajado en el equipo de comunicación de WWF-España en Madrid

En el Pirineo no hace falta creer en el cambio climático, basta con verlo. La dramática desaparición de los glaciares es el ejemplo más patente, con esas fotos en sepia de los primeros pirineístas asomándose a gigantes grietas de hielo en el Aneto o el Monte Perdido, allí donde ahora casi aflora la roca.

También se puede preguntar a los mayores. Hablando al pie de su huerta con Cándido, el último panadero de Artieda, me contaba que en las mañanas de invierno ya tan apenas nos despertamos hoy con las rosadas –las fuertes heladas– sobre la tierra, o de pronto cae una ya bien entrada la primavera que arruina el cultivo. Y la lluvia, que es cada vez más esquiva, más caprichosa.

La belleza y la amplitud del paisaje fue lo que más me impresionó al llegar a Artieda. Se ven desde los montes del valle de Echo hasta las cumbres de Ordesa, pues se trata de un promontorio privilegiado al pie de los Pirineos. Estamos en la zona de transición entre el ecosistema alpino y atlántico y los ambientes mediterráneos, y este territorio de media montaña es precisamente uno de los más vulnerables a la crisis climática.

Sequía, suelos cuarteados en el lecho del embalse de Yesa.

Más allá de las fotos y de la memoria colectiva, son reveladores los informes del Observatorio Pirenaico de Cambio Climático, un esfuerzo común de científicos a ambos lados de la cordillera para evaluar los impactos: por ejemplo, de 1950 a 2010 se ha constatado "un descenso significativo" del agua que baja por los ríos pirenaicos en un 50% de las estaciones de medición. Además, las crecidas de mayo –los llamados "mayencos"– se adelantan más, y los periodos secos son cada vez más largos.

En el río Aragón, el que baña Artieda, un estudio liderado por el Instituto Pirenaico de Ecología (CSIC) predijo que a mediados de este siglo sus caudales anuales serán un 29,6% menores que en la actualidad.

Los científicos nos avisan de que tenemos que adaptarnos ya, para ser así más resilientes ante un futuro cada vez más seco. Pero la Administración va en sentido contrario, apostando por aumentar los regadíos con obras como el recrecimiento de Yesa, un proyecto doloroso e inútil que inundaría las mejores tierras de Artieda. El cambio climático parecía algo lejano, pero ya está aquí. ¿Cambiaremos de rumbo antes de que sea tarde?

Vista de Yesa y Sigüés desde la Sierra de Orba.

"A Zaragoza me voy
A caballo en la almadía
Y en el Puente de Piedra
Está esperando mi chiquilla"

Canto de trabajo.
Jota de Sigüés

Niños del colegio público de Salvatierra de Esca en 2020.

TESTIMONIOS

Diversas voces nos aportan una visión de conjunto de cómo es la Alta Zaragoza, de qué pasa, qué sucede, qué se vive y qué se siente. Personas que nos hablan del embalse, de la vida de antaño, que manifiestan sus ilusiones y proyectos de futuro, pero también se emocionan al hablar del río, de un bello camino… o que nos cuentan viejas historias de lobos.

Una maestra, un pastor, un antiguo habitante de un pueblo abandonado forzosamente, un almadiero, un emprendedor, un alcalde, un turista, una mujer que llegó como forestala… y, como siempre, la guinda sobre estos testimonios nos la aporta la mirada limpia e inocente de los niños de la zona –en este caso de Salvatierra de Esca y de la vecina Sangüesa–, todos ellos fascinados por vivir tan cerca del agua de los ríos, rodeados por sierras y montañas.

Les hemos entrevistado, aunque también hemos leído en otras páginas para saber más… e incluso hay quienes nos han dibujado la zona con lápices, ceras o acuarelas para así contarnos, de otra manera distinta, qué nos vamos a encontrar en la Naturaleza de la Alta Zaragoza.

ESTO NOS HAN CONTADO...

Adrián Solana Mayayo. Arturo Erlanz Abad. Baltasar Guallar Atrián.

Adrián Solana Mayayo
Cima Norte, plataforma multimedia sobre los Pirineos que se realiza desde Artieda

Soy uno de esos jóvenes que nació y creció aquí en el pueblo, como muchos jóvenes del medio rural aragonés y me tocó salir a estudiar fuera. En mi caso estudié Periodismo en la Universidad Autónoma de Barcelona y luego pude participar en distintos proyectos en Oriente Medio y en el norte de África. Más tarde me fui a vivir a Sudamérica y estuve dos años viviendo en Chile, y cuando llevaba esos dos años llegó a mis oídos el proyecto de Empenta Artieda. Empiezo a captar y sentir esa ilusión de muchos jóvenes de mi generación del pueblo por volver a impulsar desde aquí nuevos proyectos para seguir dando vida a Artieda y a garantizar un futuro. Así que decido volver y emprender un nuevo proyecto, que para mí era importante que pudiera cumplir tres objetivos vitales: poder vivir en mi pueblo, trabajar de aquello que había estudiado y que me gustaba –que es el periodismo–, y que lo que yo hiciera tuviera un impacto social y medioambiental positivo para el territorio. Y mezclando esos tres objetivos nació Cima Norte, qué es una revista digital de montaña y naturaleza con contenidos de alpinismo, trekking, barranquismo, aguas bravas o escalada, además de cultura, fauna, flora, y dando importancia también a los retos medioambientales que tiene este territorio pirenaico.

Arturo Erlanz Abad
Almadiero, vecino de Burgui (Navarra)

Soy navarro por parte de padre y de madre. Mi abuela era de Ansó. Los primeros que empezaron a hacer el transporte fluvial de la madera, según tengo yo constancia, fueron los chesos y los ansotanos, pero también fueron de los primeros en dejarlo. Los últimos fueron los navarros, concretamente los del valle Roncal, hasta que en el año 1950 se cerró el pantano de Yesa. Para recuperar aquella tradición, en Burgui creamos la Asociación Cultural de Almadieros Navarros. Ya llevamos más de treinta años manteniendo una fiesta anual. En la Alta Zaragoza, Salvatierra y Sigüés, son ribereños del río Esca y almadiaban tanto o más que los roncalenses. En estos dos pueblos aragoneses quedan muy pocos almadieros, con 90 y tantos años. Bajaban la madera hasta aquí, hasta los ataderos, allí se preparaban y cuando había aguas para almadiar se bajaban hasta donde vendían la madera, concretamente a Sangüesa, que era el primer sitio de venta… pues luego estaban Tudela y Zaragoza, que era un puesto importante. Cuando hacían lo que eran las velas, que era bajar los abetos y pinos de 30 metros, los llevaban para mástiles a Tortosa. Hasta Zaragoza les costaba el viaje 6 o 7 días, dependiendo del aire y las circunstancias, hasta Tortosa otros tantos más, 15 o 20 días se les iban, y luego iban vendiendo las maderas donde tenían a los compreros que llamaban ellos. En Burgui siempre hemos estado pegados al río, nos pasábamos el día metidos en sus aguas. De por aquí recuerdo el nombre de Gambra, que fue un contratista terrible y que se hablaba con Pignatelli. Contrataba a todos los almadieros para trabajar, y cuando hicieron el Bocal de Tudela y el Canal Imperial en Zaragoza tenía un renombre muy fuerte.

Baltasar Guayar Atrián
Pastor habitante en Esco

Estamos de pastores de ovejas aquí en Esco mis dos hermanos y yo. Tenemos aproximadamente dos mil y pastoreamos desde Tiermas hasta Miramón. Aquí solo quedamos nosotros. Esco se abandonó por el pantano porque se quitó la huerta, y la gente se fue a Navarra y a Zaragoza. En el año 1959 se cerró y ya la gente se marchó. Mis padres se quedaron aquí y aquí hemos nacido. La escuela la hicimos en Sigüés. Nuestra familia ha visto que el paisaje cambiaba dos veces: primero por el pantano y luego por la carretera. El pantano, estamos en contra, pero el agua es necesaria. La autovía no es cosa buena, con una carretera más pequeña sobraba… y es todo por la nieve, por el turismo. Esta zona de la Alta Zaragoza es una parte que a los turistas no les gusta, aunque sea bonita. Se van a la zona de Ansó o al valle del Roncal. Es malo vivir con mucha gente, pero más duro es vivir solo… por lo menos hablas con los perros y el ganado. Aquí, en el pueblo, para el 1 de mayo montan una fiesta, hacen una misa en la ermita y se hace una comida, viene antigua gente. En el pueblo se hizo una asociación y es tradición celebrar esa fiesta. Aquí no dejan arreglar casas porque las vendieron y ya no dejan repararlas.

Clemente Lorente García. Diego Quesada Villodres. Edurne Ibarbia Landa.

Clemente Lorente García
Vecino de Salvatierra de Esca

Yo sabía los nombres de cientos de montes. Primero fui labrador y bueyero, y a partir de que hice la mili cogimos una finca particular y la sembrábamos… y a partir de entonces comencé a picar madera por los montes, pero siempre por aquí cerca, o por el valle Roncal o el del río Salazar. La de antes era una vida dura. Los trabajos unas veces a jornal y otros a destajo, primero con las sierras y unos cuantos años con los tronzadores hasta que vinieron las motosierras. La primera motosierra que compramos, en el año 1966, pesaba 18 kilos. Toda mi familia estaba ligada a los montes y la madera. De la zona de Belbún sacaban algo de madera y la echaban a la carretera ya que casi no pasaban coches entonces. Había pinos grandes ahí. Pero también había menos bosque porque la gente hacía más leña antes. Aparte de sacar madera, que estuve hasta los 50 años, después me metí a trabajar repoblando y en el vivero de Artieda. También trabajé en la carretera de Tiermas y de Castillo Nuevo. Aquí cogíamos el té, manzanilla en el mes de junio cuando se segaba, tila y cortábamos las ramas que venía gente a comprarla. Cuando hubo aquí soldados, cuando los maquis, cayó una gran nevada y aquellos soldados cortaron rasos casi todos los tilos grandes de la foz. Caían a la carretera y con una galera los traían. Los cortaron con los tronzadores y no dejaron ni uno. Cualquiera les decía que no los cortaran. De caza y pesca la gente cogía truchas, madrillas y codirollos, ahora ya no hay nada. Y de caza había perdices y conejos, las liebres eran buenas. Becadas ha habido, pero pocas. Corzo no había, pero sí jabalíes, pero ciervos hasta ahora no se habían visto hasta hace dos años. Lobos tampoco había. Pero oí una historia de que un cabrero mató a la última loba, la envenenó, pero esto lo sé de oídas ya que aún no había nacido yo. Se contaba que luego él con la piel de la loba iba por las casas y le daban cosas por haber matado al último de la especie. Osos nunca ha habido por Salvatierra, pero más arriba, por el valle de Roncal siempre han pasado. Yo trabajé en la Selva del Rincón: estando nosotros allí, una mañana, había unos pastores con el ganado y se encontraron con una oveja muerta que la había matado el oso, y los rastros del oso los veíamos muchos días –las huellas– pero nosotros nunca vimos al oso.

Diego Quesada Villodres
Creador de la empresa social Senderos de Teja, de Artieda

Nuestra misión es querer mantener los pueblos vivos en zonas sostenibles desarrollando el potencial que tiene el territorio y generando un impacto positivo en la zona. Lo que buscamos es generar negocio para que haya gente que pueda asentarse en estas zonas rurales dando lugar a algo más que aporte al propio territorio. El camino de Santiago francés por Aragón está de capa caída, y creemos que lo único que puede hacer es aumentar ya que a menos no puede ir ya. Nosotros hemos venido a Artieda cuatro personas para gestionar el albergue de peregrinos, y vinimos en un principio para desarrollar el turismo. El impacto positivo es generar lo que ya en Artieda han decidido hacer. La primera idea es la promoción turística con la marca Artieda. También estamos desarrollando un huerto ecológico y un proyecto piloto de frutales de cascabillo –variedad de ciruela típica de aquí–, para luego transformarla en productos locales. Y la tercera línea son los cuidados, es decir, nuestro proyecto "Envejecer en tu pueblo", dedicado a la gente mayor para que no tenga que abandonar su casa y para que a su vez esto genere trabajo aquí. Se trata de una experiencia que ya teníamos anteriormente en Calcena, Trasobares y en otros pueblos de Zaragoza, y que consiste en que la gente mayor de los pueblos –que se siente sola y que agradece mucho la compañía– reciba la visita y la atención de los nuevos pobladores. También estamos trabajando con la red semillas de Aragón, y la idea del huerto es la de poder abastecer al restaurante del albergue con productos ecológicos o de calidad, de Km 0. Hablábamos también de hacer un proyecto de valle entre los cuatro pueblos de esta zona, algo que los una, de organizar unas jornadas de igualdad. Con el tema del turismo también se hizo una propuesta de cambiar y de poner un nombre a estos cuatro pueblos, pues no les gustaba el de Alta Zaragoza y se hizo un concurso para determinar una identidad común.

Edurne Ibarbia Landa
Oficina de Turismo de Sigüés

Abro y atiendo la oficina de turismo de Sigüés durante los tres meses del verano, y tenemos un grupo cerrado de Sigüés en Facebook donde se van contando algunas de las cosas que se van a hacer en el pueblo, fotos antiguas… Organizo visitas turísticas a la iglesia dando una vuelta por el pueblo. El perfil del turista es una persona que está de paso hacia el valle del Roncal o bien gente que está aquí también de paso por la comarca. La mayoría van hacia el Pirineo o Prepirineo navarro, y normalmente no pregunta por zonas de la Alta Zaragoza casi nadie, tan solo se pide información sobre si hay campings, por el pantano de Yesa o por los Baños de Tiermas. No tenemos alojamientos en toda esta zona, únicamente en Artieda donde hay casas rurales y un albergue. En Salvatierra antes había un hostal que lo cerraron. En Sigüés no hay nada. Sin embargo sí que debo destacar la iglesia, el recorrido del pueblo para admirar las chimeneas o algunos paseitos de una hora que están muy bien. Las cuatro casas que aún tienen chimenea son Casa Sánchez, Casa Farrero, Casa Burro –vieja– y Casa García. También está la Casa Palacio de los señores de Pomar y el hospital de peregrinos, ya que están intentando recuperar este ramal del Camino de Santiago que venía por Miramón pasaba por aquí e iba hacia Esco y Tiermas. Como itinerarios turísticos hay rutas para BTT por las sierras de Leyre y de Orba y un sendero por la foz. Somos la única oficina de turismo en muchos kilómetros, ya que las más cercanas están en el valle del Roncal y la Canal de Berdún, amén de Jaca, Hecho o Ansó, que tienen más volumen de gente, claro.

Ignacio Marín Gil. Iker Aramendia Landa. Iñaki Ayerra Arrarás.

Ignacio Marín Gil
Hijo de un forestal, encargado de los viveros de Ruesta

Mi padre Antonio Marín Marín, que era de Aniñón, fue guarda forestal y llegó a Urriés en 1954 para llevar a cabo una serie de trabajos y repoblaciones con el Patrimonio Forestal del Estado. Allí conoció a mi madre, de Casa Andresa y se casaron. Fui el último niño que nació en una casa de Urriés, luego nacieron más niños, pero ya en el hospital de Pamplona. Mi padre desde 1954 hasta 1979 llevó a cabo las repoblaciones de la Val de Onsella y de las laderas del entorno del embalse de Yesa. Su trabajo principal era producir planta en el vivero de Ruesta y llevar a cabo las repoblaciones de los pueblos del entorno. El vivero de Artieda producía coníferas, principalmente pinos –laricios, carrascos, brutia–, y en el vivero de Ruesta frondosas para repoblar las riberas del Aragón y del embalse –álamo blanco, chopo negro, abedules…–, plantas autóctonas. Las repoblaciones las llevaban a cabo las gentes de los pueblos vecinos: de Urriés, Isuerre, Lobera de Onsella, Artieda, Mianos, Sigüés, Salvatierra… La mayoría de las plantaciones se realizaban en la cuenca del río Aragón, desde la Garcipollera hasta el embalse, para así evitar la erosión. Mis recuerdos de la infancia sobrevuelan las ruinas de Ruesta, allí estaba mi sala de juegos. Todos los días iba con mi padre al vivero de Ruesta. Mientras él trabajaba yo me escapaba a jugar entre los muros y las tapias del castillo, hurgaba entre las casas desvencijadas, buscaba tesoros entre los escombros… solo quedaban las sombras. Sobre las ruinas hubo mucho expolio, se llevaban casi todo, hasta las tejas de los tejados.

El ayuntamiento de Urriés ha promovido unas jornadas de convivencia entre las gentes y descendientes de Ruesta. Se realizan charlas y debates sobre la despoblación y el futuro de estos lugares, seguido de una comida popular y de confraternización. En mi vida laboral he continuado las huellas de mi padre, la Naturaleza siempre ha guiado mis pasos.

Iker Aramendia Landa
Yesa + NO, Sangüesa (Navarra)

Hace años formamos la plataforma "Yesa + NO" un grupo de personas que estábamos de la zona de Sangüesa y algún vecino de Pamplona que tiene cierto vínculo con el pueblo. En el río Aragón siempre ha habido un historial de riadas muy grande, lo cual intranquiliza al tener una población como la nuestra en una zona aluvial junto al río –que justo antes se ha juntado con el Irati, y antes con el Salazar y el Erro–. Por este punto pasa toda el agua que llueve desde la Selva de Irati hasta Candanchú. Y con el largo historial de crecidas había cierta relación amor-odio con el río. Hasta que quedó en evidencia el tema del recrecimiento del pantano de Yesa. Las obras y el concepto de embalsar más agua ahí arriba dejaba claro que el proyecto entrañaba un riesgo y se viene trabajando esa idea. Muchas veces se vive mal esta sensación de peligro porque las lluvias afectan mucho a la estabilidad de la ladera donde se asienta la presa. Existen muchos informes científicos, y los hay de dos tipos: los que justifican esta gran obra y los que ofrecen una visión con perspectiva indicando que realmente hay un riesgo. Desde el 2004 que empezaron los terremotos en Itoiz, empezamos a ver que existía un peligro y empezamos a mirar al embalse de Yesa, y desde entonces han pasado muchos años siendo complicado vivir con esa idea. En Sangüesa está claro que hay un sentimiento contrario a la obra del recrecimiento de Yesa. El ayuntamiento está también en contra del mismo. E incluso algún pueblo de los alrededores también apoya este rechazo. En Sagüesa se instalaron unas sirenas que avisarían en caso de emergencia porque un estudio demostraba que no se oían las señales existentes en la presa. Pero en caso de alarma, en nuestro pueblo tenemos un tiempo de respuesta de entre 23 y 30 minutos, aunque un estudio muy exhaustivo demostró que no nos daría tiempo a evacuar más allá del 70% de la población. En el caso de que hubiera una rotura en la presa, se produciría una subida del nivel del río de unos 35 metros en 23-30 min. La ladera se sigue moviendo, se desliza a una velocidad de entre 2 y 4 mm al mes. Lo que proponen ahora los técnicos es instalar un intrincado sistema de aparatos de medición que hagan una media… cuando se detectara que la velocidad acumulada máxima de un mes pasara de entre 0,5 y 1,5 mm entonces sería el momento de evacuar Sangüesa de manera preventiva. Es una propuesta. Y ahora mismo, según eso, no deberíamos estar aquí.

Iñaki Ayerra Arrarás
Presidente de la Asociación Cultural La Kukula, de Burgui (Navarra)

Nuestra asociación se creó en el año 2004 y surge de la inquietud de tres personas que queríamos difundir el patrimonio inmaterial entre los vecinos del pueblo recogiendo aspectos relacionados con la historia, la cultura, el patrimonio, la etnografía, la indumentaria… y el folclore tanto de Burgui como de esta parte del valle del Roncal. La celebración del Día de la Almadía ha sido algo que ha influido para que en Burgui se cree un caldo de cultivo que favorezca el voluntariado y para llevar a cabo el proyecto "Burgui, pueblo de los oficios" consistente en la recreación de diferentes oficios tradicionales de la zona, canalizándolo más bien a través de la Asociación de Almadieros Navarros. Lo de La Kukula es un más allá, ya que es como una iniciativa particular de esas tres personas que hemos querido poner sobre el papel y dejar constancia escrita de todos aquellos aspectos sobre la vida pasada del lugar. Una de ellas es Fernando Hualde, conocido también por su implicación en todos lo referente al patrimonio del valle. Y el otro impulsor era –pues falleció hace unos años– Félix Sanz, oriundo de Burgui y profesor, autor de varios libros sobre el pueblo. Los tres hemos querido hacer un boletín trimestral –que se cuelga tanto en la página web, como se reparte en papel a la población– y luego el difundir por las redes sociales distintos mensajes, siempre promoviendo la divulgación y conservación de nuestro patrimonio. Van ya casi sesenta boletines, y de hecho cuando llegamos a los 50 los recopilamos todos en un libro, una forma de darle un poco más de utilidad a todo el gran trabajo que se había hecho.

Javier Samitier García. Jesús Aspurz Sanz. José Miguel García García.

Javier Samitier García
Alcalde de Mianos

Mianos es un municipio pequeño de la provincia. Antiguamente había mucha más gente viviendo de lo que era la agricultura y la ganadería que hoy está en modo intensivo. La ganadería tal y como están las cosas casi se ha perdido, antes era de ovino y caprino y todo el mundo tenía animales. Aquí, viviendo fijos en el pueblo en invierno, igual no llegamos a 20 personas, siendo gente mayor la gran mayoría. Censados estamos unos 30, en el límite para ser reconocidos como municipio propio: una cosa que no queremos perder porque mientras podamos asistir como Ayuntamiento, aunque seamos pocos, aún podremos pelear un poco más por lo nuestro. La población decrece, tenemos un grave problema, y por eso estamos trabajando juntos ahora los cuatro ayuntamientos de la parte de la Alta Zaragoza –Artieda, Sigüés, Salvatierra de Esca y Mianos– por intentar que nueva gente –a ser posible joven– se asiente en el territorio. Uno de los mayores problemas para ello es la falta de vivienda. Apostamos por la Naturaleza, por crear un centro de interpretación de la naturaleza que pudiera ser un foco desde el cual vertebrar el territorio. El tema del turismo también lo queremos desarrollar entre los cuatro pueblos con el Camino de Santiago. A mí me gusta decir que la gente de aquí acogemos muy bien a los visitantes, que somos bastante abiertos.

Jesús Aspurz
Almadiero, vecino de Burgui (Navarra)

Nosotros de niños no conocimos las almadías porque antes se hizo la presa de Yesa, en 1959, por lo que ya por entonces se había acabado la historia del transporte fluvial de troncos y madera. Mi abuelo contaba alguna historia, pero bueno… El viaje por el Esca dependía un poco del río, de sus aguas, del tiempo que hacía… hasta que se enganchaba el río Aragón, y a partir de ahí ya las empalmaban y terminaban de unir. Podían llegar hasta Tortosa, pero si era posible vendían antes la madera en Sagüesa, en Tudela o en Zaragoza. En los pueblos de la ribera se vendía mucha madera. La reciente recuperación de la Fiesta de la Almadía de Burgui la empezamos hacia el año 1992, que fue la primera vez que bajamos de nuevo por el río. Primero se bajó una almadía a la Expo de Sevilla, y luego ya empezamos los jóvenes con los mayores a bajar cada año, para primavera… y hasta hoy. Esos primeros años nos acompañó gente mayor veterana a la que sí que le había tocado remar. Era una fusión de jóvenes y mayores, ya que fueron ellos los que realmente bajaron de chicos, eran digamos los profesionales. En la asociación estamos unos veintitantos socios y en el pueblo hay un museo que explica las técnicas y el mundo almadiero.

José Miguel García García
Andarín, vecino de Salvatierra de Esca

He nacido en Pamplona pero soy de aquí. Mis padres eran de Salvatierra. Las vacaciones las paso en el pueblo contra viento y mujer, ya que ella no es de aquí y no tiene este sentimiento. Me gustan mucho las relaciones con la gente, los amigos, el entorno, etc. Nosotros hemos tenido en casa la centralita de teléfonos, hemos alojado el bar desde los 9 años y conozco a todo el mundo. Toda la gente del pueblo para mi es familia. Me gustan mucho estos montes, a menudo me subo a la Sierra de Orba, a la Virgen de la Peña, a Belbún y entrar a Navarra… y luego a ese hayedo. La Virgen de la Peña tiene algo muy potente, pues allá siempre se ha ido de festivo, es decir, en un día en el que acude todo el pueblo. Es una magia especial. La leyenda de la Virgen dice que se construía bajo la ermita, pero que la Virgen quería que se construyera más arriba, más alto… Pronto los vecinos entendieron que la voluntad de la Virgen era que se construyera allí arriba el santuario, donde ella aparecía Es un mundo emocional. La diferencia entre un pueblo y la ciudad, para mí, es que en la ciudad tengo el sustento y nada más. Pero aquí lo tengo todo.

José Vicente Murillo Sanz. Juana Samitier Ingrau. Luis Solana Garcés.

José Vicente Murillo Sanz
Hijo de antiguos vecinos de Tiermas

Yo quería contar un relato de amor a esta tierra. Mi abuela, Clara Navascués, el día anterior a bajarse a vivir a El Bayo, a las Cinco Villas, cogió una mata de trigo de las que había sembrado en un campo y que aquel año iba a inundar el agua. También cogió tierra de todos los caminos por los que había ido pasando. Y, por voluntad propia, ahora está enterrada con su mata de trigo y la tierra puesta encima. Además, guardó una mitad para mi tío, José Murillo, quien también está enterrado con la mata de trigo y la tierra de sus campos. Ellos nunca olvidaron Tiermas. Mi abuelo sí que está enterrado en Tiermas. Mis tíos también cogieron tierra de la tumba de mi abuelo y se la tiraron por encima. El único mandato de ambos antes de morir fue este: cuando me enterréis, echarme la tierra de Tiermas, de mis caminos… y aquella mata de trigo.

Juana Samitier Ingrau
Panadera de Villarreal de la Canal

La panadería primero fue un molino y la gente de los pueblos de alrededor solía traer el trigo para moler y hacerse los panes ellos mismos. Pedro y Ángeles empezaron a hacer el pan para los demás. Yo he venido de Francia hasta aquí hace unos cuatro años. Nosotros sabíamos que este punto es un referente, que mucha gente acude para comprar el pan, además de las tortas de chichones y las magdalenas. Nuestra especialidad es esa: la torta de chichones o chicharrones, repostería que en cada zona recibe un nombre, pero que es un pan que se hace cuando se deshace la manteca, con los trozos que quedan. Se usa manteca, chichones y un toque de anís. La magdalena se elabora con aceite de oliva. No tenemos panes especiales: el pan integral lo hacemos 100% integral y todos los panes se cuecen en el horno de leña. Aparte de la tienda de venta directa, también abastecemos tres veces por semana a pueblos como Artieda y a Mianos que no tienen horno. También vamos a Berdún, Biniés y Martes. Soy de origen francés, pero mi vinculación con este lugar es porque mi padre es de Villarreal de la Canal y siempre hemos venido de vacaciones, todos los años. Mi padre tiene su casa y yo ahora la mía propia. Hace siete años que estoy viviendo aquí, en Villarreal, y hace cinco que tengo abierta la panadería. Es un privilegio muy grande para mí vivir aquí y para mi hija también. Nos gusta la Naturaleza.

Luis Solana Garcés
Alcalde de Artieda

Nosotros partimos ya de la experiencia de vivir en una comarca muy machacada por el actual embalse de Yesa. Hemos vivido, yo mismo he crecido, con la imagen de los pueblos abandonados, viendo la vega del río Aragón inundada. Nací en el año 1960 cuando el pantano se había inaugurado en 1957, y siempre lo he visto todo así: desde

Artieda tenemos la imagen de los caseríos de Esco y Tiermas –qué están elevados– como si estos pueblos fueran sitios vacíos, un poco fantasmas. Yo creo que esto sí que nos ha marcado. Ciertamente nacimos con esa resignación, pero cuando luego aparece el proyecto de recrecer aún más Yesa, entonces empezamos a preguntarnos por qué otra vez le tocaba a este territorio soportar una obra así. Ya que las consecuencias eran bien claras, las teníamos muy presentes, observando todo lo que había supuesto en el pasado la actual presa de Yesa. Pero recrecer el pantano sería, será, la puntilla para Artieda. El Justicia de Aragón, Emilio Gastón, nos ayudó a entender que proyectos hay muchos… y que nunca se tienen que dar las luchas sociales por perdidas, que tendríamos que luchar para que no se repitiera la misma historia en nuestra comarca. Y a partir de ahí empezamos a entrar en contacto con otros territorios de Aragón que también estaban amenazados por embalses, surgiendo una coordinadora que antes se llamaba COAPE. Juntos estamos hablando del agravio a un territorio, propiciado por la política hidráulica, de un espacio al que le ha tocado ser el pagano de la servidumbre de los embalses. Y pronto surge el lema de "Por la dignidad de la montaña" y se reivindica esa deuda histórica con los valles del Pirineo. Surge así una indignación social cuando se nos impone creer que el futuro solo está en el llano, en otros territorios.

Mariló Val Hernández. Marta Quílez Royo. Pedro Aznárez Pérez.

Mariló Val Hernández
Fue guarda forestal en Sigüés. Hoy es la Coordinadora de Agentes de Protección de la Naturaleza del Gobierno de Aragón en la Comarca de Calatayud

Desde las tierras del Moncayo soriano hasta el Prepirineo en la Alta Zaragoza. Ese fue el viaje hacia mi primer destino como agente forestal hace ya más de treinta años. Así es como llegué a orillas del río Esca, a la entrañable localidad de Sigüés. Tanto Sigüés como las localidades que lo rodean, Artieda, Mianos, Salvatierra… eran y son pequeños pueblos donde la naturaleza tan bella como agreste y dura suponía un duro reto para su habitantes, pero a la vez forjaba una relación única con esas montañas, bosques, prados y ríos. En esa sociedad rural de hace tantos años, era extraña la existencia de una mujer forestala y encima tan joven, en una profesión donde todavía ni se imaginaba su presencia, por lo que en los primeros días se sucedieron las caras de asombro y las anécdotas, como la del día en la que al ir a comprar a la pequeña tienda de Sigüés, las mujeres en corrillo murmuraban: ¿Esta quién es?... Y una de ellas dijo, la "forestala", la mujer del forestal. Rápidamente me volví y dejé claro que no era la mujer del forestal, que "la forestala" era yo. Todas quedaron sorprendidas, pero sin embargo, en los más de diez años que estuve trabajando en esas bellas tierras, sus pueblos y sus gentes me acogieron como a una más, ofreciéndome su ayuda, su cariño y su amistad. Aprendí y me impregné de su forma de vida, de su hablar, de su oficio y del cariño por su tierra, viviendo también su dolor por la pérdida de sus casas, sus tierras y los recuerdos que algunos dejaron bajo las aguas del embalse de Yesa. Fui una de las primeras mujeres en España en ejercer como agente forestal. Con los años nuestra presencia se ha hecho más patente en esta profesión como en tantas otras de nuestra sociedad tradicionalmente asociadas a lo masculino. Pero en mi carrera profesional he aprendido que lejos de ser hombre o mujer, lo más importante ha sido –y es– ser un buen profesional. Siempre que puedo vuelvo a las tierras que me vieron crecer como agente o guarda forestal –ahora llamados Agentes para la Protección de la Naturaleza–, a reencontrarme con sus gentes, a recordar a quienes ya no están y a disfrutar de la naturaleza que tantas veces recorrí: la sierra de Leire, la de Orba, el río Esca, el pantano de Yesa... Yo allí he dejado otra familia.

Marta Quílez Royo
Profesora en el CRA Río Aragón, en Salvatierra de Esca

Soy de Zaragoza y llevo unos diez años de maestra en la zona, pero vivo en Pamplona. Salvatierra de Esca está en un sitio muy remoto, justo en la esquinita de la provincia de Zaragoza que sube hasta aquí arriba. Es un sitio que te deja muy impresionada. Vengo todas las mañanas y veo el amanecer entre las montañas y los pinos... y pienso que soy una privilegiada por trabajar aquí. Eso me ha llevado a repetir destino. Hablamos mucho de la Naturaleza en el colegio, sobre todo durante la primavera para poder hacer excursiones por el entorno. Todos los niños están en contacto con el medio natural a todas horas. Están desde los 3 hasta los 12 años y luego van a Roncal. Damos también educación ambiental con charlas de gente que vienen de fuera, de reciclaje, sobre el contenedor orgánico y nosotros desde el centro promovemos la importancia de cuidar el medio ambiente. También hablamos del cambio climático, de cómo nos afecta.

Pedro Aznárez Pérez
Historiador de Salvatierra y párroco en Ansó

La mayor parte de mi vida he estado en otras partes de España, como Salamanca, pero siempre he querido a mi pueblo mucho y he hecho lo que he podido por él. Fonfría está considerado uno de los monasterios más antiguos de Aragón, pero de él solo quedan ya las paredes de lo que fuera la iglesia. Data de entre el año 850 y 870, y fue una fundación entre un rey de Aragón y el Monasterio de Leire. Estos eran sitios tranquilos, había agua y había tierras fértiles. También hubo junto al monasterio un antiguo poblado que se llamaba Focheco, que junto con otro llamado Obelva dio origen a la fundación de Salvatierra, coincidiendo en el tiempo con las luchas que había entre navarros y aragoneses. Más tarde Obelva desapareció y el rey Pedro II de Aragón fue el que fundó mi pueblo favoreciendo que viniera gente a poblarlo. Yo, cuando estaba lejos de aquí añoraba a la gente y a los campos, en concreto La Nisa donde teníamos un corralillo y donde en verano llevábamos las gallinas. Después de la trilla me tocaba a mí cuidar de ellas. Ahora llevo la zona de Ansó, y los domingos por la tarde vengo a Salvatierra hasta el lunes. La relación con la gente que has conocido toda la vida te hace volver aquí, donde también tenemos el santuario de la Virgen de la Peña y al cual procuro subir las tres veces al año que se va en romería popular.

Ramón Hualde Pérez. Rosa Roca Crespí. Santos Bronte Guallar.

Ramón Hualde Pérez
Fue agricultor y ganadero de Salvatierra de Esca

Nacido en Salvatierra, en Casa del Herrero, mi bisabuelo o tatarabuelo tenían la fragua. Siempre he trabajado el campo y he tenido ovejas, bueyes, machos y yeguas. Entonces se tenían 240 ovejas y las llevábamos a pastar por las fincas y por el monte de la Sierra de la Virgen de la Peña. Dormíamos en casa y teníamos una hora andando. En el campo se cultivaba trigo, avena y centeno, y la gente sembraba muchas lentejas para vivir, además de patatas. Los militares vinieron el año de la nevada tan grande, tenían que ir allí a cortar pinos para hacerse de comer; talaron y quemaron los tilos o tileros que hay yendo a Burgui.

Allí ponían las candelas y hacían la comida. Cuando los rebeldes españoles de la República –los maquis– pasaban de Francia, los engañaban haciendo ver como que les estaban esperando con los brazos abiertos pero llevaban una ametralladora y algunos decían que, por lo menos, me dejen ir hasta tal sitio que está mi madre y después que me maten. En el año 1930 en el barranco la Pedrera se juntaron 4 ó 5 lobos y mataron a un rebaño de ovejas y al perro, el cual llevaba un collar lleno de pinchos, pero aún así lo cogieron y lo mataron.

Rosa Roca Crespí
Psicóloga de Senderos de Teja y promotora del programa Envejece en tu pueblo

Envejecer en tu pueblo surge de nuestra experiencia previa en el Moncayo, en Calcena, donde ya trabajamos con gente mayor de áreas rurales apartadas. Cuando llegamos a Artieda se había iniciado ya el proceso de Empenta Artieda, basado en la participación ciudadana, y donde una de las líneas a desarrollar fue el tema de atención a los ancianos. En Calcena trabajábamos con los mayores pero de una manera más espontánea. Al llegar aquí y saber que el asunto del cuidado a la tercera edad les preocupaba, yo me puse y desarrollé un proyecto, un programa que consistía en dos fases diferenciadas: por una parte una evaluación de lo que había, y en base a ello las actuaciones a llevar a cabo. Así que trabajamos con la alianza tanto público como privada. Como creemos importante en esta zona aislada que haya una alianza entre municipios, decidimos desarrollarlos no sólo en Artieda, sino que nos agrupamos también con Mianos, Sigüés y Salvatierra. Trabajamos principalmente con personas mayores de unos 80 años, además de alguno más joven y otras pocas que tienen necesidades especiales. Atendemos entre los cuatro pueblos a unas 35 personas. Las actuaciones que llevamos a cabo son: en Artieda se hace un comedor intergeneracional los martes y los jueves en colaboración con nuestro albergue. Luego hacemos actividades grupales tanto en Artieda como en Salvatierra. Con la excusa de jugar al guiñote, tratamos de salir de casa y animar a juntarse. En Salvatierra hago dos días grupo, uno hacemos gimnasia desde la silla para las mujeres más mayores y otro hacemos merienda, ya que allí nos juntamos para hablar. Luego realizamos también acompañamientos individuales, tanto dentro como fuera del hogar, porque sabemos que el tema de la soledad está muy vinculado a una sintomatología depresiva.

Santos Bronte Guallar
Antiguo habitante de Esco

Nací en Esco hace 90 años y viví allí hasta la edad de 32, hasta que se llenó el pantano y me tuve que marchar a la ciudad de Zaragoza. Expropiaron la tierra buena, la de la huerta, y por lo tanto ahí ya no teníamos nada que hacer por lo que nos marchamos. Y a los seis o siete años vino la expropiación total, en el año 1965. Nos pagaron las casas, las tierras… el pueblo. Pagaron a lo que quisieron. Pagó el Estado al precio que le dio la gana. Entonces Esco tenía unos 290 habitantes. Tras el pantano mi madre y mis hermanos se marcharon a Argentina. Mi padre había muerto antes, en 1957. De niño empecé la escuela y a los 12 años me fui a servir a Tiermas, pero me escapaba porque no me daban sueldo, trabajaba solo por la comida cuidando ovejas. La vida en Esco antes de 1950 era dura, había que salir a trabajar a donde fuera. Al terminar las faenas de la casa, hacia final de septiembre, nos íbamos a trabajar fuera, a la carretera, al pantano… Mi casa en Esco está totalmente hundida, ya destrozada. Se llamaba Casa Peyón, y era pequeña. Ahora todos los años nos reunimos en Esco el día 1 de mayo, las gentes del pueblo y descendientes desde al menos hace 20 años.

Sara Carte Moriones. Sara Hualde Samitier. Vicente Luquín. Miguel Ángel Pueyo. Víctor Iguacel Ara.

Sara Carte Moriones
Descendiente de Usún (Navarra), al otro lado de la Sierra de Leire

Mi madre era de Usún, al otro lado de la Sierra de Leire, y mi padre de Irurozqui. Mi madre guardaba mucha relación con Aragón porque tenía primas en la zona de cerca de Yesa y en Tiermas, y entonces la gente se relacionaba mucho. Solían ir a todas las fiestas juntos, los primos de un lado a otro. Luego mi madre se fue a vivir a Pamplona con 16 años y pasados cuatros años, con 20, se marchó al País Vasco, a San Sebastián. La casa del pueblo, en Usún, se la quedó un tío mío, un hermano de mi madre soltero. Allí siguió con un poco de ganado y con las tierras. Nosotros veníamos en julio y agosto, dos meses, pero ya solo quedaban dos habitantes en el pueblo, aunque en verano se llenaban todas las casas. Tornaban las familias que habían emigrado a Bilbao, San Sebastián o Pamplona, y solo entonces se llenaba de vida el pueblo. Recuerdo la posibilidad de andar por el monte, por el río, por los campos o de perdernos por la Foz de Arbayún. Sobre todo rememoro la libertad de aquella Naturaleza. Nunca cortamos la relación con el pueblo porque siempre hemos venido en verano. Tiempo después, mi marido y yo, cuando quisimos buscar un sitio en el Pirineo para centrarnos, decidimos que no habría sitio mejor que este, bajo la Sierra de Leire, y fue entonces cuando rehabilitamos una cuadra de la familia para reconstruir una casa con un jardín. Yo siempre pienso que el pueblo tiene una energía positiva, y necesito volver todos los fines de semana para recargar fuerza. Hemos vuelto a elegir este lugar porque aquí en Usún hay de todo cerca, tienes la zona mediterránea y tienes toda la zona atlántica de Navarra.

Sara Hualde Samitier
Presidenta Asociación Cultural Obelva, de Salvatierra de Esca

Represento a la Asociación Recreativa Cultural Obelva, que recoge el primer nombre que tuvo Salvatierra. Había dos municipios, dos asentamientos: uno era Obelva y el otro era Focheco, que estaba al otro lado. Obelva era un nombre que hemos ido conservando, pues también se le puso al colegio municipal, a la asociación de cazadores… y se ha conservado porque nos parece bonito. Estamos alrededor de 120 socios y socias, y llevamos 34 años de actividad. Los fines que perseguimos son lúdicos, recreativos y culturales, fomentando la cultura y lo que es la vida asociativa. A través de la asociación tratamos de atraer cosas o de traer a gente que pueda explicar temas específicos, pero también se han hecho exposiciones, cursos, talleres… se creó la biblioteca y el Gabamusic, un concierto que recuperamos como un día de fiesta. La biblioteca lleva el nombre de Olga Lucas, que era la mujer del escritor José Luis Sampedro, quien estuvo aquí apadrinando la idea. La actividad más interesante llevada a cabo fue para el octavo aniversario de la creación del pueblo. Consistió en una recreación histórica, de cómo de dos asentamientos históricos se juntaron para formar Salvatierra. Se realiza el paseo a los asentamientos y luego un saludo con las dos banderas. Suele ser el último fin de semana de agosto.

Vicente Luquín Fantova y Miguel Ángel Pueyo Villacampa
Asociación Pro Defensa de Tiermas.

Los dos somos antiguos vecinos de Tiermas. Desde los 3 hasta los 7 años corríamos por las calles, la iglesia y el balneario. Tenemos memoria de todo. Unos recuerdos de infancia maravillosos, pues disponíamos de toda clase de juegos. Jugábamos al famoso tres navíos, a lo que se llamaba ministros y ladrones, al fútbol, aprendíamos a ir en bicicleta… hacíamos unos carros de trillos con volante y freno, y nos tirábamos por la cuestas. Hemos nacido en la Naturaleza y nos encanta. Aquí conocemos a la fuina o garduña, los lagartos, las culebras de agua, ardillas, jabalíes, conejos… y muchas clases de mariposas, entre ellas una nocturna tremenda que es la gran pavón. La vida en el pueblo era muy activa: lo agrícola, las fiestas, teníamos frontón y panadería, y luego en verano el gentío se duplicaba porque había un balneario y venía mucha gente. Pero llegó el año 1958 y ya se empezó a ver agua, cuando vino el señor que lo inauguró. A algunos abuelos los tuvieron que sacar de aquí sus hijos en barcas porque no querían irse. Fue muy duro y allí hubieran muerto ahogados. A partir de ese momento dramático nos fuimos todos de Tiermas. Volvíamos al pueblo en verano. Y ahora hacemos dos encuentros anuales, uno el 12 de octubre en el monasterio de Leire, y otro en junio el primer domingo en la Fontaza. Nos reunimos unas 30 personas, antes muchas más pues cada vez quedan menos. Nacidos de allí seremos la mitad. No hay que olvidar que en Tiermas, pese al pantano, quedaron dos personas mayores que no quisieron marcharse del pueblo, que vivían allí, Honorio y Bartolo. A veces los antiguos vecinos nos hemos reunido con la esperanza de la reversión del pueblo y ha habido proyectos de hacer un balneario por parte de Sigüés. Queríamos tener un lugar para hacer reuniones. Uno de nosotros dos era de Casa Practicante, el otro de Casa Fantova, pero ya solo quedan las paredes para identificar cada edificio. En el pueblo abandonado se filmó una película, la de Guernica, con imágenes espeluznantes de la iglesia, de la que ya solo queda el círculo de la bóveda. También quedan aún restos de la Puerta de las Brujas. Nosotros nos fuimos a Zaragoza y Pamplona. Otros emigraron al Bayo, donde se instalaron 85 familias, 55 de Tiermas. Todos los que eran agricultores optaron por irse a las Cinco Villas. El abandono forzado fue un batacazo psicológico muy fuerte, aquello de sacar a una comunidad de sus tierras, de estos pueblos que funcionaban, que eran autóctonos, que era maravilloso el enclave con su agricultura, balneario, viñas, olivos, y de repente decirles que debían buscarse la vida en otro lado… El sacrificio que costó todo eso, el comenzar de nuevo. Cuando vino Franco a la inauguración no había nada, cortaron árboles para poner en el camino, para que se viera que había algo de verde.

Víctor Iguacel Ara
Empenta Artieda, proyecto de investigación y acción participativa

Soy el técnico que está trabajando para Empenta Artieda. Este es un proyecto que puso en marcha el Ayuntamiento de Artieda para intentar frenar la despoblación de su municipio, una idea que tiene como base la autogestión, o sea, que nosotros mismos desde el propio municipio somos quienes creemos que podemos gestionar nuestro pueblo. Entre nuestros grandes problemas, ahora aparte de lo grave que es el pantano de Yesa, nos encontramos con el fenómeno de la despoblación rural. En el caso de Empenta Artieda fue un reto que empezáramos a trabajar con este asunto desde el ámbito local en un pueblo de menos de cien personas. En Artieda ahora mismo estamos censados más de 80 habitantes, y creo que unos 70 estamos viviendo actualmente todo el año aquí. Calculando como jóvenes a los de menos de 40 años, estaremos unos 25 ó 30 personas. Es decir, que los jóvenes casi somos el 40% de la población y en esto ha tenido mucho que ver Empenta Artieda. Últimamente se han venido a vivir a Artieda 15 nuevas personas y todas ellas son jóvenes. Ese es un poco el resumen de los resultados de nuestro proyecto. Para facilitar las cosas, creamos una red colaborativa en Internet, y ahora mismo puedes disfrutar aquí mismo de una conexión barata y con una velocidad muy buena. También estamos trabajando para que la gente más mayor pudiese seguir viviendo en sus pueblos, trabajamos para que los jóvenes tuviéramos una socialización –o mayor oferta de ocio– dentro del pueblo. Pero hay dos cosas que son importantes y a tener en cuenta: trabajo y vivienda. En cuanto a la vivienda lo que hemos hecho hasta ahora ha sido propiciar la intermediación del Ayuntamiento con propietarios, solicitando que la casas vacías se pongan en alquiler y que sea el Ayuntamiento quien gestione los alquileres o el construir nuevas viviendas. Y en cuanto al trabajo hemos apostado porque cada cual se busque su trabajo, pero que esto sea apoyando a quien tenga alguna iniciativa.

Esco, el lugar en el que quedó mi infancia

José Luis Clemente Sánchez
Asociación Pro Reconstrucción de Esco.

Esco, recuerdos de infancia.

Siempre que vuelvo a las riberas del Aragón y veo perfilarse en el horizonte sobre un pedestal etéreo la silueta de Esco, mi pueblo natal, vuelvo a un tiempo y a un lugar donde siempre fui feliz. Esa perla de callejuelas y replacetas que aparece erguida sobre un altozano, adosada a la iglesia de San Miguel, como faro vigía en la lontananza. Ese caserío apiñado de grandes casonas montañesas, de aleros infinitos colgando del vacío, de puertas de arco, de ventanas y balcones llenos de luz, de gruesas chimeneas humeantes… sencillas y solemnes. Cercano queda el Calvario, y la montaña de margas azuladas como cielos de tormenta, nuestro patio de recreo y de juego. Al fondo, festoneada de rocas y alfombrada de carrascas, chaparros y pinos se eleva la Sierra de Leire, el gran telón de fondo bajo el cual se desarrollaba la vida, por campos y veredas, por calles y callejas. Esa vida ahogada en las aguas turquesas del embalse, donde ahora yacen los anhelos y las dichas, el futuro truncado de mis gentes.

Mi infancia se deslizaba por aquellas laderas de margas grises contra el sol del atardecer, nos "zurrustiábamos" –arrastrábamos– ladera abajo en un juego de pies contrario, mientras uno se deslizaba bajo el culo el otro hacía de timón. Ingeniábamos juegos y juguetes, como los aros de las cubas de vino que rodaban por las cuestas ayudados de un alambre. Cualquier cosa o motivo componía nuestro tiempo de juegos. Nací y viví mis primeros diez años en este pueblo y quedé marcado a fuego por él. Si tuve algún momento malo, mi mente lo ha borrado, pues todos los recuerdos que tengo son buenos y llenos de felicidad.

La añoranza me lleva y me trae a las matacías, que se celebraban en días de invierno, con el mondongo, las longanizas, las bericas, las tortetas… ¡qué ricas! En esos días fríos apetecía estar junto al fogaril, calentando una torta de chinchorros en el rescoldo. Guardo el recuerdo de una maestra amable y risueña, el de los compañeros de la escuela, pequeña y cantarina: "dos por dos son cuatro". De aquellos recreos alborotados y de los días de fiestas, de correrías interminables por barrancos y peñascos, de nidos arbolados, de tardes de verano junto al río Aragón.

Solo los recuerdos y la llamada de la tierra tiran de mí, me arrastran al lugar donde una vez fui feliz, en todo tiempo y lugar.

TURISMO RURAL ORNITOLÓGICO INGLÉS EN LA CANAL DE BERDÚN

"Somos británicos y llevamos viviendo en la Canal de Berdún 32 años. Nuestra casa de turismo rural se llama Sarasa y organizamos recorridos ornitológicos por el Pirineo más próximo", dicen Peter Rich y Melanie Hallam, británicos de la vivienda de turismo rural Casa Sarasa de Berdún (Huesca).

En este Aragón despoblado y hermoso, vacío y necesitado de gentes con ideas o propuestas innovadoras y sostenibles, nos admira e ilusiona el ejemplo de dos británicos que llevan más de tres décadas instalados en el imponente pueblo de Berdún. Allí regentan y acogen a numerosos grupos de turistas de cualquier lugar, aunque tienen especial conexión con agencias de viajes del Reino Unido, para ofrecerles lo mejor de un territorio espectacular en cuanto a sus paisajes, diverso en la variedad de ambientes o ecosistemas naturales, preñado de una importante historia que ha creado una multitud de obras de arte en forma de iglesias, ermitas, castillos, puentes, pequeños núcleos amurallados, ruinas... todo ello disperso y enmarcado en paisajes apenas alterados o modificados por la mano del hombre. Las gentes de aquí, de tanto verlos, apenas lo valoran y menos aún se dan cuenta de la importancia y de las maravillas del lugar en el que viven.

No es casualidad, que estos dos grandes viajeros, que en su juventud recorrieron medio mundo, caminando por Perú –en las altas montañas de los Andes donde se conocieron–, por la singular y atractiva Turquía, o por las fascinantes e insólitas Jordania, Yemen, Iraq... países que han recorrido a pie buscando el paraíso ideal donde asentarse, no es extraño que terminaran por instalarse definitivamente aquí, en la Jacetania. No encontraron la paz que buscaban en aquellos territorios batidos por el terrorismo de Sendero Luminoso o por las guerras. Volvieron a su Londres natal para recapacitar y volver a incidir en hallar, en descubrir ese edén soñado en el que quedarse. Pero tras recorrer el norte de España recalaron finalmente en el pueblecito oscense de Botaya, junto al monasterio de San Juan de la Peña, y tras un breve tiempo el destino les trajo definitivamente hasta este pueblo enriscado en mitad de la canal a la que le da nombre, Berdún. Aquí han construido su sueño, no sin fatigas y contratiempos. Nadie les dijo que iba a ser fácil la vida. A fuerza de ingenio y sacrificio, en el piedemonte del lugar tienen su casa rural y varios apartamentos, abiertos a un hermoso jardín y a un paisaje increíble. Desde la ventana de su cocina, ornada de plantas, se enmarca el

Peter Rich y Melanie Hallam.

perfil de las montañas arboladas bajo el sol de febrero. No hay postal más hermosa. Casa Sarasa es una vivienda rural con una acogedora y enorme biblioteca anclada en un gran salón con chimenea. Un lugar para quedarse. Y desde entonces sus dueños, Peter y Melanie, no han parado. Abrieron como casa de turismo rural para posteriormente desarrollar el llamado turismo ornitológico, muy atractivo para la ingente cantidad de aficionados británicos a la observación de aves y dada la variedad y abundancia que hay de especies distintas en nuestros lares. Hasta aquí llegaban ansiosos muchos turistas por descubrir a los antediluvianos quebrantahuesos, que señoriales planean las foces del río Esca, o los raros y coloridos treparriscos, con su vuelo espasmódico como una gran mariposa. En apenas media/una hora de recorrido desde aquí, se puede encontrar una gran variedad de ambientes en los que descubrir una abundante diversidad de aves, desde los grandes buitres leonados a los estivales alimoches… o la majestuosa señora de los cielos, el águila real, sin olvidar a la impresionante y amenazada águila perdicera. Desde alcaravanes a gorriones alpinos, de milanos reales a verderones serranos. Con la experiencia y el correr del tiempo nuestros protagonistas fueron ampliando su oferta hacia la Naturaleza en general, la belleza sin par de flores de todo tipo –ya que esta es una de las mejores zonas de Aragón para ver orquídeas–, la abrumadora geología de las sierras y foces próximas. Ofertando además, desde viajes y cursos de fotografía de naturaleza a cargo de un fotógrafo experimentado como Sergio Padura, el hacer senderismo por el Camino de Santiago que pasa por estas tierras, los cursos de inglés… y algo de lo más interesante e innovador aún, turismo en torno a los insectos. Las mariposas, esos seres alados y delicados, son muy abundantes y variados en el entorno de Berdún, y este territorio tiene más de 180 especies diferentes, algunas de ellas excepcionales, como la isabelina, las coloridas y enormes macaón, las podalirios, erebias, melanargias…

Una naturaleza ubérrima y excitante, conmovedora, que nos empequeñece y humilla, que hace gala de su excepcionalidad y belleza. Que nos atrapa y sacude.

Ese escenario en el que se desarrolla la vida, en el que nos cuentan Peter y Melanie, Melanie y Peter, en el que encuentran esa libertad de paisajes que otros no hallan en ningún sitio de su país de origen. Dos emprendedores naturalistas en un lugar pequeño en el que vive poca gente, pero en el que cada uno tiene un papel en la sociedad, donde se establecen vínculos personales con las gentes para toda la vida. Una conexión con el territorio y con las personas que te proporciona razones para la felicidad.

Una forma de ser y estar en el mundo, una filosofía de trabajo y vida, respetuosa con el medio natural y el lugar, una apuesta por el desarrollo sostenible de este Aragón vacío y desangelado. Una experiencia a imitar, acaso como antídoto para la despoblación.

LOS NIÑOS DE LA ALTA ZARAGOZA

Los niños también tienen muchas cosas que contarnos y que enseñarnos a los adultos, a los mayores. En estos testimonios infantiles recogidos en los colegios de Salvatierra de Esca, Berdún y de la vecina Sangüesa en el año 2020, nos cuentan lo maravillosa que es la Sierra de Leire, los baños en el río Esca, el bosque, los pinos, las setas… o nos describen cuales son los animales que viven y descubren cada día en este entorno, en su paisaje. Algunos de ellos van más allá y nos dan consejos para proteger mejor la Naturaleza, que es de todos. ¡Tomen nota, señores!

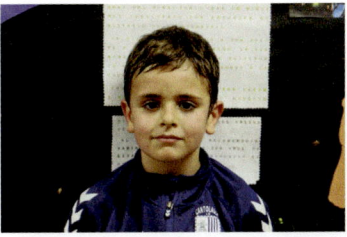 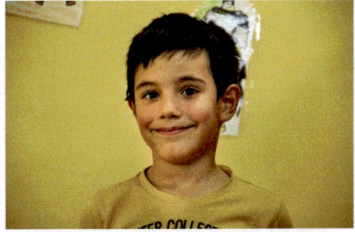 

Fotos de niños-as.

Ander Huarte Pérez
7 años. Colegio Público Luis Gil, Sangüesa (Navarra)

Hemos ido de excursión al monasterio de Leire, y fuimos también a la fuente de San Virila. Vimos a un monje y vimos el túnel de San Virila y también la cripta. La sierra de Leire es bonita y con mucha Naturaleza a su alrededor. De árboles conozco el abeto y el manzano. Otra vez fuimos al valle del Roncal pero me gusta más la montaña de aquí, la de Leire. En Sangüesa a veces voy al río de paseo y mi animal preferido es la mariquita. Me gustó mucho leer y conocer el cuento del ruiseñor de San Virila.

Ander Iso Uriz. 6 años
Colegio Público Luis Gil, Sangüesa (Navarra)

En la Naturaleza jugamos mucho, y en el verano vamos a un río que es muy bonito. El agua allí es de colorines y nos bañamos… y cogemos peces, jugamos con ellos. Conozco muchos animales de por aquí, como los ciervos y los zorros. Pienso que tenemos que cuidar la Naturaleza para que esté sana y limpia. Por ejemplo, no tenemos que tirar basura, no hay que abandonar nada malo a la naturaleza, porque si no se muere.

Andrea Garcés González
6 años. Colegio Público Luis Gil, Sangüesa (Navarra)

Me gusta vivir en Sangüesa porque es como un pueblo pequeño, pero tengo muchos amigos. Por aquí podemos ver iglesias muy bonitas, el castillo de Javier, la Sierra de Leire –que tiene el monasterio– y el pantano de Yesa. Las foces son como unas montañas pero rotas, ya que el río las ha excavado. Me gusta salir de excursión con mi padre. La excursión que más me gustó fue una vez que acudimos a la laguna de Pitillas y había muchas garzas reales. Era muy bonito.

Asier Pérez Amatriain. 6 años
Colegio Público Luis Gil, Sangüesa (Navarra).

La sierra de Leire la hacían con piedras: las tiraban desde una montaña y luego las iban pasando de un señor a otro... y así hicieron el monasterio que hay allá. Lo más bonito de la excursión con el colegio a Leire fue la fuente de San Virila, y yo les recomiendo a otros niños que vayan a verla. No tenemos que tirar la basura al suelo, hay que recogerla.

Candela Guayar Pardo. 6 años
Colegio Público Luis Gil, Sangüesa (Navarra).

Todo el pueblo es muy bonito. Cuando es verano solemos ver peces en el río Aragón y los pescamos con la red, pero luego los volvemos a dejar con mucho cuidado en el agua. También hay muchos cangrejos. En Leire nos dejaron entrar a un sitio que no entra casi nadie y vimos un monje. Entramos a una cueva que estaba cubierta de barrotes como una cripta. Las flores son muy bonitas, mi favorita es la margarita. Subo mucho a la Sierra de Leire con mis padres. Vamos por senderos, y a uno le llaman "el Bosque de las Hadas".

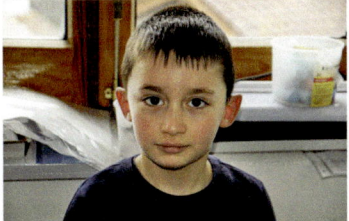

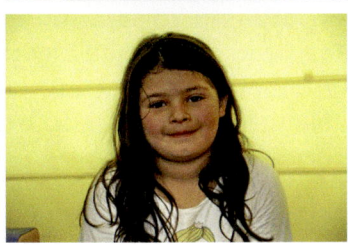

Fotos de niños-as.

Derick Elivo Santana
7 años. CRA Río Aragón, Salvatierra de Esca

Nací en Pamplona y llevo casi toda mi vida aquí. Mi sitio preferido es el monte, el bosque, porque allí hay animales y setas. Aquí he visto corzos, jabalíes, tejones de la miel, fuinas y ardillas. El que más me gusta es el tejón de la miel. Se llama así porque comen mucha miel. Vi al tejón una vez de camino a casa, pasando por Sigüés, estaba cruzando la carretera. Es blanco y negro, con una cola larga y pequeña. También he visto muchos gorriones, águilas, buitres y un día vi un quebrantahuesos que estaba en una montaña. La gente no tiene que tirar basura al bosque porque hay que cuidarlo. Y también se debe ir andando en vez de coger el coche, para así no contaminar. Quiero ser biólogo porque me gustan muchos los peces y pesco barbos, madrillas y truchas en el río Esca.

Evan Dindurra Alonso
6 años. CRA Río Aragón, Salvatierra de Esca

Nací en Asturias y he venido a vivir aquí hace pocas semanas. Me gusta este sitio porque vamos al río Esca a sacar a pasear a los perros. En verano iré a nadar al río. De momento no he visto todavía ningún animal salvaje pero cuando voy al río intento pescar peces, aunque no pican. Tengo ganas de hacer excursiones por aquí. El paisaje en Asturias es más verde que aquí y llueve mucho más. He hecho amigos rápido: Mireya, Yarmet y Derick. Yo les diría a los mayores que cuiden la Naturaleza para poder vivir. Lo principal es plantar árboles y flores.

Iranzu García Hurtado
7 años. CRA Río Aragón, Salvatierra de Esca

Doy paseos y hago excursiones por el monte con mi madre, mis hermanas y primos, pero a mí no me gusta mucho porque hay muchas cuestas. Desde la Virgen de la Peña se ve el monte, es muy bonito, y en invierno hago esquí de fondo. Los fines de semana vamos a Burgui y he visto bajar las almadías por el río. Yo cojo cangrejos en el río. Mi animal preferido es el jaguar, pero de los que hay por aquí ninguno en especial. En verano cogí muchas ranas, pero luego las dejé en libertad. Hay que cuidar la Naturaleza no tirando basura.

Iván Ansó Samitier
7 años. CRA Río Aragón, Salvatierra de Esca

He nacido aquí, mi abuelo se dedicaba a labrar el campo y cultivaba trigo. Mi sitio preferido es el monte, por los animales, pero sobre todo me gusta el Montecillo, el que hay al lado del cementerio. Allí hay jabalíes, pájaros, ciervos, conejos… me gustaría ver por aquí a un oso. A menudo me voy al monte con mi padre, que es cazador y panadero. Yo quiero ser veterinario para cuidar a los animales. Los árboles también me gustan, el que más me mola es el pino, es muy bonito. Mi estación preferida es el verano porque vamos al río aunque a veces está frío. En el Esca hay peces y cangrejos. Alguna vez también voy a hacer leña.

Janet Abigail Ríos Cousiño
6 años. Colegio Público Luis Gil, Sangüesa (Navarra)

Hacemos excursiones con el cole por la Naturaleza. El monasterio de Leire es chulo y allí había monjes. Es muy grande y el sitio es muy bonito. Está rodeado por el bosque y se ven montañas. La fuente de Leire es muy bonita. Mi animal preferido son las ardillas, las he visto muchas veces. En el colegio vimos muchas mientras nos explicaba la profe. Me encantan las flores, tengo un montón en casa. Hay que cuidar la Naturaleza porque en ella hay muchas cosas bonitas.

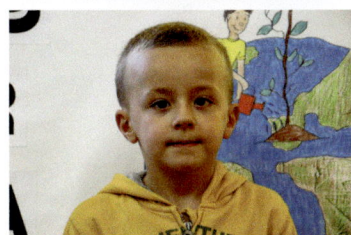

Fotos de niños-as.

José Jiménez Abadiano
6 años. CRA Río Aragón, Salvatierra de Esca

Nací en Liédena, y llevo muchos años aquí. Lo que más me gusta es el monte, el bosque, porque voy allí a cazar jabalíes con mi padre. Veo también ciervos, corzos y quebrantahuesos, ese pájaro que coge huesos y luego los rompe y se los come. Yo también he visto al tejón de la miel. Conozco árboles como el pino. Cuando nieva lo pasamos muy bien, pues hacemos muñecos de nieve.

Laura Gómez Abadiano
7 años. CRA Río Aragón, Salvatierra de Esca.

Lo que más me gusta es el río, porque hay muchos peces y en el verano nos bañamos en el río Esca. Cojo renacuajos. Me baño con mi padre y ahí en una poza aprendemos a nadar. Es mejor que la piscina. En el otoño me gusta ver cómo los árboles cambian de color. Suelo ir a buscar hongos, boletus, con mis abuelos y mis padres, luego los cocina mi madre en casa.

Mireya Abadiano Ocón
6 años. CRA Río Aragón, Salvatierra de Esca

Me encanta mi pueblo porque hay un río cerca de mi casa y en verano voy allí. Es pequeño porque pusieron unas piedras y hay un sitio para que se vaya el agua por otro lado. Es el río Esca. Allí juego con mis amigos y mi hermano Mario a nadar. A veces la corriente también me lleva y entonces yo nado. El agua a veces está fría y hay muchos peces pequeños. Existe un sitio que se llama el Chopo que es un árbol. Mi animal favorito es el leopardo pero de los que están aquí es el buitre. Una vez fui al monte con mi abuelo, en verano, y cogimos unas setas llamadas "usones" y luego las hicimos con migas.

Samuel García Alvarado
6 años. Colegio Público Luis Gil, Sangüesa (Navarra)

Sangüesa tiene muchas cosas como parques, el canto del agua, un sitio donde están las piscinas y se hacen los partidos de fútbol. Me gusta la Naturaleza, hay pájaros. Yo voy de excursión con mis padres. Por aquí cerca hay sitios muy bonitos y hay que cuidarlos porque si tiramos la basura los animales se mueren. Hace poco fuimos a Leire y nos pareció muy bonito. Esta primavera seguro que vuelvo con mis padres, y les contaré muchas cosas que he aprendido.

Yarmet Elivo Santana
7 años. CRA Río Aragón, Salvatierra de Esca

Mi sitio preferido es el río porque me baño en verano. El agua está transparente, pero a veces lleva tierra y piedras. Hay muchos peces. En el monte viven muchos corzos, jabalíes, ciervos, ardillas... pero solo he visto jabalíes muertos. Hago excursiones con el colegio al monte como un día que fuimos a Villanúa a las cuevas. Otra vez, cuando fuimos a buscar setas, Mireya se perdió en el bosque, pero luego la encontramos sentada en un tronco. No pasó nada.

DIBUJOS Y MIRADAS DE INFANCIA

Estos chavales han nacido rodeados por la Naturaleza. En la zonas rurales tienen ese privilegio. Cada día se encuentran con las montañas, con las piedras, con las mariposas y con el vuelo de las aves rapaces que sobrevuelan los cielos azules de la Alta Zaragoza.

Varios niños de la zona nos han dibujado su paisaje imaginario, su realidad. Les mueve el conocer su entorno, la vida salvaje, el mundo... aprendiendo, jugando y pasándolo bien.

Han nacido en el sitio acertado.

Dibujos de los niños-as.

Dibujos de los niños-as.

EL ARTE NATURALISTA DE ESTHER CHARLES

La Naturaleza establece vínculos con algunas almas sensibles que hace que todo en su vida gire o esté en la órbita de la Madre Tierra. Esther Charles Jordán, cuya abuela era de Urriés y cuyos dibujos ponen el cierre pictórico a cada uno de los capítulos de este libro, es alguien que siempre ha estado muy apegada a lo natural. Ella misma dice que siente "biofilia".

La pulsión de lo vivo ya se dejaba sentir en esta joven ilustradora de 40 años cuando de niña salía a recoger setas al monte o regaliz de palo en los sotos de Juslibol, allá por la ribera del Ebro. Esa capacidad de impresionarse ante el aullido atroz de un incendio forestal consumiendo la vida le despertó un día el sentimiento de ayuda hacia esa Naturaleza tan agredida y huérfana. Entonces Esther quiso ser guardabosques, como quien quiere salvar el mundo, ese bello entorno desvalido de plantas y animales. Y desde siempre esa comunión con la biodiversidad y con los paisajes, con las plantas y animales, quedó establecida, arraigada en el tránsito de su quehacer diario. Primero lo intentó como agente forestal pero se puso a estudiar una licenciatura de Ciencias Ambientales en Toledo, después trabajó como técnico de medio ambiente y el azar cortó esa relación.

Los caminos de la Naturaleza, que son infinitos, la trasladaría más tarde al mundo del arte, a la ilustración naturalista. En ese ámbito se

Esther Charles dibujando en Artieda.

formó primero como autodidacta en largas horas de vigilia pictórica. Pero fue su tía quien le descubrió esa pasión por las acuarelas, esa "delicatessen" con la que traza perfiles y detiene el tiempo, tan líquido como sus pinturas. En la Escuela de Artes de Zaragoza fue perfeccionando su formación, aprendiendo otras técnicas. Y así, día a día, esta chica amante de las aves se hizo ilustradora para poder desentrañar los hilos secretos que urden el encanto natural, la interrelación con los seres y las cosas, para lograr transmitir sus mensajes de manera precisa y efectiva.

La acuarela es como la vida misma: no hay retorno, no se puede dar marcha atrás, ya no es posible volver a repintar lo creado, a revivir lo vivido. Ya está hecho. Y ahí está el encanto y la dificultad quedando sobre el papel la frescura y la espontaneidad de los momentos vividos en las tierras de la Alta Zaragoza: la instantánea crucial de la mariposa cejialba sobre el trémulo cornejo, o el rubor del petirrojo encaramado al espino –bajo la portada de la iglesia de San Miguel en el deshabitado pueblo de Tiermas–. Atrapado ha quedado también el ceñudo gesto del búho real, colgado de las abruptas foces que han sido excavadas por el río Esca cerca de Sigüés; o la tristeza derrotada de las enhiestas y altivas torres de Ruesta, reconquistadas por hiedras y zarzamoras bajo el amparo del treparriscos, ocasional guerrero alado que asalta sus viejos muros en invierno.

Esther vagabundea por estos caminos erráticos del norte, por los campos y los pueblos sin memoria, persiguiendo el azul de los cielos y la luz en los cortados rocosos… o rebuscando las formas en los pliegues de una hoja. Acecha el momento en el que la vida se manifiesta en cualquiera de sus modos y formas, aísla y atrapa el instante con trazos nerviosos y elegantes mientras las siluetas aparecen y los colores despiertan. Su dibujo queda prendido, impregnado de los olores y de los sonidos, detenido el viento y apresado el ánimo.

Esther Charles tiene una página web –que es miraalpajariko.com– y una activa página en Facebook. Entre sus referentes artísticos están otros veteranos ilustrados naturalistas como Antonio Ojea, José Antonio Sencianes, Lars Johnson y Nick Derry. Ella realiza cursos de dibujo naturalista, y ha llevado a cabo un puñado de exposiciones en diversos centros o bibliotecas. No duda en colaborar con ONG ambientalistas y ahora comienza a introducirse en el mundo editorial… servicios de ilustración a los que les otorga un carácter de utilidad en la divulgación científica o ambiental. Hoy la vemos en las páginas de este libro pero estamos seguros de que de aquí en adelante la encontraremos en muchos más sitios. Sin perder el norte, Esther tiene mucho futuro por dibujar.

"La montaña es bella y el Pirineo es con certeza la cordillera más maravillosa de nuestra península.

Si bello es el Pirineo, en nuestra Jacetania se encuentran reunidas gran parte de sus maravillas naturales. Es interesante su geología, el modelado de los valles, su espléndida flora integrada en unidades de vegetación muy variadas, su rica fauna y sus hombres…

Para La Jacetania, a largo plazo, sería más rentable la conservación forestal que la explotación desconsiderada. En las reservas forestales que preconizamos, la fauna cinegética encuentra cobijo y puede multiplicarse, con lo que aumentamos el atractivo turístico de la zona. No pienso en la caza únicamente, ya que no hay nada tan apasionante como el observar las evoluciones de las rapaces en nuestro cielo, ver pasar raudo al jabalí o esconderse precipitadamente a la raposa".

Pedro Montserrat Recoder, *La Jacetania y la vida vegetal*, 1970.

"La villa de Salvatierra está rodeada de montes elevadísimos, poblados de robles, bojes, pinos y encinas que sirven para fábricas, cubería y demás obra de carpintería. En ellos se crían jabalíes, lobos, ciervos, corzos, zorros y algunos osos. Hace pocos años hallaron dos fieras semejantes al tigre. Hay lobos que los del país llaman *cervates*, más pequeños que los lobos comunes(*), gatos monteses, liebres y algunos conejos y perdices en abundancia; y de animales anfibios hay nutrias en las orillas del río Esca y algún galápago en las del Gavarri.

*Lobos cervates. Sin duda serán lobos cervales, que llamamos también linces, y me inclino a creer que lo serían también las dos fieras

Estas sierras como antesala del Pirineo.

que se mataron ha pocos años en los montes de Salvatierra, porque el lobo cerval tiene semejanza con el tigre".

Mateo Suman, *Apuntes para el Diccionario Geográfico del Reino de Aragón, 1800.*

"He enviado al balneario de Tiermas a numerosos pacientes de artritismo, reumáticos rebeldes a los tratamientos clásicos (…), arterioesclerosos, herpéuticos y cardíacos, que encontraron aquí la curación en la mayor parte de los casos, y los demás un alivio que les hizo más llevadero su padecimiento".

Dr. Gállego, *médico de Sábada, El Pirineo Aragonés, 1913.*

· "La iglesia de Ruesta devorada por la vegetación y el olvido de los hombres se nos cae a pedazos… y lleva camino de colapsar como la vecina de Tiermas hace ya unos años. Ya van a hacer casi 60 años desde que la construcción del pantano de Yesa arrebató las tierras y las casas a las gentes de Ruesta. Como las de Tiermas y como las de Esco fueron expropiadas en años de dictadura de Franco y tuvieron que rehacer sus vidas en otros lugares, en otras tierras y en otras casas. Las mejores tierras del valle fueron anegadas por el agua –y la cruel avaricia de algunos– y las casas del pueblo en una cota superior quedaron a merced del expolio, el abandono, el olvido y la ruina. Desde entonces, no ha habido ninguna actuación por parte de los poderes públicos ni en la iglesia ni en el castillo. Y todo ello, a pesar de que Ruesta es Conjunto Histórico Artístico y que se encuentra dentro del tramo aragonés del Camino de Santiago, declarado Patrimonio de la Humanidad por la UNESCO en 1993. Siempre se cuenta la misma, aburrida, socorrida y lamentable película: que hay proyectos de Recuperación y Rehabilitación, y que están en marcha. Pero lo único cierto a día de hoy es que nadie, absolutamente nadie, mueve una piedra ni en la iglesia ni en el castillo de Ruesta. Y lo único y desgraciadamente cierto es que en diciembre del año pasado ya colapsó la bóveda de entrada de la iglesia y que estamos ya camino del duro y largo invierno, y que el colapso total puede ser inminente".

Lorién Lahoz (Legazpe), *en su portal de Facebook, 2019.*

"Esco es uno más de los pueblos que lo fueron y que se sacrificaron en aras de la construcción de embalses. Sus campos anegados por el embalse de Yesa dejaron de producir cosechas que permitieran seguir subsistiendo a sus habitantes. Como el resto del pueblo, la iglesia consagrada a San Miguel Arcángel se halla abandonada y en ruina. Su interior sombrío y gris, sobrecoge. Hay templos abandonados de los que se disfruta su belleza aun siendo una ruina. La sensa-

Arcoiris en Tiermas, sobre el embalse de Yesa.

ción aquí es totalmente diferente. El instinto hace tomar unas fotografía rápidas y salir. No sé el por qué, pero si vas allí lo entenderás. Insisto, triste, oscura, gris e inquietante. Es de los pocos sitios en los que he sentido una extraña sensación de miedo sin que hubiese causas tangibles para ello".

Antonio García Omedes, *La guía digital del arte románico,*
romanicoaragones.com.

"Artieda es un pueblo zaragozano de la Jacetania al que le debíamos una visita por muchas razones, y todas muy buenas. Para nosotros es una imagen a todo color del mundo rural presente y futuro. Aúna raíces, juventud, experiencia, naturaleza, entusiasmo, iniciativa y sostenibilidad. Inmejorable carta de presentación".

Rai Rizo, blog *Caminar por caminar.*

"Era la primavera del siglo XVI cuando empezaron a navegar por el Ezka, más tarde vinieron río abajo por el Irati y el Zaraitzu. *¡Almadiero, quinquillero, mucha bolsa y poco dinero!*, gritaba la lavandera. En un día llegaban a Sangüesa. Seco y comido, volvían a pie. Al día siguiente, otra almadía".

El mundo de los Pirineos, 3, 1998.

"Tomo definitivamente el camino del Roncal, cuya parte más alta la ocupa Belagua, atravesando una extensa zona de margas grises cuyo fondo lo inundan las aguas del enorme pantano de Yesa. Por tierras aragonesas contemplo, aupados sobre cerros los testimonios abandonados de aquellos pueblos a los que se les anegaron las tierras y se quedaron desiertos. Tiermas preside la solitaria sensación de abandono, reflejada en las aguas mansas del pantano. Al poco, dejando al río Aragón al sur, tomo las orillas del río Esca, que entre foces y tajos se abre desde las altas tierras del norte. En un momento el paisaje se abre, se arremansa. Y asentado en mitad del valle se encuentra el pueblo de Sigüés. En su plaza, solitaria y soleada, me hace gracia una figurilla esculpida, casi como si fuese la imagen de un equilibrista. Continúo el camino. La carretera juega con el río, con las rocas que descienden en picado, con un paisaje agreste y duro. En lo alto de un risco, como vigilando, observo una ermita. Y atraído por su soledad, por su altura, decido subir hasta ella. Desde lo alto de la Virgen de la Peña, desde la misma perspectiva de los buitres que me rondan, que vuelan a mi altura, observo un impresionante panorama. Hacia el sur, el río rompiendo muros y roquedales casi insalvables para salir al llano. Hacia el norte, los impresionantes Pirineos".

José Antonio Labordeta, *Un país en la mochila,* 2009.

"Cuando éramos pequeños nos encantaba acercarnos al río Esca para ver cómo llegaban los almadieros y a montarnos en las almadías. Perdíamos colegio y todo. Para nosotros era la puerta a un mundo de aventura. Yo hice mi primer viaje con 14 años. Mi padre y mi abuelo también fueron almadieros. En Sigüés, entonces, el 80% vivía de esto. El Esca era un río vivo. A nada que le quitas el ojo, te das. Es duro y traicionero. Es una continua trampa de foces, congostos y estrechos pasos. Cada vez el cauce era distinto y el río cambiaba. Nunca te podías confiar. Yo no lo vi, pero en mis tiempos se murieron tres almadieros de Sigüés ahogados, porque al saltar una de esas presas la almadía volcó, ellos quedaron debajo y no pudieron salir. A partir del año 1952 no descendió ni una sola almadía más por el Esca".

Jerónimo Sánchez, *Pirineo digital,* 2014.

"Lo primero que advertimos en Tiermas es el silencio. Un silencio hueco, sin ruidos, ni voces humanas. Hay un aire puro y fino. Aire de cementerio. El aire abandonado por la respiración humana y animal. Porque Tiermas está muerta. Es un pueblo fantasmal, cuya mitad, al no estar cubierta por el pantano, está en El Pueyo, y la otra, a sus pies, sumergida por las aguas".

Antonio Serrano, *Alta Zaragoza, viajes por la piel de Aragón,* 1977.

"Junto al poblado de Obelva surgió el monasterio de Santa María de Fontfrida o Fons Frígida, como dicen los documentos, o Fuenfría como se le conoce hoy en día. Se edificó al lado del río, como todavía puede verse en unas tristes ruinas, recientes, pero todavía recuperables. Tanto más de lamentar cuando que Salvatierra es, todavía hoy, casi el único pueblo aragonés de la comarca de la Alta Zaragoza con ansias de supervivencia, por el carácter de sus habitantes y su espíritu solidario en todo momento, a diferencia de algunos pueblos inmediatos".

Sebastián Contín, *Historias de la Alta Zaragoza*, 1978.

"La familia Ayerra fueron unos auténticos profesionales de las prácticas furtivas de la caza y la pesca. Los cepos los ponían en las sendas en las que se detectaba el paso de alimañas. En los años de la II República se pagaban hasta 2.000 pesetas por una piel de marta o de fuina, y Martín Ayerra sacó hasta 30.000 pesetas por las ventas de pieles. Otra de las actividades familiares era recoger tila. La propia abuela Isidora era la que subía a los árboles a cogerla, y los nietos la iban recogiendo en zacutos, que posteriormente bajaban a casa. La tila la extendían en el sabayao para que se secase. Venía el boticario de Salvatierra a comprarla. Por lo general sacaban más dinero con la tila que cuidando las vacas o trabajando de maderistas".

Homenaje a Paco Ayerra, Revista *La Kukula*, de Burgi, 2014

"Las mismas impresiones se recogen al visitar todos estos pueblos vacíos y solitarios, como Ruesta y Tiermas. En sus calles, en sus casas, en sus aperos de labranza olvidados se respiraba la misma tristeza, el mismo silencio. Al levantar mis ojos entre las paredes de la húmeda calleja me sorprende allí arriba, en una ventana, un viejo cubo de zinc transformado en rústica maceta, policromo y vegetal, un geranio, sus rojas flores desbordan hacia la tardía primavera, como la cara alegre de una niña que oyera correr a sus amigas sobre las losas de la calle. Como la rama verdecida que cantara el poeta del olmo seco, no olvidaré jamás aquella pincelada de vida sobre el misterio de la soledad".

Emilio Pérez Bujarrabal, 1976.

Foces y sierras preñadas de bosques.

"En el manuscrito encuadernado en pergamino de Ordinaciones o leyes municipales de Salvatierra, del año 1666, se habla de la guarda de los montes, de la limpieza de balsas y acequias del molino, de los boyalares, de no cortar árboles en los cubilares y vedados… o de lo que se pagaba a los que mataran lobos. Este animal era un claro enemigo de quienes poseían cabezas de ganado y ha sido tradicionalmente perseguido. En este caso se estableció que por un lobo muerto se abonarían 20 sueldos, cantidad que subía a 40 en el caso de que fuera hembra".

Ana Isabel Lapeña, *Libro de Salvatierra de Esca*, 2009.

"Las décadas de los años setenta y ochenta fueron unas de las peores de la historia del pueblo. La emigración supuso una continua sangría de población. Las viejas fórmulas económicas basadas en la agricultura y la ganadería no sirven hoy en día para mantener una importante población en Undués de Lerda. La nueva economía del lugar debería estar basada en algo que nunca antes ha sido explotada: su cultura".

Undués de Lerda, *entre reyes, señores y abades*, 2011.

"En Sigüés hay un topónimo llamado La Palomera. Antonio Casajús nos cuenta que ahí esperaban a las palomas. Ya no pasan, pero según él antes pasaban por medio de la Foz. Y cuando ya se ensanchaba esta, en el puente de San Juan, tiraban los bandos por los solanos, unas hacia Miramón y otras más hacia Esco. Eran tantos que nublaban el sol".

Mikel Belasko, *Toponimia de Sigüés*, 2016.

"En el casco urbano de Sigüés es necesario un paseo relajado para apreciar el valor arquitectónico de muchos de sus edificios. Llama la atención la singularidad de algunas de las chimeneas que han logrado sobrevivir al impulso de los nuevos tiempos. Difícilmente se puede encontrar en otro pueblo de La Jacetania una muestra tan rica, que destaca por la salida de humos en zig-zag y el remate cónico. Celestino Pajares asegura que antes había más. Algunas se enfrentan a inevitables signos de modernidad como las antenas de televisión. Al menos, han logrado convivir".

Juan Gavasa, *Revista Jacetania*, n.º 209, 2005.

"Sucesivos obispos también impulsaron la devoción a la Virgen de la Peña de Salvatierra de Esca, llegando a conceder cuarenta días de indulgencia a quienes saludasen a la Virgen rezando una salve en cualquier lugar de la redolada desde donde se divisa este santuario. El autor de *Aragón, Reyno de Christo y dote de María Santísima* tam-

Romería a lo alto de la Virgen de la Peña.

bién subraya que esta imagen es socorro de mujeres estériles y, sobre todo, protectora contra los efectos de los rayos, centellas y malas tempestades".

Alberto Serrano Dolader, *El pozo de las sombras*, 2007.

"Al llegar el 31 de mayo a Salvatierra de Esca fui recibido y muy bien por el alcalde, don Pascual Navarro. El día de mi llegada habían esquilado las ovejas; por eso al atardecer había numerosos convidados. La localidad se encuentra encajonada entre las montañas de Nuestra Señora de la Peña y la de Ollate, donde se crea un magnífico desfiladero que no pude fotografiar debido a la hora tardía, una garganta de una profundidad de aproximadamente 700 metros. La arbolada Sierra de Orba recibió mi visita. ¡Qué triste jornada! Toda la naturaleza parecía sumida en una especie de estupor. Sobre nuestras cabezas se formaban tormentas que iban a estallar a Francia, el viento estaba plomizo, el viento era seco y ardiente, el tiempo pesado y enervante, las cimas brumosas, la posición de esta montaña, dominando todo el valle del Aragón, era excelente para el trabajo que quería emprender. En su extremo oriental se eleva una pequeña ermita, en el emplazamiento de una fortificación árabe que dominaba desde allí el valle. De vuelta a Salvatierra tomé parte en bailes y cantos en casa del alcalde; los músicos improvisaron jotas en mi honor, a lo que respondí improvisando yo también alabando su hospitalidad y sus montañas, lo que les llenó de alegría".

Aymard d'Arlot, *Excursiones a Navarra y Aragón*, 1882.

"Mianos es una sorpresa en la tierra que vio nacer a Fernando II de Aragón. Lo que parece una pequeña población, en la que exteriormente apenas se vislumbran monumentos reseñables, esconde un tesoro que se desvelará puertas adentro de su iglesia de Santa María. Y es que la sobriedad de su exterior se transforma en cuanto traspasamos el umbral. La vista del viajero se dirigirá irremediablemente hacia arriba para contemplar la techumbre renacentista de madera".

Marisancho Menjón y S. Cabello, *La ruta de Fernando II de Aragón,* 2016.

"Cuando más me gusta visitar Tiermas es en primavera; está todo tan verde y tan bonito que parece que la Madre Naturaleza se recrease en ella. Donde más bonito está es en la parte de atrás del pueblo, en las eras. Desde este lugar se divisa un paisaje de lo más hermoso (…) Vuelves la cabeza y ahora miras enfrente a la sierra de Leire, grande, inmensa: ves las cinglas, la Peña de las Siete –donde nuestros padres veían la hora del sol–, veo la Cañada, Paso Ancho…".

Manuela Calvo López, *Tiermas,* la tristeza de un pueblo, 1994.

"Un día nos preguntamos por qué la biblioteca de Salvatierra se llama Olga Lucas y descubrimos que era porque la madrina de la biblioteca es Olga Lucas. ¿Y quién es Olga Lucas? Es una escritora famosa que ha escrito libros como por ejemplo "La mujer del poeta", "El tiempo no lo cura todo" y "El vals de las orquídeas". Viajó mucho por el mundo, Francia, Hungría, Checoslovaquia, etc. y aprendió muchos idiomas. Conoció a José Luis Sampedro en el balneario de Alhama de Aragón, y se casaron allí. ¿Y quién es José Luis Sampedro? También es un escritor y economista que ha escrito libros muy famosos como "Octubre, octubre", "La vieja sirena", "La senda del drago", "La sonrisa etrusca", "El monte Sinaí", "El amante lesbiano", "El caballo desnudo", "Cuarteto para un solista"… En el cole hemos hecho actividades para recordarlos, hemos puesto escamas a una sirena, hemos hecho un puzzle de La sonrisa etrusca, hemos marcado en un mapa los sitios donde José Luis Sampedro y Olga Lucas han vivido, hemos hecho un marcapáginas de Olga Lucas y José Luis Sampedro, una sopa de letras, y hemos aprendido mucho sobre ellos".

Blog educativo del CRA Río Aragón, 2018.

"Parecía hace unas décadas, y así nos lo habíamos tragado todos, que nuestro pueblo se acababa ya para siempre. Incluso el paso de los años nos confirmaba, con la progresiva ruina de sus casas, que definitivamente así era. Inmediatamente aprendimos que un pueblo no muere cuando mueren sus edificios, sino cuando mueren sus raíces. Y son ahora esas raíces las que los descendientes de aquellas casas mantenemos vivas contra viento y marea en esta sociedad globalizada. Mientras estas raíces estén vivas, Esco estará vivo".

Heraldo de Esco, *la voz de los pelaos,* n.º 8. Septiembre de 2007.

Iglesia de San Miguel, en el pueblo deshabitado de Tiermas, a pesar de encontrarse en un estado de abandono lamentable, sobrecoge por la belleza que desprenden sus ruinas.

Los petirrojos siempre tan predispuestos a entablar contacto con el ser humano, se apelotan para verte pasar por las calles comidas por las zarzas y los rosales silvestres.

Producen una sensación extraña los árboles ornamentales plantados en las orillas de las casas, magníficos pese a que nadie los cuide.

Portada de la iglesia de Tiermas y petirrojo.

Por o cobalto de Zaragoza

José María Satué Sanromán
Escritor en lengua aragonesa, colabora cada domingo
en el Heraldo de Aragón con su sección "Carasol aragonés"

Por ixas tieras d'o cobalto de Zaragoza, debaixo d'a sierra de Leyre, regadas por o río Aragón y o río Escá, bulliba muita chent en atros tiempos, pos yera o camín mes aparente pa ir de Chaca enta Pamplona. As chamineras de totz os lugars, rematadas por polius capiscols, de todas as midas y farchas, fumiaban to'l día, como banderas a l'aire, sinyalando que os fogarils alentaban. Os hombres con as chuntas d'abríos labrando por os campos, de sol a sol; os pastors apaixentando os ganaus por os monts; as mullers fiendo as fainas d'a casa y aduyando en as otras; os zagals y zagalas indo ent'a escuela, pa aprender a navegar-se por a vida. Totz os lugars con casas muit polidas, con muitas cosas pa amostrar: Ruesta, Tiermas –con os Banyos–, Esco, Sigüés, Artieda, Mianos, etc., mes Salvatierra d'Escá que mira de cucutiar por a foz d'o mesmo nombre.

Asina yera a vida por ixas tierras, hasta que un leixano día de 1960 se tancó o pantano de Yesa, con l'obchectivo de ruixiar as tierras de Bardenas y Cinco Villas! De seguiu, Ruesta, Tiermas y Esco, se quedón en silencio, chunto con atros d'a Chacetania. "Yera por l'interés publico ", cosa que obchectar! Pero a set ha medrau y ye menister agrandar o basón pa poder regar mes tierras, fiendo tortular a Sigüés, Artieda y Mianos, que veyen l'augua azulenca en os suyos pietz.

Y siempre resuenan as mesmas dubdas: "Con a falaguera de fuyir ent'as capitals, qué sería hue d'istos lugars, anque no s'habese feito o pantano?" Os que quedan, continan luitando pa mirar d'alentar, como tantos atros d'a nuestra cheografía, emparaus por muitos chovens que les cuaca vivir en suya tierra, en o suyo lugar. De seguro que os Banyos de Tiermas continarían marchando! Y pa aclareixer a nuestra sesera, peguemos una volada con os vueitres, por dencima d'a foz, cara ta Salvatierra d'Escá.

Vista de la Alta Zaragoza desde la Sierra de Leire.

Parte de mi mundo pirenaico

Txusma Pérez Azaceta
Fundador de la revista *El mundo de los Pirineos.*

Escribo estas líneas recordando como hace poco más de veinte años participaba en la fundación de la revista *El Mundo de los Pirineos.* Una publicación que nació para ser la crónica viva de los pueblos y valles de la cordillera. Donde se hablara tanto de las montañas y de la Naturaleza pirenaica como de sus pueblos y las personas que habitan en ellos. La casualidad hizo que también por esos años localizáramos un lugar junto a la Sierra de Leire donde instalar nuestro particular Shangri-La pirenaico. Un pequeño valle situado a la sombra del monte Arangoiti y cercano a la excepcional Foz de Arbaiun, la reina de las hoces navarras donde se encuentra una de las colonias de buitres leonados más importante de Europa. El río Salazar, que se ha abierto paso bajo sus impresionantes farallones, tiene sus fuentes en plena cordillera pirenaica, en las proximidades de la gran mole calcárea que forma la primera montaña de dos mil metros desde occidente. El monte Orhi, con sus 2.017 m, se eleva solitario y altivo sobre la inmensa Selva de Irati y muestra unas proporciones inhabituales por la inmensidad de sus pastos de altura. Es una montaña mágica donde la leyenda nos recuerda que estamos en los dominios de "Basajaun", el genio de los bosques, y que además esta es la morada de la diosa Mari que habita en una de sus cuevas. En este territorio nos encontramos con el pájaro del viejo cantar de la zona: "Orhiko xoria, Orhin laket", que significa: "el pájaro del Orhi, en el Orhi es feliz".

Mis raíces vienen de un pueblo del interior guipuzcoano situado en la ladera norte del macizo de Aizkorri, y desde muy joven me han gustado las montañas. Pronto empecé a recorrerlas, desde las más cercanas hasta ir conociendo las cordilleras más importantes del mundo. Fui descubriendo que cuanto más arriba subes en el monte, los paisajes son más hermosos. Y esa pasión por conocer otras montañas no me ha abandonado desde entonces. Desde siempre, los Pirineos han sido unas de mis montañas preferidas y con la instalación de nuestro "campo base avanzado" en uno de sus valles, al pie de la sierra de Leire, nuestra felicidad acumularía muchos puntos. En adelante, serían más frecuentes las visitas a otros valles pirenaicos como los de Belagua, Zuriza, Ansó, Echo, Canfranc, Tena, Ordesa, Pineta o Benasque.

Se había hecho realidad una vieja ilusión mía que consistía en cambiar la idea de tener las montañas como objetivo, a ser parte de ellas. Que el camino es la meta. Lo que traducido a la realidad sería la de vivir en un rincón del mundo de los Pirineos.

Recuerdos de Mianos

Miguel Ángel Pérez Arteaga
Ilustrador y autor de libros de diseño, oriundo de Mianos

Dibujos hechos de ganchillo. Ilustración del cuento "Práscedes. Me gusta dibujar" de Miguel Ángel Pérez Arteaga, Yekibud Editores.

Mianos es prácticamente nada, simplemente uno de los pueblos más pequeños de Aragón. Pero puede serlo todo. De la antigua fortaleza, del hospital medieval en medio del Camino de Santiago, de la calzada romana cercana, de los nobles a las órdenes de los monjes de San Juan de la Peña, si existieron, hace siglos que ya no queda nada.

Permanece el paisaje, ese pinar frondoso, las increíbles vistas sobre la Canal de Berdún, las nubes y algunos vecinos sencillos cada vez más mayores.

Lo que no se ha perdido son mis recuerdos de infancia, que son como los recuerdos de infancia de todos los niños que por allí han pasado, mitad invención, mitad deseo de retornar a la juventud.

Los Terreros, esa montaña de roca gris que se deshace cuando la tocas, desde la cual nos lanzábamos por sus costeras rompiendo todo tipo de pantalones. El Pinar, en el que soñábamos que habitaban criaturas salvajes y monstruos fantásticos. Los castillos secretos, llenos de pasadizos construidos con ramas, que nunca llegó a descubrir ningún adulto... y esa orgullosa visión de nuestras posesiones que hacíamos desde el enorme olmo que también se fue.

Las campanadas de la iglesia, la llamada del panadero, los viajes a por agua a la fuente, el antiguo lavadero, el telecine, los renacuajos, y los baños en el río Aragón –bajo el Puente de Artieda–, ese lugar mágico que un pantano está empeñado en borrar de nuestra memoria.

Una vida salvaje, de niños libres y felices mimetizados con la Naturaleza, un mundo que desgraciadamente está ya dejando de existir.

Puerta pintada con azulete en Asso-Veral.

"Cuando el paisaje habla es imperioso guardar silencio. Y como no quería olvidarme de lo que el silencio me dijo, saqué la cámara de fotos y disparé".

Juan Goñi.

Fotografiando la flora silvestre.

ALBUM FOTOGRÁFICO. EL TESTIMONIO GRÁFICO

Las fotografías son un parte del viaje, del descubrimiento de la Naturaleza… pues son una manera más de ver el mundo y de observar los paisajes a través de un objetivo, un visor o una pantalla. Por eso hemos querido añadir un testimonio extra que sobrepasa el lenguaje de las palabras: el gráfico, el de aquellos fotógrafos amateurs o profesionales que en la Alta Zaragoza han inmortalizado momentos, han retratado luces o han salido a "cazar" animales con un disparo inocuo que los mantendrá vivos para siempre en nuestra memoria. Cada uno de ellos nos explica su propia imagen.

Ilustración de *Ophrys ficalhoana*.

Adrián Solana Mayayo

Editor general y fundador de la web de montaña "Cima Norte",
natural de Artieda

"El Pirineo es una extensa y heterogénea cordillera repleta de vida. Nos
encontramos en la Depresión Media, flanqueada por la espectacular Sierra
de Leire, donde diversos climas, plantas y animales se funden… sierra que
emerge en un impresionante entorno natural. Las gentes que aquí vivimos
hemos aprendido, con orgullo y dignidad, a respetarlo y defenderlo, conscientes de la gran riqueza que nos rodea".

Alberto Portero Garcés
Agente de Protección de la Naturaleza y miembro de la Asociación
de Fotógrafos de la Naturaleza Aragonesa

"Singular como ninguna, el abejero europeo (*Pernis apivorus*) es un ave
rapaz que pasa el invierno más allá del Sahara en el África tropical y regresa cada primavera a criar en los tupidos bosques caducifolios donde pasa
desapercibido debido a su mimetismo, timidez y discreción. Su alimentación
se basa en larvas y adultos de insectos himenópteros (avispas, hormigas…)
para lo que es capaz de excavar con sus garras en el suelo y desenterrarlos.
Los bosques de robles de la Alta Zaragoza y los hayedos del Moncayo acogen a las escasas parejas que nidifican en la provincia de Zaragoza".

Alfonso Ferrer Yus
Veterinario y fotógrafo atrapado por el encanto rural de los valles pirenaicos

"Golondrinas. Estas pequeñas aves sorteando infinidad de desafíos y avatares, todos los años vuelan miles de kilómetros desde sus refugios invernales en el golfo de Guinea hasta nuestros lares, y de esta forma nos recuerdan que no les afectan las fronteras, razas ni ideologías; lo único importante para ellas es ese pequeño hogar de barro colgado del travesaño del desván, ese discreto y modesto refugio que es el centro de su universo… y no importa nada más. La Naturaleza nos da una buena lección, una vez más".

Benito Campo Giménez
Miembro de la Asociación Naturalista de Aragón (Ansar) y coautor del
Atlas Herpetológico de Aragón

"Según las cuadrículas del *Atlas de distribución de Anfibios y Reptiles de
Aragón*, en la Alta Zaragoza ya nos encontramos, no con la víbora hocicuda
(*Vipera latastei*), sino con la víbora áspid (*Vipera aspis*), la víbora ibérica de
mayor tamaño, puesto que puede superar los 70 cm de longitud. Para dife-
renciarla de otras serpientes debemos fijarnos en su cabeza alargada y algo
triangular, pero sobre todo en su pupila vertical, característica que no posee
ningún otro ofidio en Aragón. A pesar de ser una serpiente venenosa, es una
especie tranquila que no ataca si no es molestada. En Aragón habita principalmente en el Pirineo y en el Prepirineo, donde es más escasa".

Borja Nozal Aranda
Guarda forestal en Madrid que anteriormente ha trabajado en el valle
navarro del Roncal y en Aragón

"En estos valles de montaña, los fríos amaneceres de los días de invierno
–especialmente si el año ha sido abundante en nieves– son ideales para
localizar y observar mamíferos como es el caso de este zorro, con su rojizo
pelaje invernal que destaca sobre el manto blanco de una campa bien blanca y nevada".

Conchita Muñoz Ortega
Autora de la guía "Orquídeas de Aragón"

"La Alta Zaragoza es una zona de una gran biodiversidad dada la variabilidad de ecosistemas vegetales que comprende: choperas, pinar y encinar. Entre su riqueza podemos destacar lo que es el grupo de las orquídeas silvestres por su importancia dentro del mundo botánico. En esta zona se encuentran representados casi todos los géneros de este grupo, con 35 especies distintas. Hay algunas únicas, que en Aragón solo están presentes aquí como son *Ophrys ficalhoana* –en la imagen–, *Ophrys riojana*, *Orchis simia* y *Orchis provincialis*, lo que lo convierte a este territorio en un lugar que requiere especial protección".

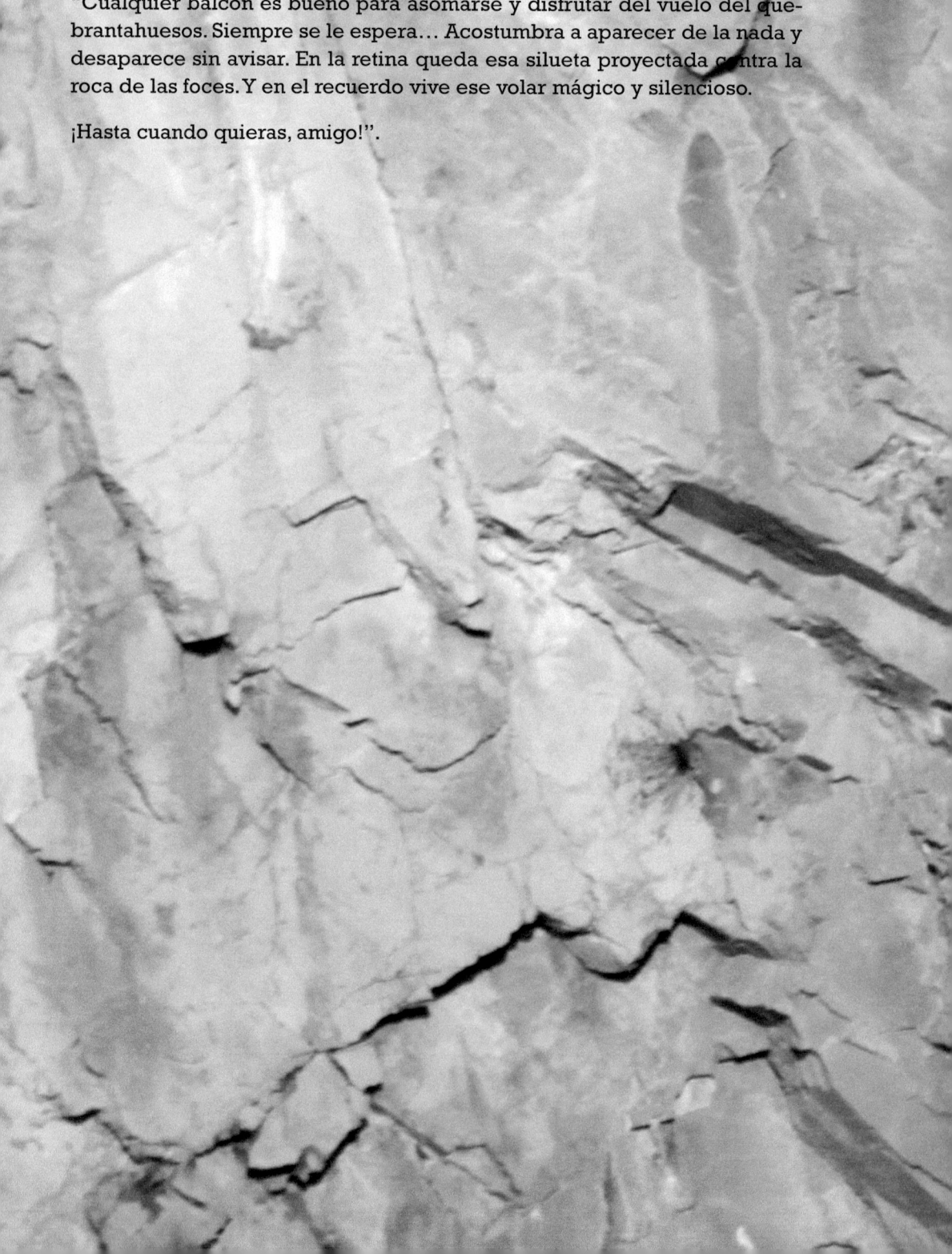

Eduardo Primo Iriarte
Naturalista de Lumbier, apasionado por las aves rapaces
y el quebrantahuesos

"Cualquier balcón es bueno para asomarse y disfrutar del vuelo del quebrantahuesos. Siempre se le espera… Acostumbra a aparecer de la nada y desaparece sin avisar. En la retina queda esa silueta proyectada contra la roca de las foces. Y en el recuerdo vive ese volar mágico y silencioso.

¡Hasta cuando quieras, amigo!".

Eduardo Viñuales Cobos
Escritor y naturalista de campo

"Fin de semana de octubre. Llueve y hace frío. ¿Mejor quedarse en casa? Al final Lukas y yo nos decidimos sin tener muy claro si salir al monte a buscar el color de los arces en otoño por los alrededores de Ruesta, en la orilla derecha del pantano de Yesa. Llueve, por unos minutos para de llover, sale el sol y vuelve a llover con gana. En un instante inesperado el arco iris enmarca estos paisajes algo más elevados que no fueron tragados por las aguas de la presa. Debajo de sus colores aparece estático Esco, un pueblo abandonado forzosamente que pese a su mala fortuna parece querer resistirse aún a la ruina total. Es el símbolo de un hermoso y tranquilo país pirenaico desvencijado, barrido por el éxodo rural. Un territorio natural y humanizado que se apaga, mientras este sol ilumina el cielo y la tierra. Pienso que hoy, una vez más, ha merecido la pena salir a vivir y fotografiar lo natural".

Francisco Serrano Ezquerra
Micólogo, fotógrafo de la Naturaleza.
Autor de la web "Setas y sitios"

"La influencia de la masa de agua del embalse de Yesa sobre los robledales y pinares de esta zona –protegida además por la Sierra de Leire– hace que proliferen gran cantidad de especies fúngicas pertenecientes a diversas especies: *Amanitas*, *Cortinarius*, *Tricholomas*, *Russulas*, *Hygrophorus*, *Boletus*, *Leccinum*, *Cantharellus*, etc. Es una delicia ver grandes colonias de esta "peziza" anaranjada en los días húmedos de otoño, la *Aleuria aurantia*".

Iosu Antón Lázaro
Entomólogo, naturalista y guarda de medio ambiente
del Gobierno de Navarra

"En la Alta Zaragoza tenemos una hermosa joya entomológica de nuestros pinares, la graellsia o mariposa isabelina (*Actias isabelae*). Viéndola más de cerca se ve que los machos –como el de la foto– están muy bien adaptados por estas antenas tan desarrolladas que les sirven para buscar a las hembras a través de las feromonas que ellas segregan. Los meses de mayo son un enorme placer cuando uno puede disfrutar del vuelo de estas criaturas. Fotografía realizada en el entorno de Tiermas".

Javier Ara Cajal
Fotógrafo especializado en temas de fauna pirenaica

"No hay ave que se pueda comparar en majestuosidad al águila real (*Aquila chrysaetos*). Esta enorme rapaz vuela sobre las cumbres montañosas escudriñando el cielo y la tierra en busca de alguna presa sobre la que lanzarse a una velocidad vertiginosa. Un ave de este tamaño necesita para sí y para sus crías un área de caza muy extensa, por lo que demuestra una agresiva territorialidad frente a sus congéneres y otros posibles competidores. En estas montañas de la Alta Zaragoza el águila real encuentra numerosos cantiles rocosos adecuados para llevar a cabo su nidificación".

Joaquín Guerrero Campo
Biólogo, trabaja en Biodiversidad del Gobierno de Aragón, miembro de
Asafona (Asociación de Fotógrafos de la Naturaleza de Aragón)

"A veces los encuentros son inesperados. Ese día trataba de encontrar en
el norte de Zaragoza rastros de un animal que parece haber desaparecido
aquí, el topillo de Cabrera o iberón. Aunque no lo encontré, entre las hierbas
altas y los juncales apareció una bella ranita de San Antonio. Este pequeño
animal, con sus discos adhesivos en los dedos, es capaz de trepar por cualquier lugar. Además de inmortalizar su imagen más habitual subida en un
junco, decidí tomar una fotografía más atípica y simbólica, como la silueta
que forma esta bella ranita escalando una hoja".

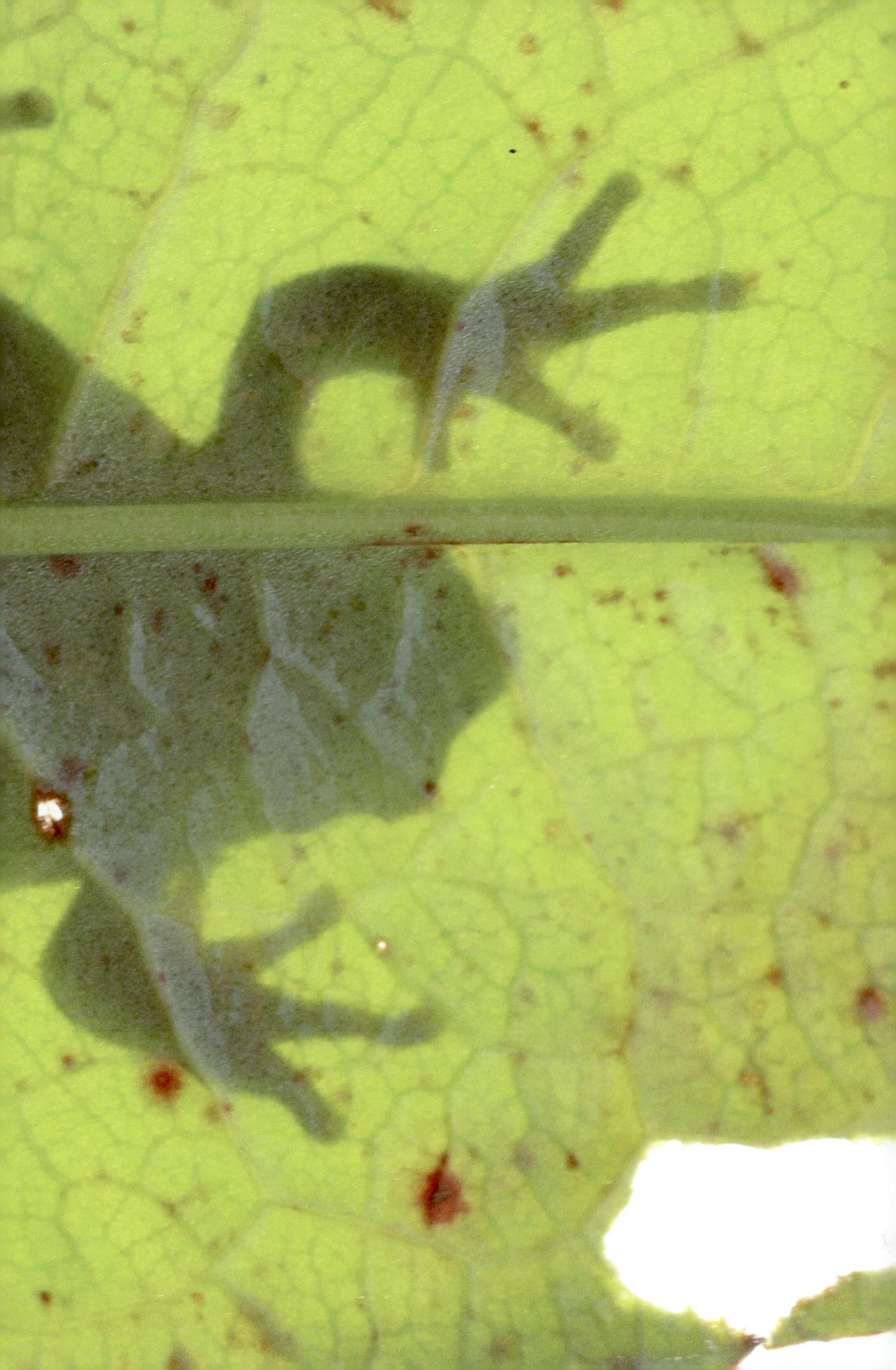

Jorge Ruiz del Olmo
Fotógrafo naturalista.
Autor del libro "Pirineo luminoso"

"Me sumerjo en una poza del río y, trascurridos unos minutos, dejo que me rodeen los bandos de madrillas (Parachondrostoma toxostoma). Si uno se queda quieto, los peces te rodean y te estudian. Incluso llegan a picotear tu piel muerta. En realidad aprovechan nuestros movimientos bruscos en el agua porque agitamos lodos y materia orgánica que pueden ser una fuente de alimento para ellos. Allí, dentro del agua, me doy cuenta de que para las madrillas y otras especies de peces los humanos representamos una oportunidad".

Juan Carlos Muñoz Robredo
Uno de los grandes fotógrafos de la Naturaleza de toda España

"La foz de Arbaiun o Arbayún, en la parte navarra de la Sierra de Leire es para mí la reina de las gargantas de Euskal Herria. Sus especiales dimensiones y la belleza de su trazado la convierten en el cañón más bello de toda la comunidad foral. Viento, agua y tiempo han ayudado a que sea una de las más salvajes e inaccesibles. Desde el mirador de Iso, en otoño, uno contempla esta panorámica extraordinaria".

Lukas Viñuales Clariana
Joven naturalista aragonés

"Un día de octubre, junto al río Esca, vi a lo lejos que algo estaba saltando dentro del agua, en la cascada que se formaba con una represa. Pensé que era algún tipo de pez. ¿Un salmón, aquí, en el Pirineo?, fue lo primero que me vino a la cabeza. Llamé a mi padre y nos acercamos a verlo mejor, de cerca. Eran las truchas del río que querían remontar el cauce. Allí estuvimos mirando y pasamos un muy buen rato, tratando de fotografiar a estos animales fugaces cada vez que uno de ellos, casi por sorpresa, saltaba a contracorriente".

Pedro Montaner Escudero
Fotógrafo oscense de naturaleza, gastronomía, turismo, bodas y mucho más

"Para fotografiar fauna, a veces suelo utilizar un hide o escondite con aspecto de tienda de campaña. Me aposté en la orilla del pantano de Yesa. Cerca había dos cormoranes. Uno bucea. Enfoco pues al otro ejemplar. Pero el que estaba sumergido sale de repente a la superficie con una carpa gigante. Cuando lo vi casi me da un desmayo. Me dio tiempo a cambiar el punto de mira, enfocar y disparar varias series tratando de tragarse semejante pez, estirando el cuello en ese esfuerzo por tragárselo. No me lo podía creer que se engullera ese animal. Supongo que tendría para días".

Rafael Marzal Lamana
Miembro de la Asociación de Fotógrafos de la Naturaleza Aragonesa,
Asafona

"Me gusta salir al monte con el equipo e ir caminando, observando. Algunas veces tengo la suerte de cara y, ayudándome de una red de camuflaje para ocultarme puedo fotografiar lo que se me pone delante, disfrutando de momentos muy especiales como fue el caso de este carbonero común (*Parus major*) fotografiado un día de invierno en estos valles y montañas del Pirineo Aragonés Occidental".

Roberto Del Val Tabernas
Agente de Protección de la Naturaleza del Gobierno de Aragón,
naturalista y escritor

"Como caído del cielo, en mitad del paraíso, aislado. Así es Asso-Veral, este pequeño burgo castral del siglo XII-XIII, abrumado de belleza y de luz, abrigado de bosques y coronado de nieves, resistente al inexorable paso del tiempo".

Santi Yaniz Aramendia
Fotógrafo y editor vasco apasionado por los Pirineos. En los últimos
años se ayuda de cámaras en drones

"Dos años de espera: No, el nivel de Yesa no bajó lo suficiente el último año
y no había sido posible gozar de las aguas cálidas y sulfurosas de lo que fue
el balneario de Tiermas. Esa imagen estaba esperando en mi memoria visual desde mucho tiempo atrás. Y esta vez sí, por fin hubo sequía. Primero
estuve una hora allí abajo, sumergido en el agua como esas figuras que
parecen elementos de un puzzle, gozando. Luego despegué, levanté la mirada sabiendo lo que iba a buscar: la estructura de las viejas termas y las
pozas azuladas que quizás en poco tiempo quedarán sumergidas para
siempre en el despropósito de un embalse recrecido. Ahora son presente,
y puede que en breve ya sean historia".

Sergio Padura
Fotógrafo freelance que reside en Echo y que desde allí
recorre el Pirineo Aragonés en busca de luces y atmósferas

"A finales de verano las noches en esta parte de los Pirineos refrescan y no
es raro que se formen efímeros bancos de niebla al amanecer que avisan
que la estación está cambiando".

"La gente no mira el paisaje, mira la pantalla del ordenador, el teléfono móvil. Estamos absorbidos por el mundo virtual, que ha sustituido al real. La mirada se educa, el paisaje se aprende, hay que enseñarlo".

Eduardo Martínez de Pisón.

Roca Cabeza del Moro.

CLAVES PARA VISITAR EL ESPACIO. RUTAS Y PUNTOS DE INTERÉS

Hay escenarios naturales de la Alta Zaragoza que son, o deberían ser, una clara referencia para intentar conocer a fondo las muchas maravillas que atesora este territorio. Hablamos de "lugares clave" para poder entender mucho mejor este derredor: peñas, montes y sierras, sendas y caminos, cuevas, barrancos, ríos, fuentes, balsas, seres vivos, bosques… o grandes árboles monumentales.

Como diría el geógrafo Eduardo Martínez de Pisón, aquí uno aún puede ser un buen observador de la Naturaleza, todavía marginal y escondida, donde leer el libro de la Tierra: viajando por el seno umbrío de las distintas foces, cruzando sus sierras, caminando junto a las aguas, asomándonos a las "cinglas" y considerando a todos estos paisajes como si fueran en conjunto un ser vivo a conocer, respetar y proteger.

NAVARRA

Aspurz

Navascués

Napal

SIERRA DE ILL

Orradre   Iso

Belbún

Bigüézal

Castill

Río Salazar

Domeño

Usún

Grúmalo (1.174m)

▲

Paso del Oso (1.334m)

Arangoiti (1.355m)

▲

▲

⑪

Monasterio de Leire

SIERRA DE

(a Pamplona)

←

Yesa

Tiermas

Río Aragón

Embalse de Yesa

Javier

Rue

goza

Undués de Lerda

Río

↓

Autor: Roberto Del Val Casas
Obra derivada de MDT25 y BTN25 CC-BY 4.0 ign.es

(a Ejea y Sos de

Algaraieta (1.264m)

(a Roncal)

Navarra

Huesca

Zaragoza

HUESCA

Burgui

10

8

Virgen de la Peña (1.291m)

2

7

9

Lorbés

1

Salvatierra de Esca

5

Majones

Bco. de Gabarre

Villarreal de la Canal

Río Esca

4

Orba (1.241m)

3

12

Sigüés

SIERRA DE ORBA

Asso-Veral

Miramont

(a Jaca)

13

N-240

14

Río Aragón

16

Berdún

Artieda

Mianos

15

A NOBLA

ña Musera (990m)

Peña Nobla (1.076m)

17

Martes

Cerro del Turullón (1.051m)

RAGOZA

Bagüés

lico)

Km

0   5   10

1. Río Esca

El Esca que, nace en el Pirineo navarro, en Isaba –donde se juntan los ríos Belagua y Uztárroz–, corre en sentido norte-sur por el valle de Roncal y se encajona al entrar en la provincia de Zaragoza en una bella foz de rocas calizas que está repartida a medias entre los municipios de Burgui y de Salvatierra de Esca, abierta entre los relieves de Belbún –Sierra de Illón– y de la Virgen de la Peña. En esta zona recibe el agua de los barrancos afluentes de la Garona y de Gabarre.

Una vez rebasada esta última localidad sus corrientes vuelven a encajonarse en un segundo desfiladero fluvial más meridional que también está repartido entre dos términos municipales, en esta ocasión ambos zaragozanos: Salvatierra de Esca y Sigüés, creando un tajo espectacular de hondos precipicios y pliegues geológicos, el cual ha sido horadado pacientemente entre las sierras de Leire y de Orba.

Ya aguas abajo, este río de aguas limpias y frías, bravas y oxigenadas, desemboca mansamente cerca de la Venta Carrica en la margen derecha del río Aragón, donde está la cola del embalse de Yesa.

El río Esca se acompaña en sus orillas de árboles amantes de la humedad y el agua, como sauces, álamos negros o chopos y fresnos… pero el revoltijo de especies vegetales es mayúsculo cuando la propia angostura del fondo del valle, en estas foces o congostos, genera un microclima muy espe-

Cauce del río Esca.

cial que da lugar a la aparición del fenómeno de la inversión térmica, gracias al cual aparecen también especies tan dispares mezcladas como el haya, la encina, el madroño, el tejo, el pino silvestre, la coscoja, los arces, el durillo o el acebo... además de pequeñas plantas rupícolas que crecen en los cortados, algunas de ellas endémicas.

El Esca baña una longitud total de 51 kilómetros de ribera –de los que unos 8 corresponden a Zaragoza provincia– y dispone de una cuenca hidrográfica de 525 km2 –80 km2 en tierras zaragozanas–. Su régimen es nivo-pluvial.

Hay que destacar la riqueza piscícola del tramo final del río Esca, ya que se han detectado ocho especies de peces, lo cual es una diversidad altísima. Estas especies son: la lamprehuela, la locha de roca, el barbo, la trucha común, la madrilla, el gobio, el black-bass y el foxino.

Antiguamente al río le llamaban con el nombre en femenino: la Esca. En Navarra y Euskal Herria le denominan Ezka. Y hay quien lo acentúa erróneamente con tilde en la "a": Escá. Tuvo varios molinos harineros que más tarde se dedicaron a producción eléctrica.

2. Foz de Salvatierra o de Burgui

La mitad norte de esta foz más norteña del río Esca pertenece al municipio de Burgui, y la mitad sur al de Salvatierra de Esca. Un cartel en la carretera indica el cambio de una provincia a otra, de Navarra a Aragón.

Pese a que el firme de la carretera cambia y a que la parte foral está protegida desde el año 1987 como una Reserva Natural –de 155 ha de superficie–, se trata de la misma foz, de la misma Naturaleza que en sus componentes paisajísticos, geológicos, faunísticos y botánicos no entiende de fronteras. Hablamos, por lo tanto, de un precioso y profundo cañón que el río Esca ha excavado a lo largo del miles de años sobre las calizas y dolomías de estas sierras interiores, cortando por la erosión del agua de manera perpendicular las sierras de Illón –monte de Belbún– y de la Virgen de la Peña, constituyendo la salida natural del valle de Roncal hacia el río Aragón.

Mantienen en su interior comunidades vegetales de gran interés como son las abundantes tileras –bosquetes de tilos– o bosques mixtos de barrancos frescos, zonas en las que aparecen especies que habitualmente se encuentran relegadas a zonas marginales o resultan escasas en nuestros bosques. Dada su posición, en esta primera foz se nota una mayor influencia de tipo atlántico al constatar una presencia más numerosa de árboles centroeuropeos como las hayas, los robles albares o el abedul. No faltan las encinas o carrascas, bojes, quejigos, pinos albares, temblones, acirones o "illones", olmos de montaña, avellanos, boneteros... y pocos arbustos de sabina negral, madroño, durillo, algún tejo, etc. En el conjunto de la abundante fauna destacan las aves rupícolas que nidifican en sus paredes, con una nutrida colonia de cría de buitre leonado, además de otras especies nidificantes como el importante quebrantahuesos, águila real, halcón peregrino, alimoche, cernícalo, cuervo, chova piquirroja, grajilla, vencejo real, avión roquero...

Foz de Salvatierra o de Burgui.

En su interior hay interesantes parajes, algunos muy poco conocidos, como la cueva del Moro, la fuente de Belbún –con unos canalazos–, la cabaña Peceta o los escarpes de Tastarina –debajo de la ermita– y de Valdesacos –en el lado de Belbún–.

La foz forma parte importante de la Red Natura 2000 –tanto en Aragón como en Navarra–, bien como LIC o ZEPA, y es un Lugar de Interés Geológico de Aragón.

3. Foz de Sigüés y de Salvatierra de Esca

La foz sur, la que abre paso entre Sigüés y Salvatierra de Esca –o viceversa, según sea nuestro sentido de la marcha– se ubica en la confluencia de ambos términos municipales y está formada igualmente por la acción erosiva de las aguas del río Esca que han sido capaces de disolver las duras calizas y rocas areniscas que componen el armazón geológico de las contiguas sierras de Leire y de Orba.

Este cañón fluviokárstico cruza ambos relieves montañosos de forma perpendicular, originando el trazado de un profundo y escarpado desfiladero fluvial de dimensiones formidables que acoge en su seno a una flora y fauna tan rica como interesante.

Aunque aquí vamos a encontrar prácticamente la misma biocenosis, idéntica vegetación de ribera, de bosque o de roquedo, podríamos asegurar que a diferencia de la foz norte (la de Salvatierra-Burgui) este otro paraje tan similar y próximo adquiere una influencia climática más de tipo mediterráneo y termófilo, es decir, menos fría, fresca y húmeda. Las hayas eurosiberianas son aquí más escasas, y sin embargo prolifera en mayor medida esa otra flora más emparentada con lo tropical: como el durillo, el madroño, el jazmín silvestre o la olivilla… comunidades florísticas que se ven abrigadas del cierzo o de la helada, y que a su vez están amparadas por una cierta humedad mayor que a su alrededor. Es lo que el maestro botánico Pedro Montserrat llamó "restos de una laurisilva pirenaica". Colgando del vacío, aprovechando repisas, terrazas inverosímiles, grietas o fisuras no faltan enebros, sabinas, higueras, el té de roca, aladiernos, las parras silvestres –"parruzas"–, guillomos, coronas de rey… o la *Petrocoptis* de flores blancas. Todo ello compone un monte protector, fijador de gleras y colonizador de los estratos de roca desnuda.

Foz de Sigüés y Salvatierra de Esca.

Parajes de interés son las pozas de baño del Campo del Puente, las fuentes de la Garona y de San Juan, la cueva y surgencia de agua de Moraido, la desembocadura de la Garona, el encinar del Llano de Eza, Moncín, el barranco del Fornazo, la Cabeza del Moro y las paredes de escalada de Peña Blanca o de Peña Palomera –en el kilómetro 5 de la carretera A-137–, las peñas de Portiellas, el Medidor de los Aforos, el Mirador de la Foz –en La Iruela–… o el puente de San Juan.

Recientemente se han encontrado pinturas rupestres de color rojizo en una de las paredes de esta foz. Se trata del descubrimiento de un nuevo núcleo del denominado arte esquemático que se caracteriza por la simplicidad de sus trazos.

La Foz de Sigüés y Salvatierra de Esca es un Lugar de Interés Geológico de Aragón y forma parte de la Red Natura 2000.

4. La Cabeza del Moro

Este paraje fotogénico se encuentra en la foz de Sigüés a Salvatierra de Esca, pero ya dentro del término de este último lugar, junto a la marcada curva del barranco del Fornazo donde hay un cartel señalizador de las vías de escalada en la contigua Peña Palomera.

Sobre la roca de Salvatierra aparece esculpida la Cabeza del Moro.

La Cabeza del Moro, también llamada la "Cara del Hombre" –situada para más señas entre la carretera asfaltada A-137 y el cauce del río, en el kilómetro 5,2– es una gran piedra que debe ser contemplada en sentido de sur a norte, es decir, observando su fachada meridional.

Es allí donde el contorno de la roca caliza gris semeja ser ante nuestra mirada el de una cara humana, que recibe un topónimo popular que hace referencia al nombre de "Moro", como sucede en otros muchos lugares de la geografía ibérica en los que se recuerdan las antiguas afrentas entre musulmanes y cristianos.

Este pequeño detalle visual hace del paraje un rincón muy singular y atractivo, realmente fotogénico, pese a que año tras año dicho perfil pétreo se va disimulando debido al crecimiento y exuberancia de la vegetación arbórea que acompaña al río Esca, y que ya empieza a ocultar el rostro rocoso.

5. Barranco de la Garona

Este profundo barranco lateral de la foz sur de Salvatierra de Esca constituye un enorme tajo en la roca, paraje al que algunos han comparado con "un pequeño Cañón de Añisclo" en esta esquina norte de la provincia de Zaragoza. El arroyo de la Garona nace en la vertiente oriental de Bigüézal –en Navarra– y se abre paso entre las sierras de Leire e Illón. Transcurre por el término de Castillo Nuevo y se adentra agrestemente en la provincia de Zaragoza para desembocar, tras un gran salto final o cascada –de 48 metros de caída, y de gran caudal tras días de lluvias–, en la margen orográfica derecha del río Esca. El Garona tiene una cuenca hidrográfica que recoge las aguas de lluvia de un terreno aproximado de 32 km2 de superficie y recorre más de 10 km de monte.

Barranco de la Garona.

Es un lugar muy atractivo para los amantes del barranquismo, deporte de aventura que encuentra aquí, en su secreto interior, toda una serie de verdes "gorgas" o badinas, toboganes, pozas, varios saltos y resaltes que requieren del uso de anclajes, cuerdas de escala y traje de neopreno para realizar un descenso con cuatro rápeles, y con más de 3 horas de duración.

Es el hábitat de anfibios como ranas, sapos y tritón pirenaico.

6. Belbún, Sierra de Illón

El extremo oriental de la Sierra de Illón –donde está la punta más alta– es lo que en Salvatierra conocen mejor como "Belbún", zona escarpada sobre la foz norte del río Ezca –que conecta con el valle de Roncal–, en un monte muy agreste lleno de escarpes, fajas herbosas, roquedos y terrazas colgadas pobladas de numerosas hayas –en la ladera de orientación solana de "El Hayar"– junto a pinos silvestres, y por donde discurren algunos viejos caminos tan apenas transitados hoy en día, prácticamente perdidos, pero que antaño acercaban a las gentes de la zona hasta parajes recónditos como la fuente de los Canalazos, la cabaña Peceta, los cubilares de Canales y Chapillo, el Puntal de Picón... o un lugar clave llamado "El Paso" que permite descender por un punto débil en la barrera rocosa hacia la carretera que va a Castillonuevo.

Belbún, Sierra de Illón.

Illón quiere decir arce, en alusión al acirón, el *Acer opalus*. En su orografía se descubren cabañas de pastores y un dolmen –el de Faulo– que testimonia la presencia del hombre ganadero hace muchos miles de años en estas montañas.

La Sierra de Illón que se alarga hacia el oeste por Navarra, corona en los puntales del Alto del Borreguil (1.420 m), San Quirico (1.175 m) –con ermita– e Idocorri (1.075 m). En su otro extremo montaraz, el occidental, la sierra se ve delimitada por otro río importante, el Salazar, que ha excavado la Foz de Benasa, declarada Reserva Natural.

Geológicamente, los niveles más antiguos son unas dolomías y calizas del Cretácico superior, pero también aparecen areniscas calcáreas, niveles margosos y arcillas rojas. Además de los bosques y la vegetación rupícola, especial mención merecen los pastizales superiores –paso de la Cañada Real de los Roncaleses–, espinares y zarzales. Esta sierra es el hábitat del quebrantahuesos, el águila culebrera, el tejón, el gato montés, la mariposa isabelina de los pinares de montaña, el corzo, el jabalí… o una rara polilla de color anaranjado que los entomólogos conocen como *Eriogaster catax*.

7. Virgen de la Peña y Bardipeña

En el alto estribo meridional de la parte este de la Foz de Salvatierra se yergue un gran peñasco calizo sobre el que se sitúa una antigua ermita, un santuario próximo al límite con Navarra al que los salvaterranos guardan gran devoción: Nuestra Señora o Virgen de la Peña, llamada así porque realmente se ubica en un auténtico balcón natural, colgada de las rocas verticales en la Sierra de Bardipeña o Valdipeña. Como en casi toda cima de relevancia, junto a la misma hay un blanco vértice geodésico, a 1.291 m de altitud sobre el nivel del mar, y un buzón montañero.

El acceso a este lugar distante unos 8 kilómetros de la localidad de Salvatierra se puede efectuar bien por pista forestal –cerrada al tránsito de vehículos no autorizados– o por la vieja senda del Solano que empleaban los romeros, unas dos horas de camino y 750 metros de desnivel.

A modo de mirador, desde su atalaya se despliega un majestuoso panorama: a sus pies se hunde la foz de Salvatierra –excavada por el río Esca–, encima queda la vecina Sierra de Illón, debajo el pueblo de Salvatierra y la apertura de la foz hacia Sigüés… y enfrente se contemplan las sierras de Leire y de Orba. Una mesa de interpretación del paisaje nos ayuda a reconocer estos relieves físicos y otros

Virgen de la Peña y Bardipeña.

parajes algo más distantes de las montañas jacetanas como los picos de Bisaurín, Aspe, Collarada, Mesa de los Tres Reyes, Orhi... Peña Oroel o San Juan de la Peña.

Según es tradición, la actual ermita barroca se reconstruyó sobre los antiguos restos de otra anterior. La edificación actual corresponde al siglo XVIII, de estilo barroco, con una construcción de mampostería de cubierta a doble vertiente. La portada que aparece en el interior de un pórtico es de medio punto con grandes dovelas y sobre ella se dispone una hornacina. En la hornacina sobre la puerta se halla una talla de María con el Niño –del siglo XVI–. En el tejado cuenta con una sencilla espadaña. La nave es de tres tramos separados por pilastras, con bóveda de cañón. En el lado de la epístola se sitúan la sacristía y otra capilla, ambas cubiertas con bóveda de cañón. A principios del siglo XIX estaba decorada con cinco retablos, el principal está dedicado a Nuestra Señora de la Peña que se complementa con varias esculturas. Los otros cuatro altares están dedicados a San Francisco Javier, Santo Tomás de Aquino, San Antonio de Padua y San Miguel Arcángel. Cuenta además con unas pinturas murales tardobarrocas por toda la nave, el coro y el púlpito o la sacristía. En las proximidades de la ermita se levanta un edificio destinado a ser la casa de los cofrades, el hogar del antiguo ermitaño y el aljibe que recoge el agua de lluvia. También hay una gran cruz de hierro.

Existen dos cofradías asociadas a esta ermita. La más antigua, fundada en el año 1521, es la de la Virgen de la Peña que fue creada con el fin de acabar con las rencillas y disputas por los pastos entre los vecinos de Burgui y Salvatierra. Y la otra, la actual, la de San José se creó cien años después.

La leyenda cuenta que en los remotos tiempos de su aparición los salvaterranos construían la ermita una y otra vez en un llano próximo al pueblo, bajo el peñasco, pero que al día siguiente, por obra divina, las herramientas y los materiales de construcción reaparecían de nuevo en lo alto de este elevado monte a modo de señal de la Virgen.

Debajo de la peña principal están el paraje de Tastavina y el Puntal de las Seis, formación rocosa que cuando hace una determinada sombra era interpretada desde el pueblo como que justo entonces eran las seis de la tarde.

En la pista de acceso, al llegar a la cresta de Bardipeña –en la muga con Burgui– se localiza disimulado entre los bojes y la vegetación el dolmen de Larra o de Bardipeña, de cámara simple y tres grandes bloques de piedra o losas. Fue descubierto como tal en el año 1955 por Tomás López Sellés, si bien en el informe del amojonamiento de los montes de utilidad pública del año 1928 ya se mencionan y referencian estas tres piedras como una "pirámide cuadrangular", sin saber realmente qué eran, pero que serían utilizadas para situar en ellas el "mojón número 16". Muy cerca hay otros dos dólmenes identificados como tales: el del Poyo Predicar y el del Poyo del Predicador, ambos muy disimulados por la vegetación de bojes.

8. La plana y las balsas de Sasi

Al oeste de la Sierra de Bardipeña el terreno montuoso concede un relax y ofrece un inesperado llano alto de pastos y campos de cultivo colgados a mil metros sobre el nivel del mar. Se trata de la Plana de Sasi, una pequeña meseta de nuevo repartida entre los términos de Burgui y Salvatierra de Esca, la cual cuenta con otra sorpresa más: la presencia de tres pequeñas balsas de agua natural. Estos humedales y el manantial que las alimenta son de origen kárstico, modificadas en algún momento de su historia para uso ganadero como abrevaderos. Dos de ellas están situadas en la parte navarra y la otra balsa en la zona aragonesa.

La Plana y balsas de Sasi.

Parte de los antiguos campos del llano de Sasi, donde antiguamente se cultivaba trigo y cebada, han sido recolonizados por el pino royo o silvestre. Entre las dos balsas hay una caseta que preserva un pozo de agua potable, fresca y agradecida en días calurosos.

Entre el conjunto de plantas acuáticas que se desarrollan en estas lagunillas abundan la espiga de agua *(Potamogeton natans)* –que desarrolla en la superficie sus breves flores blancas y que cubre casi toda la lámina de agua–, en las orillas aparecen los ranúnculos floridos *(Ranunculus trichophyllus)*, mientras que en el borde del agua se distribuye una vegetación variada como el esparganio *(Sparganium erectum)*, la juncia redonda *(Eleocharis palustris)*, *Alisma lanceolatum*, *Alopecurus geniculatus*… Fuera del propio humedal, sobre suelos encharcados abundan los juncos *(Juncus inflexus)*, formando un denso juncal entre los que aparece el *Carex hordeistichos*, una planta rara que está catalogada como amenazada.

Entre la fauna que albergan estas tres balsas abundan anfibios como la rana común –la más ruidosa y abundante–, además de los sapos común, partero y corredor, o la rana bermeja. Son aguas en las que realiza sus puestas el tritón palmeado, pero donde destaca la presencia de la escasa ranita de San Antón y del tritón jaspeado. También son muy interesantes para los entomólogos por la variedad de odonatos –libélulas– presentes.

Las balsas de Sasi están incluidas en el inventario de Zonas Húmedas de Navarra y forman parte de la Red Natura 2000, dentro de la Zona de Especial Conservación "Sierra de Illón y Foz de Burgui" y de la Zona de Especial Protección para las Aves "Salvatierra, Foces de Fago y Biniés, Barranco del Infierno".

9. Foz de Forniellos

Justamente debajo de la Plana de Sasi, en la pendiente vertiente sur del monte llamado Huyerma se abre en la roca caliza otro cañón fluvial de mediano tamaño: la Foz de Forniellos, un desconocido desfiladero, estrecho y realmente espectacular por lo escarpado del terreno. No tiene fácil acceso a su interior, pero se puede llegar hasta sus inmediaciones bien por la parte alta del Paco Huyerma, o por la pista forestal del pinar del Paco Lafuén desde el valle del río Gabarre. Este otro pasillo natural tendrá unos 700 metros de longitud por algo más de 100 metros de profundidad.

Foz de Forniellos.

En el año 2008 en varios abrigos y covachas de esta foz apareció un importante conjunto de manifestaciones rupestres de estilo esquemático, adscritas a una posible época post-paleolítica, de entre el 2.500 y el 4.500 a. de C. Se trata de once estaciones con imágenes y trazos situados en los abrigos prehistóricos que espeleólogos y arqueólogos han dado en llamar la Cueva de Peñarroya –con un centenar de puntos rojos–, el Balcón de Forniellos, el Frontón de Forniellos, la Terraza y la Raja. La importancia simbólica de este lugar de hábitat y culto para nuestros más antiguos antepasados conocidos queda también plasmada en la existencia añadida de enterramientos prehistóricos, lo que corresponde a cuevas funerarias con restos óseos.

La vegetación es de tipo termófilo, compuesta por encinas o carrascas, cornicabras, bojes, pinos silvestres, guillomos y algún madroño.

Presencia de rapaces como buitres, quebrantahuesos, halcón, búho real... y otras aves rupícolas como el vencejo real o el roquero rojo.

El paraje está incluido dentro del sector más occidental de la Zona de Especial Protección para las Aves (ZEPA) "Salvatierra, Foces de Fago y Biniés, Barranco del Infierno".

10. Foces de Bocaura y Fociello. Algaraieta y la Cucula

El confín más norteño de la Alta Zaragoza, límite con Huesca y Navarra, es una estupenda reserva forestal dominada de forma natural por una extensa masa arbolada de pino silvestre de origen natural –no repoblado– en la que no faltan especies muy representativas de las umbrías del Pirineo central, como el abeto blanco –hasta medio millar de pies contabilizados–, el haya, el serbal de cazadores, el olmo de montaña o el acebo.

Perdida y apartada, esta zona es accesible por pistas forestales cerradas al tránsito de vehículos no autorizados, siendo un auténtico laberinto de barrancos, "agujeros" u hondonadas profundas que todavía conservan una gran naturalidad en su paisaje. Entre estos vallejos húmedos de los montes de utilidad pública de Huyerma y Gabarri cabe citar los barrancos de Pastor, Castillo, Pichorro o Clemente... y donde se esconden otras dos pequeñas foces o desfiladeros llamados "Bocaura" –atravesado por el río Gabarre– y "El Fociello" que nace en Valdecucharas. Algunos parajes pintorescos, de interés ecológico sin duda son la fuente de Botovía, la Avellaneda, Navarrán, Las Espolongas, el hayedo del Paco de la Tosca, el abetal del Paco Ulló, la Punta Chanlayo y el hayedo de Vallitabroz.

Foces de Bocaura y Fociello, Algaraieta y Cucula.

La zona es muy interesante desde el punto de vista micológico. Entre la fauna se deben citar insectos raros de centroeuropa como la mariposa nocturna cuatrotés (*Algia tau*) o la rosalía alpina, y aves forestales como el carbonero palustre, el pito negro o el camachuelo, además de la víbora áspid, el cangrejo de río autóctono, el endémico tritón pirenaico, la garduña, el jabalí, el corzo, el ciervo –cada vez más presente– o la ardilla.

Su cierre norte lo constituye la cresta divisoria de los montes de la Cucula (1.203 m) –donde hubo un castillo, antigua construcción de vigilancia– y de Algaraieta (1.264 m), alturas boscosas defendidas por un estrato de roca y por cuya parte superior discurre el sendero de gran recorrido GR-15 procedente de Fago.

Más al sureste, cerca de Lorbés y del vértice de Puyopinar, se estira el barranco de Sacal, también vestido de verdes pinares musgosos que año tras año ganan espacio gracias a la despoblación humana de estas geografías tan apartadas.

11. Sierra de Leire

La sierra de Leire –o Leyre– es una larga alineación montañosa –orientada de este a oeste– que a lo largo de casi 30 km se levanta en la frontera occidental entre Zaragoza y Navarra discurriendo de forma paralela a la Sierra de Illón que queda más al norte.

Antiguamente recibía el nombre histórico de sierra de "Oil" –u "Oyl", e incluso "Ugile"–, tal y como aparece recogida en los documentos de fundación del monasterio de Fonfría –año 850– o en el trabajo de Labaña –del año 1610–. En algunos escritos, asimismo, es mencionada como Sierra de Errando.

Cerca de Tiermas y de Esco el paisaje esconde fuentes, verticales barrancos, pasos naturales o collados, restos de corrales y cubilares, monolitos de piedra, cuevas y cinglas, que hacen de su exploración interior una auténtica aventura apenas descrita en los manuales excursionistas modernos. Algunos de los puntos más elevados corresponden al Castellar, el Escalar, el Portillo, el Paso del Oso, el Alto de Fuente Fría… o, ya en término de Romanzado, al monte Arangoiti (1.355 m), cima rematada por un conjunto de antenas que afean este paisaje pero desde donde se disfruta de una extensa panorámica de la cuenca del río Aragón y el pantano de Yesa.

Debido a la frontera biogeográfica existente entre la vertiente norte y la sur de esta sierra prepirenaica existen grandes diferencias.

Sierra de Leire nevada.

Mientras que el lado navarro es más suave y está cubierto de hayedos y robledales –con abedul y melojo–, la ladera aragonesa es una solana en la que la encina y el roble quejigo –acompañados de bojes, enebros y coscojas– son los árboles predominantes, y donde se produce una caída mucho más abrupta, cortada a pico por esas típicas paredes rocosas o "cinglas" en las que descansan buitres y águilas. La misma falda zaragozana de Leire, el piedemonte meridional, pese a estar considerado como un espacio de antiguo poblamiento humano se ha convertido hoy en día en un lugar solitario y silencioso, ajeno al paso de la autovía, por donde corre el tráfico rodado.

Geográficamente la sierra se ve rodeada por los ríos Esca, Aragón, Salazar e Irati, valles donde se hunden otras foces espectaculares como las de Arbayún y Lumbier.

Geológicamente Leire está formada por calizas, dolomías y areniscas calcáreas, con niveles margosos del Cretácico. Es una zona importante para la avifauna rupícola, con grandes colonias de buitres, con alimoche, quebrantahuesos, águilas reales, culebreras y calzadas, búho real, chova piquirroja… e incluso con el retorno del águila azor perdicera en los últimos años.

12. Sierra de Orba

Como si fuera la continuación hacia oriente de la Sierra de Leire, pero interrumpida por el paso erosivo tajante del río Esca, nos encontramos con la Sierra de Orba, otra alineación montañosa prepirenaica –de unos 8 km– cuyos límites son: al norte el barranco Gabarre –entre Salvatierra y Lorbés–, al oeste la foz de Sigüés-Salvatierra, al sur el valle del río Aragón –donde está el caserío de Miramont– y al este los barranco del Campo –con la pedanía de Asso Veral– y de Sacal.

El vértice geodésico del Puntal de Orba, con 1.236 metros, es uno de los puntos de mayor altitud de esta parte de la provincia, pero se halla oculto bajo la frondosidad del bosque, en una larga cresta sin cerros o puntas sobresalientes. En sus inmediaciones perdura un maduro rodal de árboles centenarios, robustos robles que por su aspecto debieron ser trasmochados para aprovechamiento ganadero.

La Sierra de Orba constituye un horizonte perdido, ignorado por muchos andarines que nunca han intentado subirse a su lomo o adentrarse paso a paso en sus parajes reservados. No hay apenas caminos balizados, y la subida a la parte superior requiere de cierto conocimiento para no perder la traza de una senda semiolvidada que avanza entre pinos, carrascas, brezos, robles y, lo que es más interesante,

Arbolada Sierra de Orba.

uno de los pocos bosques del Alto Aragón de roble melojo o rebollo, el cual se ve favorecido por el afloramiento de un sustrato ácido de roca arenisca. Al igual que en Leire aquí también hay una gran diferencia entre la cara norte –el "paco"– y la sur –el "solano"– que se cubre de un impenetrable matorral esclerófilo seco, pinchudo y áspero. La fauna es prácticamente la misma.

Algunos sitios de interés son el Paso de las Losas, Pasolobo, los Turrullones, la Grieta, el Chaparral de Miramont, Cuevacalera, el Valellón de las Hayas, los ibones de Fociella, el Modrollar –en alusión a los madroños–… y, por supuesto, las Cinglas, es decir, esos terrenos mixtos alargados de roca y tierra, de hierba y pared que abrazan o rodean la parte más escarpada de la montaña.

13. Carrasca de Miramont

En el caserío privado de Miramont, pedanía de Sigüés, encontramos una hermosa encina o carrasca *(Quercus ilex)*. Queda bajo la Sierra de Orba, a la derecha de la autovía A-21, a apenas 150 metros de la misma, entre los puntos kilométricos 69-70 en dirección de Jaca a

Arboladura de la carrasca de Miramont.

Sigüés. Milagrosamente salvada de la corta y destrucción se halla en medio de una finca agrícola, en un campo de cereales, destacando y marcando su impronta en un paraje desarbolado.

La Carrasca de Miramont, incluida en el *Inventario de Árboles Singulares de Aragón* –que no en el Catálogo que otorga una protección real–, presenta un doble tronco que aparece pegado desde las raíces, dos brazos o ramales robustos de 2,6 y 2,50 metros de perímetro cada uno. Tiene una gran rama desgajada que le ha abierto una gran herida. Posee una altura de trece metros con una gran y densa copa aparasolada. El perímetro de su base está en torno a los 5,50 metros. Es un ejemplar superviviente, representativo del magnífico bosque de encinas que hace muchos años se cortó y fue roturado para dar paso a la actual zona de cultivos de esta parte de la Canal de Berdún.

14. Sotos y ribera del Aragón

El río Aragón, el que da nombre a la Comunidad Autónoma, serpentea con su buen hilo de agua por el fondo de la Canal de Berdún, entrando en la provincia de Zaragoza a través del paraje de Alero de

Calcones, en Mianos. A lo largo de cerca de diez kilómetros entre este punto y la cola del pantano de Yesa el curso fluvial se acompaña de los restos de aquellos extensos sotos –o bosques de ribera, menguados por la agricultura– y de fértiles huertas regadas con el agua del río, playas de gravas o pequeñas zonas húmedas cubiertas de carrizales.

Esta es una ribera amplia, con ecosistemas bien conservados donde para mayor interés naturalista el río dibuja algunos tramos trenzados en los que el cauce se divide en varios canales, formando pequeñas islas que son el refugio de algunas aves y otros animales semiacuáticos como la nutria, bioindicadora de la calidad de sus aguas.

Los tupidos sotos que vamos a encontrar –como el de las Tempranas, el de Rienda, el del Molino, el de Miramón o el Soto Alto– componen formaciones vegetales arbóreas en las que predominan los chopos o álamos negros, los alisos, distintos tipos de sauces o mimbreras y los fresnos. Muchos de estos sotos y riberas son Montes de Utilidad Pública propiedad del Gobierno de Aragón. Asimismo, es muy interesante la presencia de varias orquídeas, flores abeja como la amenazada *Ophrys riojana*, endemismo del norte de la península ibérica que en Aragón sólo se ha citado aquí y en otro enclave más de las Cinco Villas.

Sotos y riberas del Aragón.

Curiosamente en este tramo se mezclan los bosques de ribera propios de los cursos medio-altos pirenaicos con los que son más propios de los cursos bajos mediterráneos, es decir, próximos al valle del Ebro, lo cual aumenta el valor y la biodiversidad de todos estos parajes. La fauna también es diversa y abundante con presencia de garzas reales, cormoranes, martín pescador, chorlitejo chico o las dos especies de milanos, el real y el negro.

15. Carrizales de la Canal de Berdún

Cerca de Mianos, entre los términos oscenses de Martes, Larués y Bagüés –en el paraje del barranco Arrial, km 7 de la carretera A-2602– se localiza el que quizás sea el mejor de todos los carrizales de la Canal de Berdún, el llamado Reguero del Tomizar, el único lugar de Aragón donde crían las tres especies de aguiluchos presentes en la península ibérica: el lagunero –que busca la cobertura y protección del carrizal central–, el cenizo –que cría en el contacto con los campos de cereal– y el escaso aguilucho pálido –más propio de zonas de monte y de matorral alto–. Y más cerca del límite con la Alta Zaragoza, casi lindando Martes con Mianos, aún sobrevive el

Carrizales de la Canal de Berdún.

pequeño carrizal de Cercito, cuyo nombre hace alusión a lugar de cierzo, ventoso.

Con el telón de fondo de las montañas pirenaicas, los diversos carrizales de la Canal de Berdún guardan el valor de lo testimonial, y gracias a su densa y alta maraña de vegetación –coronada por esos plumeros tan característicos– este ambiente asociado a las zonas húmedas naturales se halla disperso por la gran depresión intramontana de La Jacetania, con carrizales repartidos entre los núcleos de Bailo, Larués, Martes, Berdún y Santa Cilia de Jaca. Casi todos ellos están dentro de la parte oscense del valle del río Aragón y son: el Reguero de Bailo –también llamado Pauliella–, el del Llano Liscar, el gran carrizal de Cocorro o de La Isola –de difícil acceso al estar dentro de una finca privada–, el Reguero del Tomizar –que es el más importante de todos–, el referido Cercito, el de Cerzún, el de la Paúl de Artaso –cerca de la venta de Carlos–, el de la Subida a La Sarda –junto a la carretera N-240– y el de los Fosatos –en Santa Cilia de Jaca–. Antaño hubo más de ellos, pero con el tiempo han ido siendo roturados por la maquinaria agrícola y su superficie ha sido poco a poco usurpada por los campos de cultivo. Hoy, todos ellos forman parte de la Red Natura 2000 al ser parte de la Zona de Especial Protección para las Aves llamada "Sotos y carrizales del río Aragón".

Poco, o prácticamente ya nada, queda de lo que fueron ciertos carrizales como el Llano Ibón –donde hubo una laguna– o la gran mancha verde que hubo en el Llano Liscar y que tuvo una anchura próxima a los 40 metros. En las últimas décadas la concentración parcelaria ha ido acabando con lo que fue un gran ecosistema prepirenaico. Durante muchos años estos hábitats se conservaron porque se mantenían para el ganado mayor de bueyes, mulos y yeguas que se metían dentro encontrando así frescor, agua y brotes tiernos de los que alimentarse.

En el Reguero del Tomizar, donde confluyen una serie de pequeños barrancos afluentes, se halla una masa de carrizo con restos de chopera donde también hay juncos que utilizan ciertas aves para nidificar.

16. Roble Gordo o Chaparro de Arbea

Otro árbol destacado de la Alta Zaragoza, otro anciano vivo, es el llamado Roble Gordo de Artieda, también conocido por las gentes del lugar como "Chaparro de Arbea". Se trata de un quejigo (*Quercus faginea*) que aparece en mitad de un campo de cereal, cerca de un retazo boscoso, en uno de los caminos que discurren por las huertas

Roble Gordo o Chaparro de Orbea.

de Artieda, concretamente en el paraje que referencian los mapas como "Las Artigas". Algo escondido, se accede hasta él por el camino del corral de Perorero, desde la carretera de Artieda a Mianos. Se localiza a más de un kilómetro y medio de la ermita de San Pedro de Artieda –que queda al oeste– y a unos ochocientos metros del Camino de Santiago –que discurre más al sur–.

Como todo "chaparro" de esta zona, es un quejigo enorme que destaca por su gran tamaño, con unos 20 metros de altura y un diámetro en la base del tronco de más de 2,5 metros. Tiene un perímetro de 7,8 metros.

Con el recrecimiento del embalse de Yesa este árbol quedará anegado, desapareciendo así un ejemplar excepcional y un elemento del paisaje valiosísimo que aún guarda en sus entrañas la historia de este lugar. En alguna ocasión su imagen ha sido símbolo de las campañas en contra del macroproyecto hidráulico. Varias veces centenario, dicho árbol singular ha llegado a ser erróneamente calificado de "milenario".

17. Peña Musera y Sierra Nobla

En el frente meridional de la Alta Zaragoza se estira de oeste a este el lomo de la reforestada Sierra Nobla –o Nabla–, entre Ruesta –tramo final del río Regal– y las proximidades de Mianos con Martes, presentando altitudes máximas en torno a los 900 o 1.000 m de altitud en las Peña Musera y Peña Nobla o Nabla. Se trata de relieves más modestos que Leire y que Orba, que separan el valle de los Pintanos del de la Canal de Berdún –río Aragón–, y que ofrecen una formidable panorámica de las cumbres nevadas del Alto Pirineo occidental.

Los materiales terciarios que los geólogos denominan "la molasa" del Prepirineo (margas, areniscas, arcillas) son los predominantes, y son los que generan este resalte serrano que desciende rápidamente hacia el norte hasta enlazar con la llanura de inundación del río Aragón. En su ladera norte, en el piedemonte se asientan las poblaciones de Mianos y Artieda –cada una en una colina a modo de defensa– y de Ruesta –esta última ya en las orillas del embalse de Yesa–.

Cerca de la cumbre destaca un profundo tajo producido por el desprendimiento de una parte de la muralla rocosa, justo encima del pueblo de Artieda, que identifica ese lugar conocido con el topónimo de "Lurta", nombre aragonés que tiene que ver precisamente con

Peña Musera y Sierra Nobla.

alud o avalancha –en este caso de piedras y tierra producido en los años 40 del siglo pasado–. Muy cerca, sobre una roca saliente de unos 6 u 8 metros de altura se alza una cruz artística de hierro, otro paraje que recibe el nombre popular de "Púlpito".

En la Sierra Nobla nos encontramos con los Montes de Utilidad Pública de Opaco Cerrado y Abierto, Pinar, Cingla y Sarda o de la Corraliza de Cercito. Otros parajes de interés son el Paco de Rienda, el Escalar y el Puntal de Mianos. Las laderas de la sierra están pobladas en gran parte de pinares de pino laricio y pino silvestre de repoblación –ideales para setas en otoño–, además de restos de los encinares y quejigales naturales. Aparecen asimismo algunos pequeños bosquetes de hayas y robles mezclados con avellanos, arces, guillomos… y con zonas de matorral mediterráneo en las que predominan el boj, la aliaga, la coscoja, el tomillo o la gayuba.

Lo impenetrable del terreno forestal favorece la presencia del jabalí… y no faltan el águila real, el buitre leonado, el aguililla calzada, el pico picapinos o el cárabo, favorecidos por la casi total ausencia del ser humano que antaño ocupaba corrales y pardinas venidas a menos.

18. Pantano de Yesa

Le llaman "el Mar del Pirineo" por sus grandes dimensiones de agua retenida. Construido en los año 50 del pasado siglo, este pantano que recoge las aguas de los ríos Esca, Aragón y sus afluentes pirenaicos, almacenando un volumen máximo de 470 Hm3 de agua, con una longitud hasta la cola del embalse de 10 km y con anchuras medias que van entre los 1 y 2,5 km. Ocupa una superficie de más de 1.900 hectáreas.

La presa del embalse se ubica justamente en tierras navarras, encima del pueblo de Yesa, y tiene una longitud de 400 m con una altura de 75 m.

Inunda en su mayor parte tierras de la provincia de Zaragoza, de la Canal de Berdún –parte de los antiguos términos municipales de Sigüés, Ruesta, Tiermas, Esco y Artieda– algunos de estos lugares hoy completamente abandonados por las tierras que anegó dicho pantano, lo que obligó a expropiar y marchar.

Desde el punto de vista natural el pantano –especialmente su cola donde las aguas son más someras– constituye una gran lámina de agua que reúne a aves acuáticas como gaviotas, garzas reales, cormoranes –con más de 30 parejas nidificantes– y diversas especies de patos –ánades reales o fochas–… donde en los meses de febrero y

Sotos del pantano de Yesa.

marzo concentra a miles de grullas que recalan aquí poco antes de atravesar la alta muralla de los Pirineos en su viaje migratorio hacia el norte de Europa. Incluso en Yesa se han llegado a observar algunas rarezas ornitológicas como pato mandarín, somormujo cuellirrojo o serreta grande.

Otros árboles singulares

Otros abuelos centenarios –o cuando menos árboles considerables– vamos a ir encontrando a lo largo y ancho de estos montes de la esquina norte de la provincia de Zaragoza. Por ejemplo, en el barranco de Navarrán –Salvatierra de Esca, cerca del río Gabarre– crece entre la espesura de hayas y pinos un gran abeto blanco de 25 m de altura. O, también en Salvatierra localizamos el roble de San Vicén –en la finca particular de Casa Serrano–, la carrasca de Petate –en otra finca del barranco Valdecucharas– o los tilos del Salto de Bocaura.

Arriba, en las inmediaciones de la loma cimera de la Sierra de Orba, pervive un coqueto y muy desconocido robledal de grandes ejemplares trasmochos dignos de ser observados y conservados dadas sus dimensiones, aunque algunos de ellos debido al elevado grado de madurez presentan oquedades, gruesas ramas muertas y signos de decrepitud con ápices puntisecos.

Fresno de Aquis.

Roble centenario en la cresta de Orba.

Por otra parte, pese a que muchos sigüesanos pueden llegar a pensar que el olmo de Pajares es el más antiguo del pueblo, en el amplio término municipal de Sigüés crecen otros ejemplares mucho más viejos y mayores, como los esmochados robles quejigos –o "chaparros"– y tilos –aquí llamados "tejos"– del Paco de Rienda. O los también robles quejigos de las Viñazas. O la Perera de Leandro… O como el "chaparro" del Soto Casqueta, último superviviente de una desgraciada roturación de terrenos que en los años 60 acabó con todo un bosque natural adehesado. Mención especial requiere el enebro de la miera –o "chinebro"– que hay junto a las casas de Miramont, y que aunque es de menor tamaño que la famosa carrasca se trata asimismo de un árbol monumental también muy añoso, puesto que estos arbolillos experimentan un crecimiento mucho más lento, no llegando a alcanzar grandes alturas.

Más al oeste hay que citar la carrasca de Zamputia –en Esco– que podría rivalizar en dimensiones con la de Miramont gracias a sus casi 11 m de altura y un perímetro en la base del tronco de 4,5 m, los quejigos centenarios de la ermita de Santiago de Ruesta –testigos del Camino de Santiago–… además de los robustos fresnos y robles quejigos del paraje de Aquis, cerca de Tiermas, al pie de la Sierra de Leire.

De turismo ornitológico por La Jacetania

Rafael Bernal Siurana

Empresa "Aragonea", de educación ambiental, ecoturismo y estudios medioambientales

Una de las características más importantes de la comarca de La Jacetania es su ubicación territorial, abarcando todas las unidades geomorfológicas de la cordillera pirenaica, con gran diferencia altitudinal, entre 600 y los casi 3.000 m, conformando un paisaje de contrastes extremos –entorno agrícola, encinares, robledales, pinares, abetales, hayedos, roquedos, pastos de alta montaña–, en donde en menos de 50 km de recorrido se pueden observar más de 200 especies diferentes de aves: desde los machos de la avutarda que todos los años al final de verano campean por la Canal de Berdún hasta el lagópodo alpino o quebrantahuesos de las cumbres de montaña.

Durante los últimos años la comarca de La Jacetania ha desarrollado este recurso mediante el diseño de 15 rutas ornitológicas y un sistema de certificación de alojamientos en turismo ornitológico, todo incluido en la página web www.birdingpirineos.com

Migración de las aves en el mirador de Artieda.

Las dos últimas rutas que han sido incorporadas corresponden, precisamente, a la zona de la "Alta Zaragoza".

Una es la del mirador de Artieda, en la ribera de la margen izquierda del río Aragón, donde destaca la observación de una de las aves más características de este entorno: el "esparbel" o milano negro (*Milvus migrans*) en verano y el milano real (*Milvus milvus*) en invierno. Nuestros abuelos cuentan que tenían que tener cuidado al ir a pescar, dado que el esparbel solía robar los peces de la cesta. En la actualidad estos ríos en la depresión media son visitados durante el periodo estival por multitud de ornitólogos europeos que vienen a observar al abejaruco (*Merops apiaster*), dado que en sus migraciones desde África no cruza los Pirineos.

La segunda ruta ornitológica señalizada es la que discurre por la senda que une las poblaciones de Sigüés y Salvatierra de Esca a través del cañón o foz sur del río Esca, cruzando las sierras interiores. Este espectacular desfiladero destaca por las especies rupícolas que habitan en sus paredes rocosas, como son el quebrantahuesos (*Gypaetus barbatus*), alimoche (*Neophron percnopterus*), buitre leonado (*Gyps fulvus*), halcón peregrino (Falco *peregrinus*)… En los cielos del desfiladero, en noviembre y en febrero podemos observar los pasos migratorios de la grulla común (*Grus grus*) que por unos pocos días se reúne en la cola del embalse de Yesa.

EL CAMINO DE SANTIAGO

La Jacetania es un territorio excelente que puede ser descubierta a través de muchas rutas, senderos, recorridos a pie… pero sin duda en esta comarca hay un recorrido por excelencia para quien quiera caminar por los paisajes, la naturaleza y la historia de estos lugares: se trata del Camino de Santiago, el Camino Francés, la Vía Tolosana donde los peregrinos modernos van a encontrar albergues, las balizas rojas y blancas del GR-65.3 y, por supuesto, la flecha amarilla que identifica al también denominado Camino de las Estrellas, ya que su origen está en la equiparación con la línea blanquecina de la Vía Láctea visible desde la Tierra, e igualmente orientada en la dirección de este a oeste.

Por la Alta Zaragoza discurre la etapa correspondiente entre Arrés a Undués de Lerda, descompuesta en varios tramos que se pueden hacer andando, en bici… o a caballo:

– Arrés-Martes: 7,2 km. De 1 h 30 min a 2 h.
– Martes-Mianos: 6,4 km. 1 h, 45 min.
– Mianos-Artieda: 4,5 km. 1 h, 15 min.
– Artieda-Ruesta: 6,5 km. 1 h, 45 min.
– Ruesta-Undués de Lerda: 11,3 km. 3 h.
– Undués de Lerda-Sangüesa: 10,6 km. 2 h, 45 min.

El Camino de Santiago.

GR-15, HASTA ALGARAIETA

Hasta la esquina septentrional del vértice de Algaraieta llega procedente de las localidades oscenses de Ansó y Fago el sendero histórico, marcado y conocido como GR-15, en lo que representa su etapa 13.ª

El GR-15 hasta Algaraieta parte de Fago por la pista que se inicia bajo la ermita de San Cristóbal. Tras pasar junto a un área recreativa, toma el camino que remonta el barranco de San Chuan. Numerosas lazadas ascienden por el bosque de pinos y quejigos hasta las proximidades de la borda de Chaume. En dirección norte se alcanza el collado "As Tres Bugas", punto donde confluyen los términos provinciales de Huesca y Zaragoza con la Comunidad Foral de Navarra. A pocos metros se encuentra el vértice geodésico de Algaraieta (1.264 m).

RUTAS BTT PIRINEOS-LA JACETANIA

La comarca de La Jacetania tiene varios recorridos, bien señalizados, para hacer en BTT o bicicleta de montaña: tres de ellos por la Alta Zaragoza, discurriendo por viejos caminos vecinales, cañadas, sen-

Rutas BTT. Mirador de la Virgen de la Peña.

das, pistas forestales, trochas y viales asfaltados que antaño fueron las vías de comunicación entre poblaciones. Recientemente muchos de aquellos caminos se han recuperado para disfrutar de las riquezas naturales, patrimoniales y etnológicas de esta esquina de los Pirineos.

Circular al sur de la Sierra de Leire

Recorrido exigente de 45,2 km que parte de Sigüés, llega a Esco y se acerca hasta el monasterio de Leire. Regresa a Esco por la orilla derecha del pantano de Yesa –urbanización Puerto Náutico y Tiermas–.

Circular Sierra de Orba

Ruta de 31,3 km que se puede iniciar bien en Sigüés o en Salvatierra de Esca y que discurre por pistas forestales o caminos de la Sierra de Orba, con un alto interés deportivo. Fuerte desnivel a la hora de atravesar la sierra. Regresa por el barranco de Gabarre y la localidad de Asso-Veral atravesando zonas poco conocidas y silenciosas.

Circular Virgen de la Peña y Plana de Sasi

Recorrido de 31 km, con fuerte desnivel que parte de Salvatierra de Esca. Toma la pista forestal de subida hacia la Virgen de la Peña y Bardipeña para continuar en dirección a la Plana de Sasi. Desde allí baja al encuentro de la cabecera del barranco de Gabarre para continuar por Puyopinar y la localidad de Lorbés. Regreso por el piedemonte norte de la Sierra de Orba.

RUTAS ORNITOLÓGICAS DE LA JACETANIA

La comarca de La Jacetania también dispone de 15 rutas ornitológicas para los amantes de la observación de aves. Dos de ellas están dentro del ámbito geográfico de la Alta Zaragoza:

El Mirador del río Aragón, en Artieda. 2,5 km. 50 min

Parte de la población de Artieda y tomando caminos rurales –entre ellos el Camino de Santiago– se llega a un alto sobre el valle fluvial, muy cerca de la ermita de San Pedro, desde donde se disfruta de un soto ribereño de sauces, álamos, fresnos y alisos en el que habitan especies de pájaros como el martín pescador, el abejaruco, el torce-cuello… o, en invierno, el cormorán grande.

Cañón del río Esca, de Sigüés a Salvatierra. 5 km. 3 h

Ruta lineal que discurre entre Sigüés y Salvatierra de Esca, la cual se adentra en la margen orográfica izquierda de la garganta sur del río Esca, disfrutando de un paisaje y un microclima muy especial. El sendero se asoma al Mirador de la Foz, punto desde donde se pueden ver aves rapaces como el buitre leonado, el alimoche, el halcón peregrino, el águila real… o el quebrantahuesos. También se da presencia de otras especies rupícolas como el avión roquero, el vencejo real o el treparriscos.

SENDAS DE ARTIEDA

El municipio de Artieda tiene una red de senderos propia, configurada por tres itinerarios de carácter circular que discurren por el Paco de Artieda, es decir, por la ladera de orientación norte de la Peña Nobla o Nabla, donde se halla un bosque mixto bien conservado formado por pinos, encinas, quejigos o "chaparros" y algunas hayas.

Son de dificultad baja-media, se pueden hacer en familia y se recomienda realizarlos en el sentido de las agujas del reloj.

Sendero Nevera: 1 h 20 min. 300 m de desnivel. 3,7 km

Recorre un pinar de repoblación de los años 50, sube a los restos de una antigua caseta de monte (Arbea), llega a la fuente Nevera y regresa al punto de partida.

Sendero Peña Nabla (Nobla). 2 h 30 min. 426 m de desnivel. 6,2 km

Continuado ascenso a la parte alta de la sierra –donde hubo un importante desprendimiento– que en el tramo final ofrece dos alternativas. Discurre por bosques variados que incluyen algunas hayas, y se pasa junto a la caseta Jimeno, la roca del Púlpito, un mirador que sirve de posadero a los buitres y junto a los restos de una antigua tejería.

Sendero Visero. 2 h 45 min. 439 m de desnivel. 7,6 km

Largo recorrido en cuyo tramo superior se discurre por la zona de cresta conocida como Visero o Zingla. Comparte parte del recorrido con los senderos anteriores. Se discurre por una zona de "hoyos" –antiguas carboneras– y se atraviesan parajes boscosos con hayas, avellanos, bojes, acebos…

PR DE UNDUÉS DE LERDA

Desde la localidad de Undués de Lerda parte un sendero de pequeño recorrido, el PR-Z-113, que se acerca a las Salinas de Undués por la ermita de Santa Quiteria o Santa Eufemia. Es un kilómetro y medio de recorrido, es decir, unos 55 min andando.

La Salinas se hallan junto al barranco de la Sal, donde brota un afloramiento de agua subterránea cargado de sales, que en el pasado dio lugar a una industria hoy abandonada y olvidada basada en la evaporación y posterior precipitación del mineral disuelto en el agua. La recogida se hacía en bloques a lomos de caballerías hasta el pueblo.

Este sendero PR forma parte del conjunto de paseos y excursiones de las Cinco Villas.

OTROS CAMINOS PRÓXIMOS EN NAVARRA

Al otro lado de la foz norte de Salvatierra de Esca-Burgui, en la villa de Burgui, se inicia el Paseo de los Oficios, con paradas dedicadas al trabajo ancestral de los almadieros, carboneros, canteros, panaderos… Parte de este itinerario coincide con el sendero local SL-NA-78 del mirador de la Foz de Burgui, un recorrido corto –1,2 km– y agradable, de una media hora de duración, el cual lleva desde el puente medieval de Burgui hasta el "Mirador de las aves".

También por esta zona tan próxima a la Alta Zaragoza discurre el Camino Real, balizado con marcas rojas y blancas del sendero de gran recorrido GR-321, con una primera etapa que va de Burgui hasta Isaba por los viejos caminos que comunicaban los pueblos del

Cañada de Roncaleses.

valle roncalés. Es un largo trayecto de 22,5 km, con 671 m de desnivel positivo, que se tarda 7 h 40 min en ser realizado, y que avanza en dirección sur-norte por pistas forestales, pinares, bosques de ribera, pasando por la ermita de la Virgen del Camino, Roncal y Urzainqui.

La Sierra de Leire se ve atravesada por otro sendero, que ha sido descatalogado como de gran recorrido, y que es el GR-13, esa gran travesía sigue el antiquísimo trazado ganadero de la Cañada Real de los Roncaleses. Esta vía pecuaria tiene en total 135 kilómetros de recorrido y antaño se completaba en cinco jornadas de viaje a pie con los rebaños. Parte de Vidángoz y llega en las Bardenas Reales hasta Carcastillo. En nuestra zona transita por el puerto de las Coronas, pasa por la sierra y el monasterio de Leire, y se dirige hacia Sangüesa.

La acción erosiva del agua sobre materiales blandos como las margas y las arcillas, (si no hay cobertura vegetal que proteja el suelo), origina estas hipnóticas formaciones llamadas "badlands".

Estas concretamente, se ven desde el pueblo abandonado de Tiermas.

Este buitre leonado, es un animal adulto; los jóvenes se diferencian por tener la gola de plumas que rodea al cuello, de color marrón.

Buitre y badlans en Tiermas.

Grabando con "Chino-Chano"... palabra de andarín

Mariano Navascués Habla

Presentador de los programas de Aragón TV "Chino-Chano y el Bosque encantado"

Recorrer Aragón –encima a pie– es fascinante. Solamente podemos amar lo que conocemos… y caminar por nuestra tierra hace que esta adhesión, este apego, se convierta en un vínculo indivisible.

A los que hacemos este programa senderista nos encanta y nos sigue sorprendiendo nuestra comunidad autónoma. Quizá por llevar más de diez años caminando o simplemente porque somos propensos a querer lo nuestro.

Uno de los rincones que nos atrapó antes siquiera de empezar a caminar fue precisamente ese desconocido norte zaragozano que se adentra en La Jacetania, asociado más con una postal pirenaica que con la imagen que muchos todavía tienen de la parte alta de la provincia. Recuerdo especialmente el rodaje que hicimos en diciembre de 2015 entre Salvatierra de Esca y la ermita de la Peña. Las tres "p" que perseguimos siempre estuvieron allí presentes. Porque "pueblo", "paisajes" y "personas" hicieron que comenzásemos a sentir adhesión por ese lugar nada más abrir los ojos… o nada más darle al "Rec", que suele coincidir.

El colofón de aquella grabación, los 1.294 metros de altura sobre los que se asienta la ermita, nos regaló un imborrable momento con vistas interminables y gente excepcional.

No era la primera vez que pululábamos por allí, por esa zona. Dos años antes también tuvimos la ocasión de hacer nuestro particular Camino de Santiago partiendo de Artieda y llegando a Undués de Lerda. El paso obligado por la ermita románica de San Juan Bautista y seguidamente por Ruesta volvió a recordarnos la belleza silenciosa que poseen muchos rincones de Aragón.

Algunos son gratificantes. Otros, a veces, también son emocionantes.

El descenso del barranco de La Garona

José Miguel Navarro López
Barranquista y montañero pirenaico

No son pródigas estas sierras, a caballo entre Aragón y Navarra, para que se formen grandes barrancos más allá de los ríos que las drenan. Y eso que los materiales calcáreos que las forman son propicios, por su propia naturaleza química, para que el más mínimo curso de agua, temporal o perenne, aproveche grietas, diaclasas y resquicios yendo a buscar, a favor de la pendiente y los estratos, los cursos principales.

Por eso mismo muy pocas veces oiremos hablar de estos lugares como mecas del barranquismo deportivo… y es que en muchas ocasiones la práctica del barranquismo deja de ser una actividad deportiva o adrenalínica, y su técnica sólo nos sirve para penetrar en lugares que de otra forma nos estarían vedados, y donde el único y mayor interés es la Naturaleza prístina bien conservada por su propio aislamiento orográfico.

Descenso del barranco de la Garona.

Este es el caso del barranco de La Garona, afluente del río Esca y cuyo topónimo, de entrada, no puede ser más elocuente ya que se trata de un hidrónimo de posible origen indoeuropeo que se halla repartido por toda Europa occidental.

Nacido al norte de la Sierra de Leire, al principio es un simple curso de agua que mansamente culebrea entre campos de cultivo… Nada hace pensar allí que, poco a poco, empieza a excavar la matriz caliza y horada la roca hasta empezar a generar marmitas de gigante, meandros y pozas, fruto de la erosión mecánica y química del agua.

En progresión geométrica, el barranco se excava a la vez que las paredes crecen hasta introducirnos en un mundo atávico de rocas que desafían la gravedad, vegetación que no conoce el hacha y con aves rapaces que sobrevuelan nuestras cabezas.

Dos rápeles volados terminan de introducirnos en el corazón de estas sierras calizas. Ya no hay vuelta atrás… pues hay que seguir el descenso del curso del río que ahora se muestra manso y tranquilo. Entramos en un gran cañón, empedrado con losas que le dan apariencia de obra antrópica, el cual se dirige decididamente al este, en busca del río al que rendirá sus aguas.

Un último rápel, muy largo, nos sacará de la garganta. Su desarrollo resultará sumamente placentero. A la presencia del aire cálido que sube por las paredes, se unirá un paisaje de vértigo y la finalización de una actividad que –sin ninguna dificultad técnica si poseemos los conocimientos necesarios– habrá resultado grata, relajada y nos habrá permitido visitar este lugar por el que hace muy, muy poco tiempo ha empezado a deambular el ser humano.

Vista desde el albergue de perigrinos de Artieda.

"Es agradable caminar sobre este lecho de hojas fresco y crujiente. ¡Con qué belleza se retiran a su sepultura! ¡Con qué suavidad yacen y se convierten en mantillo, pintadas de mil colores, para ser el lecho de nosotros, los vivos!"

Henry David Thoreau

Cada día que pasa es distinto. Cada mes que pasa sucede algo en el gran teatro de la vida natural de la Alta Zaragoza. Cada estación nos ofrece una cara, una estampa, un detalle o un acontecimiento diferente.

ENERO

Como un mazapán navideño espolvoreado aparece la sierra de Leire, risueña y brillante bajo el sol de enero. Sumidos en un sueño invernal, los pinos y las hayas o los robles se mecen arropados bajo el manto níveo.

FEBRERO

Vuelven los milanos reales, retornan a los mismos sitios con esa llamada perentoria, urgente, del celo que les aprieta. Primero habrá llegado el macho a sus dominios y allí esperará con ansiedad de enamorado a su fiel compañera. En esa cita postergada se unirán sus siluetas aladas, y acompasando el vuelo iniciarán el ritual, ese baile prenupcial que anuncia la vida que está por llegar.

Nevada en las Sierras de Leire y Orba.

Milanos reales en vuelo nupcial.

MARZO

Buscando el norte y atravesando las nubes como flechas en el aire, surcando cielos hacia un destino incierto, en alas del viento este grupo de grullas anuncia un tiempo nuevo, les apremia la vida. Por unos días paran en la cola del embalse de Yesa.

ABRIL

Como un truco de magia, la primavera metamorfosea una sencilla oruga en lo que será la más bella de las princesas aladas, la mariposa isabelina: con su traje verde esmeralda ribeteado de cobre rojizo, ocelos de reflejos amarillentos y azulados, y su larga cola de novia. Princesa de primavera entre los pinos de Salvatierra de Esca.

Paso migratorio de las grullas por el Pirineo.

Vuelo por los pinares de la mariposa isabelina.

MAYO

Mayea sobre campos y praderas en el azul primaveral de la mañana, y en el latido más intenso y profundo de la tierra, esta exhala su suspiro más bello bajo un manto de flores y orquídeas cerca de Ruesta.

Orquídeas (*O. militaris*) y araña.

JUNIO

En un piar anhelante y desesperado esos semáforos amarillos y ruidosos estimulan a los atareados padres en un frenesí agotador y asfixiante. El hambre les crece a estos polluelos de colirrojo tizón.

Nido con los pollos ya crecidos de colirrojo tizón.

JULIO

En asamblea, reunidos los alimoches o "milopas" dilucidan pensativas hacia dónde encaminar sus vuelos errantes, mimetizadas entre el pajizo ambarino de las santolinas y los terreros de la Canal de Berdún.

Alimoches estivales buscan carroña en la Canal de Berdún.

AGOSTO

Las cigarras o chicharras son para el verano termómetro y sinfonía, la banda sonora del estío. Estridulan melodías amorosas a golpe de timbales, aventurando poemas desesperados y fugaces, como su propia vida.

Canto veraniego de las cigarras.

SEPTIEMBRE

Como las páginas de un libro asalmonadas se llenan de pliegues los níscalos del otoño, tenues y delicados, uniformados. Guardan bajo el sombrero el secreto de los bosques. El polvo de la lluvia.

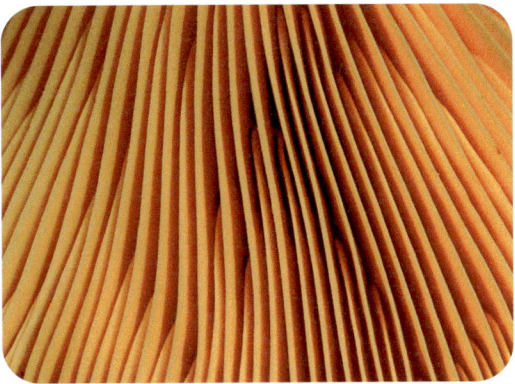

Rebollones y otras setas en los bosques de la Alta Zaragoza.

OCTUBRE

El arce se hizo árbol para teñir el bosque de fantasía. Frágil y mimoso temblequea en Sierra Nobla entre los suspiros de un tiempo que corre presuroso. Castañetean sus hojas trilobuladas en un adiós inveterado.

Colores otoñales de arces contrastados con pinos y encinas.

NOVIEMBRE

Sutilidad y embrujo nos evocan las flores atrevidas del abrigado madroño en la Foz de Sigüés. Madurez hecha milagro. Nada ni nadie puede a la vez florecer y fructificar. Arbusto que arbolea y que ha robado el secreto de los dioses. El primer árbol del paraíso terrenal.

Florece y fructifica a la vez, el madroño.

DICIEMBRE

En el retiro de las altas montañas, donde las rocas rasgan el azul del cielo, planea un ave del pasado, antediluviana, el buitre barbudo o quebrantahuesos. Símbolo de la eternidad y de la regeneración espiritual, contigo vuelan nuestras esperanzas, el futuro de estos valles.

Vuelo prospector del quebrantahuesos.

Erodium glandulosum.

"La Naturaleza no es ningún lugar adonde
ir de visita, es nuestro hogar".

Gary Snyder.

Interior del museo etnológico de Salvatierra de Esca.

DIRECCIONES Y TELÉFONOS DE INTERÉS

Ayuntamiento de Artieda. C/ Mayor, 17. 50683 Artieda (Zaragoza). Tel.: 948 43 93 41. www.artieda.es artieda@dpz.es

Ayuntamiento de Mianos. C/ Plaza, 1. 50683 Mianos (Zaragoza). Tel.: 948 43 93 22. www.mianoszaragoza.com mianos@dpz.es

Ayuntamiento de Salvatierra de Esca. C/ Mayor, 26. 50684 Salvatierra de Esca (Zaragoza). Tel.: 948 88 70 00. salvatie@dpz.es

Ayuntamiento de Sigüés. C/ Notario, 2. 50682 Sigüés (Zaragoza). Tel.: 948 88 70 35. www.ayuntamientodesigues.com info@ayuntamientodesigues.com

Ayuntamiento de Urriés. C/ Horno, s/n. 50685 Urriés (Zaragoza). Tel.: 948 43 90 95. urries@dpz.es

Ayuntamiento de Undués de Lerda. C/ Herrería, 1. 50689 Undués de Lerda (Zaragoza) Tel.: 948 88 88 10. undues@dpz.es

Ayuntamiento de Jaca. C/ Mayor, 24. 22700 Jaca (Huesca) Tel.: 974 35 57 58. www.jaca.es secretaria@aytojaca.es

Ayuntamiento de Canal de Berdún. Plaza Santa Eulalia, 6. 22770 Berdún (Huesca). Tel.: 974 37 17 29. www.canaldeberdun.es aytocanaldeberdun@aragon.es

Ayuntamiento de Burgui. Plaza la Villa, 1. 31412 Burgui (Navarra) Tel.: 948 47 70 07. www.burgui.es ayuntamiento@burgui.es

Ayuntamiento de Sangüesa. C/ Mayor, 31. Sangüesa (Navarra). Tel.: 948 87 00 05. www.sanguesa.es sanguesa@sanguesa.es

Comarca de Cinco Villas. C/ Justicia de Aragón, 20 bajos. 50600 Ejea de los Caballeros (Zaragoza). Tel.: 976 66 22 10. www.comarcacincovillas.es registrogeneral@comarcacincovillas.es

Comarca de La Jacetania. C/ Ferrocarril s/n. 22700 Jaca (Huesca). Tel.: 974 35 69 80. www.jacetania.es info@jacetania.es

Diputación Provincial de Zaragoza. Plaza de España, 2. 50004 Zaragoza. Tel.: 976 28 88 00. infodpz@dpz.es www.dpz.es

Dirección General de Medio Natural y Gestión Forestal. Departamento de Agricultura, Ganadería y Medio Ambiente del Gobierno de Aragón. Plaza San Pedro Nolasco, 7. 50071 Zaragoza. Tel.: 976 71 40 00.

Oficina Comarcal Agroambiental de Jaca. C/ de Levante, 10. 22700 Jaca (Huesca). Tel.: 974 35 67 43. ocahua@aragon.es

Oficina Comarcal Agroambiental de Ejea de los Caballeros. Paseo de la Constitución, 116. 50600 Ejea de los Caballeros (Zaragoza). Tel.: 976 67 71 30. ocazab@aragon.es

Servicio Provincial de Agricultura, Ganadería y Medio Ambiente en Zaragoza. Gobierno de Aragón. Edificio Pignatelli. Paseo María Agustín, s/n. 50071 Zaragoza. Tel.: 976 71 51 20.

Departamento de Desarrollo Rural y Medio Ambiente del Gobierno de Navarra. C/ González Tablas, 9. 31003 Pamplona (Navarra). Tel.: 948 42 67 23. dgdr@navarra.es

Gobierno de Navarra. Avda. Carlos III, 2. 31002 Pamplona (Navarra). Tel.: 948 01 20 12. www.navarra.es

INSTITUCIONES Y ASOCIACIONES LOCALES

Aragonea. Educación ambiental. Avda. Juan XXIII, 5, esc. dcha., 6° C. 22003 Huesca. Tel.: 661 08 63 13. www.aragonea.com info@aragonea.com

Asociación Almadieros Navarros. Pza. La Villa, 1. 31412 Burgui (Navarra). Tel.: 948 47 71 53. www.almadiasdenavarra.com

Asociación de Amigos del Camino de Santiago en Jaca. Palacio de Congresos. Avenida Juan XXIII, 14, 2ª planta. 22700 Jaca (Huesca). www.jacajacobea.com

Asociación de Municipios del Camino de Santiago. Avda. Juan XXIII, 13. 22700 Jaca (Huesca). 974 36 03 52. amcs@amcsantiago.com

Asociación de Mujeres Torre Aguilar de Urriés. Plaza Nueva, s/n. 50678 Urriés (Zaragoza). Tel.: 948 43 90 75.

Asociación Naturalista de Aragón, Ansar. C/ Armisén, 10, local. 50007 Zaragoza. Tel.: 976 25 17 42. www.ansararagon.com info@ansararagon.com

Asociación Nuevo Ruesta. C/ Coso, 157, local izda. 50001 Zaragoza. Tel.: 976 29 16 75. www.ruesta.com coordinador-ruesta@cgt.org.es

Asociación Ovelba. Plaza Frontón, s/n. 50684 Salvatierra de Esca (Zaragoza). https://www.facebook.com/asociacion.ovelba

Asociación Pro-Defensa de Tiermas. C/ Miguel Labordeta, 43, 4°D. 50017 Zaragoza. Tel.: 657 09 34 24. leyresien@gmail.com

Asociación Pro-Reconstrucción de Esco. C/ Alta, s/n. 50682 Esco (Zaragoza). Tel.: 627 65 59 05. www.deesco.org esco@can.es

Asociación Río Aragón. C/ Mayor, 17. 50683 Artieda (Zaragoza). www.yesano.com rio.aragon@yesano.com

Asociación Sancho Ramírez. C/ Levante, 45, 1°. 22700 Jaca (Huesca). Tel.: 974 35 54 89. www.asociacionsanchoramirez.com asanchoramirez@gmail.com

Asociación Senderos de Teja. C/ Luis Buñuel, 34. 50683 Artieda (Zaragoza) Tel.: 679 75 03 93. info@senderosdeteja.com

Centro de Iniciativas Turísticas de Aragón, SIPA. C/ San Voto, 7. 50003 Zaragoza. Tel.: 976 29 84 38. www.siparagon.es sipa.aragon@gmail.com

Colectivo cultural La Kukula. C/ Mayor, s/n. 31412 Burgui. (Navarra). Tel.: 659 28 63 80. www.lakukula.com info@lakukula.com

Cope Jaca. C/ Mayor, 42-44. 22700 Jaca (Huesca). Tel.: 974 36 36 11. jaca@cope.es

Ecologistas en Acción, Aragón. C/ Gavín, 6. 50001 Zaragoza. zaragoza@ecologistasenaccion.org www.ecologistasenaccion.org

El Pirineo Aragonés. C/ Aragón, 1. 22700 Jaca (Huesca). Tel.: 974 35 55 60. elpirineoaragones@elpirineoaragones.com www.elpirineoaragones.com

Empenta Artieda. C/ Mayor, 17. 50683 Artieda (Zaragoza). www.artieda.es/portfolio/empenta-artieda empenta.artieda@gmail.com

Federación Aragonesa de Espeleología. Edificio Expo. Avda. José Atarés, 101. 50018 Zaragoza. Tel.: 976 73 04 34. www.espeleoaragon.com federación@espeleoaragon.com

Federación Aragonesa de Montañismo. C/ José Luis Albareda, 4, 4ª. 50004 Zaragoza. Tel.: 976 22 79 71. www.fam.es fam@fam.es

Grupo Ornitológico Oscense. C/ León Abadías, 8, esc. 1ª, 2º O. 22005 Huesca. www.avesdehuesca.es goo@avesdehuesca.es

Institución Fernando el Católico (IFC). Diputación Provincial de Zaragoza. Plaza de España, 2. 50001 Zaragoza. Tel.: 976 28 88 78. www.ifc.dpz.es ifc@dpz.es

Instituto Pirenaico de Ecología. Consejo Superior de Investigaciones Científicas. Avda. Nuestra Señora de la Victoria, 16. 22700 Jaca (Huesca). Tel.: 976 36 93 93. www.ipe.csic.es contacto@ipe.csic.es

Jacetania Express. Tel.: 675 984 629. https://jacetaniaexpress.com jacetaniaexpress@gmail.com

Montañeros de Aragón. Avda. Gran Vía, 11, bajos. 50006 Zaragoza. info@montanerosdearagon.org www.montanerosdearagon.org

Museo de Ciencias Naturales de la Universidad de Zaragoza. Edificio Paraninfo. Plaza Basilio Paraíso, 4. 50005 Zaragoza. museonat@unizar.es www.museonat.unizar.es

Observatorio Pirenaico de Cambio Climático. Avda. Nuestra Señora de la Victoria, 8. 22700 Jaca (Huesca). Tel.: 976 36 31 00. www.opcc-ctp.org info_opcc@ctp.org

Pirineo Digital. redaccion@pirineodigital.com www.pirineodigital.com

Radio Jaca, Cadena Ser. C/ Mayor, 22. 22700 Jaca (Huesca). Tel.: 974 36 24 24. radiojaca@radiohuesca.com

Sociedad Española de Ornitología, SEO/BirdLife-Aragón. C/ Rioja, 33. 50011 Zaragoza. Tel.: 976 37 33 08. aragon@seo.org www.seo.org

Universidad de Zaragoza. Pedro Cerbuna, 12. 50009 Zaragoza. Tel.: 976 76 10 00. www.unizar.es ciu@unizar.es

WWF, Grupo local de Zaragoza. www.wwf.es grupozaragoza@wwf.es

Yesa + No. Sangüesa (Navarra). recreyesano@gmail.com

RESTAURANTES Y ALOJAMIENTOS

ARTIEDA

Albergue y restaurante de peregrinos del Camino de Santiago. C/ Luis Buñuel, 10. Tel.: 948 43 93 16. info@albergueartieda.com www.alberguedeartieda.com

Casa Blasco. C/ Mayor, 11. Tel.: 680 63 25 81. casablascoartieda@gmail.com

Casa Pedro. C/ Luis Buñuel, 46. Tel.: 948 43 92 99 y 686 58 50 98. casapedro46@gmail.com

BERDÚN

Casa Coronel. Tel.: 606 44 03 44.

Casa Orduna Autural. Tel.: 974 37 17 87. ordubi@terra.es

Casa Rural Ornitológica Sarasa. Tel.: 609 34 14 60. info@casasarasa.com www.casasarasa.com

Restaurante el Rincón de Emilio. Tel.: 690 83 12 44 y 974 37 17 15.

Restaurante la Trobada. Tel.: 974 37 18 87.

BURGUI

Bar Zati Berri. Tel.: 948 47 70 71.

Casa Urandi. Tel.: 676 16 99 94 y 948 47 70 46. www.casaurandi.com

Hostal El Almadiero. Tel.: 948 47 70 86 y 650 66 59 49. info@alamadiero.com www.almadiero.com

JACA

Albergue Residencia Escuelas Pías. Tel.: 974 36 05 36. www.alberguejaca.es

Camping Victoria. Tel.: 974 35 70 08. www.campingvictoria.es

Gran Hotel de Jaca. Tel.: 974 36 09 00. www.granhoteljaca.com

Hostal París. Tel.: 974 36 10 20. www.hostalparisjaca.com

Hotel A Boira. Tel.: 974 36 35 28. www.hotelaboira.com

Hotel Charle. Tel.: 974 36 00 97. www.hotelcharlejaca.com

Hotel Ciudad de Jaca. Tel.: 974 36 43 11. www.hotelciudaddejaca.es

Hotel Eurostars Reina Felicia. Tel.: 974 36 53 33. www.eurostarshotels.com

Hotel Jaqués. Tel.: 974 35 64 24. www.hoteljaques.com

Hotel Mur. Tel.: 974 36 01 00. www.hotelmur.com

Hotel Oroel. Tel.: 974 36 24 11. www.hoteloroeljaca.com/es

Hotel Pradas. 974 36 11 50. www.hotelpradasjaca.com

Hotel Restaurante El Acebo. Tel: 974 36 34 10. www.elacebo.net

Restaurante Biarritz. Tel.: 974 36 16 32.

Restaurante Casa Martín. Tel.: 974 35 69 04.

Restaurante La Cadiera. Tel.: 974 35 55 59.

Restaurante La Cocina Aragonesa. Tel.: 974 36 10 50. www.condeaznar.com

Restaurante Lilium. 974 35 53 56.

Restaurante Mesón Corbacho. Tel.: 974 36 36 43.

Restaurante Vegetariano Casa del Arco. Tel.: 616 86 31 96.

MARTES

Apartamentos La Pardina del Solano. Tel.:699 08 29 13.

Puente La Reina de Jaca.

Hotel Mesón Anaya. Tel.: 974 37 71 94. www.mesonanaya.com

Hostal El Carmen. Tel.: 974 37 70 05.

Mesón de la Reina. Tel.: 637 75 97 79. www.mesonpuentelareina.es

RUESTA

Albergue de peregrinos de Ruesta. Tel.: 948 39 80 82. www.ruesta.com

SALVATIERRA DE ESCA

Bar Bicoca. Tel.: 948 88 70 25.

Apartamentos Casa Borro. Tel.: 690 72 80 96.

SANGÜESA

Albergue de peregrinos de Sangüesa. Tel.: 679 43 23 48. info@aspacenavarra.org

Apartamentos Sangüesa. Tel.: 679 11 87 28. www.apartamentossanguesa.com

Camping Cantolagua. Tel.: 948 43 02 96. www.campingsanguesa.es

Hostal JP. Tel.: 948 88 70 25.

Hotel Yamaguchi. Tel.: 948 87 07 00. www.hotelyamaguchi.com

SIGÜÉS

Bar Casa Pajares. Tel.: 948 88 71 04.

SOS DEL REY CATÓLICO

Albergue Juvenil. Tel.: 948 88 84 80. www.alberguedesos.com

Apartamentos Antonio Artieda. Tel: 948 88 82 89.

Casa del Infanzón. Tel.: 605 94 05 36. www.casadelinfanzon.com

Casa del Muro. Tel.: 948 676 86 72 67. www.lacasadelmuro.com

Casa Félix. Tel.: 948 88 81 69.

Casa Monterde. Tel.: 948 88 83 90. www.casamonterde.com

El nido del gavilán. Tel.: 691 01 65 08.

El sueño de Virila. Tel.: 948 88 86 59. www.elsuenodevirila.com

Hostal Las Coronas. Tel: 948 88 84 71. www.hostallascoronas.com

Hostal Mayor 25. Tel.: 665 52 86 44.

Hotel el Peirón. Tel.: 948 88 82 83. www.elpeiron.com

Hotel Triskel. Tel.: 948 88 85 70. www.hoteltiskel.com

Parador Nacional Fernando de Aragón. Tel.: 948 88 80 11. www.parador.es sos@parador.es

Restaurante El Leñador. Tel.: 948 88 83 23.

Restaurante La Cocina del Principal. Tel.: 948 88 83 48.

Restaurante Landa. Tel.: 948 88 84 08.

Restaurante Vinacua. Tel.: 948 88 80 71.

Ruta del Tiempo. Tel.: 630 66 02 13. www.rutadeltiempo.es

UNDUÉS DE LERDA

Albergue de peregrinos de Undués de Lerda. Tel.: 948 88 81 05.

URRIÉS

Hostal Urriés. Tel.: 649 11 14 21. www.hostalurries.es

YESA

Albergue Sierra de Leyre. Tel.: 615 96 28 89. albergueyesa@wordpress.com

Casa Rural Etxe Zahar. Tel.: 948 88 42 57.

Hospedería de Leyre. Tel.: 948 88 41 00. hotel@monasteriodeleyre.com

Hostal Arangoiti. Tel.: 948 88 41 22. www.arangoiti.net

OFICINAS DE INFORMACIÓN Y TURISMO

Oficina de Turismo de Sigüés. Pza. Aragón, 1. 50682 Sigüés (Zaragoza). Tel.: 948 88 70 37. oficinaturismo@sigues.es

Oficina de Turismo de Ansó. Plaza Domingo Miral, 1. Tel.: 974 37 02 25. 22728 Ansó (Huesca). oficinaturismoanso@hotmail.com

Oficina de Turismo de Ejea de los Caballeros. Paseo del Muro, 2, duplicado bajo. 50600 Ejea de los Caballeros (Zaragoza) Tel.: 976 66 41 00. turismoejea@aytoejea.es

Oficina de Turismo de Jaca. Plaza de San Pedro, 11-13. 22700 Jaca (Huesca). Tel.: 974 36 00 98. oficinaturismo@aytojaca.es

Oficina de Turismo de Sos del Rey Católico. Plaza de la Hispanidad, 1. 50680 Sos del Rey Católico (Zaragoza). Tel.: 948 88 85 24. turismo@sosdelreycatolico.com

Oficina de Turismo de Javier. Paseo de la Abadía, 4. 31411 Javier (Navarra). Tel.: 948 88 43 87. cit.javier@navarra.es

Oficina de Turismo de Roncal. Carr. Del Roncal s/n. 31415 Roncal (Navarra). Tel.: 948 47 52 56. cit.roncal@navarra.es

Oficina de Turismo de Sangüesa. C/ Mayor, 2. 31400 Sangüesa (Navarra). Tel.: 948 87 14 11. cit.sanguesa@navarra.es

PARA VIAJAR

Autobuses Gómez Sangüesa. Tel.: 976 67 55 29.

Autobuses La Veloz Sangüesina. Tel.: 948 87 02 09.

Autobuses La Tafallesa. Tel.: 948 22 28 86.

Autobuses La Roncalesa. Tel.: 948 22 20 79.

Autobuses Mancomunidad Valle Aragón. Tel.: 974 37 30 17.

Autobuses Sangüesa. Tel.: 948 43 91 05.

Autocares Escartín, Jaca. Tel.: 974 36 05 08.

Estación de autobuses de Jaca. Tel.: 974 35 50 60.

Gasolinera de Puente la Reina de Jaca. Tel.: 974 37 71 16.

Gasolinera de Sangüesa. Tel.: 948 43 03 35.

Gasolinera de Sos del Rey Católico. Tel.: 948 88 81 19.

Gasolinera del Valle del Roncal, Urzainqui. Tel.: 948 47 50 13.

Renfe estación Canfranc. Tel.: 974 37 30 44.

Renfe, estación Jaca. Tel.: 974 35 50 60.

Renfe, reserva billetes. Tel.: 902 24 02 02.

Taxis, Central de Jaca. Tel.: 974 36 28 48.

Taxis en Jaca. Tel.: 974 56 34 90 – 659 64 43 32.

Taxi en Artieda. Tel.: 948 43 92 80 y 649 81 35 52.

Taxisinel, de Jaca. Tel.: 617 00 44 80.

Taxi Arbea, en Sangüesa. Tel.: 948 87 09 52.

Taxi Richard, en Sangüesa. Tel.: 686 40 60 10.

Telerruta, estado de las carreteras. Tel.: 900 12 35 05.

MUSEOS Y SERVICIOS TURÍSTICOS

Museo Etnológico Santa Ana. C/ Fernando el Católico, 2. 50684 Salvatierra de Esca (Zaragoza). Tel.: 948 88 70 00. salvatie@dpz.es.

Museo de Arte Contemporáneo de Martes. Antigua Casa Consistorial, s/n. 22772 Martes (Huesca). Tel.: 974 37 17 29.

Museo de la Almadía. Oficina de Turismo de Sigüés. Pza. Aragón, 1. 50682 Sigüés (Zaragoza). Tel.: 948 88 70 37.

Museo de la Torre de Artieda. Torre de la Iglesia de San Martín, s/n. C/ del Horno, 10. 50683 Artieda (Zaragoza). Tel.: 948 43 93 41.

Centro de Interpretación del Parque Natural de los Valles. Antiguo Cine. 22728 Ansó (Huesca). Tel.: 974 37 02 10.

Centro de Interpretación de la Ruta de los Castillos. 50685 Los Pintanos (Zaragoza) Tel.: 948 439 411 www.pintanos.com info@pintanos.com

Centro de Interpretación de las Pinturas Románicas. C/ José A. Plaza, s/n. 50685 Urriés (Zaragoza), Tel.: 679 33 33 84.

Centro de Interpretación del Paisaje Protegido de San Juan de la Peña y Monte Oroel. Pradera de San Indalecio, Monasterio Nuevo de San Juan de la Peña. Tel.: 976 36 14 76. www.rednaturaldearagon

Centro de Interpretación del Reino de Aragón. Monasterio Nuevo de San Juan de la Peña. Tel.: 974 35 51 19. www.monasteriosanjuan.com

Centro de Interpretación Fernando II de Aragón. Palacio de Sada. Pza. Hispanidad, s/n 50680 Sos del Rey Católico (Zaragoza). Tel.: 948 88 85 24. turismo@sosdelreycatolico.com

Museo de Arte Sacro. C/ Padre Jáuregui, 4. 50680 Sos del Rey Católico (Zaragoza). Tel.: 948 88 82 03.

Museo Diocesano de Jaca. Plaza de la Catedral, s/n. 22700 Jaca (Huesca). Tel.: 974 35 63 78 y 974 36 21 85. www.diocesisdejaca.org

Torreón de Navardún, Navarra y Aragón reinos de Frontera. 50686 Navardún (Zaragoza) Tel.: 948 43 95 07 y 669 85 91 48.

Castillo de Javier. C/ el Santo, s/n. 31411 Javier (Navarra). Tel.: 948 88 40 24. www.santuariojaviersj.org castillodejavier@jesuitas.es

Monasterio de Leire, visitas turísticas. 31410 Monasterio de Leyre (Navarra). Tel: 948 88 41 50. www.monasteriodeleyre.com visitas@monasteriodeleyre.com

Museo Casa Genaro. C/ Isidoro Gil de Jaz, 16. 31400 Sangüesa (Navarra). Tel.: 645 12 80 17.

Museo de la Almadía. Pza. La Villa, 1. 31412 Burgui (Navarra). Tel.: 948 47 71 53. www.almadiasdenavarra.com

OTROS TELÉFONOS DE EMERGENCIAS

Bomberos de Ejea de los Caballeros. Tel.: 976 66 76 69.

Bomberos de Jaca. Tel.: 974 35 57 58.

Centro de Salud de Berdún. Tel.: 974 37 17 94.

Centro de Salud de Ejea de los Caballeros. Tel: 976 66 18 61.

Centro de Salud de Jaca. Tel:. 974 36 07 95.

Centro de Salud de Sangüesa. Tel: 948 87 14 43.

Consultorio médico de Artieda. Tel: 948 88 30 07.

Consultorio médico de Mianos. Tel: 948 88 30 07.

Consultorio médico de Salvatierra de Esca. Tel: 948 88 70 33.

Consultorio médico de Sigüés. Tel: 948 88 17 02.

Consultorio médico de Undués de Lerda. Tel: 948 88 81 95.

Consultorio médico de Urriés. Tel: 948 43 90 45.

Cruz Roja de Ejea de los Caballeros. Tel.: 976 66 38 63.

Cruz Roja de Jaca. Tel.: 974 35 60 12.

Cruz Roja de Sangüesa. Tel.: 948 87 05 27.

Emergencias, SOS Aragón. Protección Civil. Tel.: 112.

Guardia Civil de Ejea de los Caballeros. Tel.: 976 67 71 40.

Guardia Civil de Jaca. Tel.: 974 36 135 0 (062).

Guardia Civil de Salvatierra de Esca. Tel.: 948 88 70 04.

Guardia Civil de Sangüesa. Tel.: 948 87 00 55.

Guardia Civil de Sos del Rey Católico. Tel.: 948 88 80 99.

Guardia Civil de Yesa. Tel.: 948 88 40 17.

Hospital Universitario de Pamplona. Tel.: 948 25 54 00.

Hospital de Jaca. Tel.: 974 35 53 31.

Jefatura Provincial de Tráfico de Jaca. Tel.: 974 22 17 00.

Policía Local de Jaca. Tel.: 974 35 57 58 (092).

Policía Nacional de Jaca. Tel.: 974 35 67 60 (091).

PÁGINAS WEB, BLOGS Y ENLACES DE INTERNET

Agencia Estatal de Meteorología:
www.aemet.es

Atlas de la Flora de Aragón:
http://floragon.ipe.csic.es

Aves de Aragón:
www.blascozumeta.com/atlas-de-aves

Blog de Sigüés:
www.siguesaragon.blogspot.com

Camino de Santiago, Zaragoza:
www.peregrinoszaragoza.org

Camino de Santiago francés por Aragón:
www.caminodesantiagoporaragon.com

Espacios Naturales Protegidos de Aragón:
www.rednaturaldearagon.com

Instituto Geográfico Nacional. Mapas digitales y ortofotos:
www.ign.es/iberpix2/visor

Rutas senderistas en internet:
www.wikiloc.com

Senderos de Aragón:
senderos.turismodearagon.com

Toponimia. Mikel Belasko:
www.mikelbelasko.blogspot.com

Turismo de Aragón:
www.turismodearagon.com

Turismo Rural de Aragón:
www.ecoturismoaragon.com

Turismo de Navarra:
www.turismo.navarra.es

Turismo de Zaragoza provincia:
www.turismodezaragoza.es

Rutas de montaña:
www.mendikat.net/es

Undués de Lerda:
https://unduesdelerda.com

Urriés:
www.urries.wordpress.com

La mariposa diurna cejialba (Callophrys rubi) es de fácil identificación por su llamativa coloración. La hembra deposita sus huevos en el mes de abril sobre diversas plantas nutricias, entre ellas el también colorido cornejo, *Cornus sanguinea* en latín. Los tonos rojizos que toma en el otoño, son realmente espectaculares.

Cornejo y mariposa cejialba.

Grullas en el soto Casquetas del embalse de Yesa

"El amante de la naturaleza es aquel cuyos sentidos internos y externos se mantienen aún verdaderamente ajustados entre sí".

Ralph Waldo Emerson.

Jóvenes bañistas en una poza del río Esca.

COMPORTAMIENTO RESPONSABLE EN LA NATURALEZA

La educación y cierta cultura son la base del respeto a la Naturaleza, al paisaje, a los animales y a las plantas…

Por eso no podíamos ir cerrando estas páginas del libro de la Naturaleza de la Alta Zaragoza sin dejar de pedirle al lector respeto y cuidado hacia los lugares, los animales, los árboles, las gentes…, en definitiva, lo vivo.

Nada más alejado de nuestro propósito que la visita a este espacio natural se tradujera en un episodio de incendio forestal, de abandono de basura, de molestia a la fauna sensible o de cualquier otro daño hacia el medio ambiente. Por eso van a continuación algunos consejos que, pensamos, nunca es inadecuado volver a recordar:

• El cuidado y conservación de la Naturaleza es responsabilidad y obligación de todos y cada uno de nosotros. Nuestro compromiso con ella mejorará nuestra calidad de vida.

Peligro de incendio en los bosques.

- Este magnífico territorio de la Alta Zaragoza que discurre por las páginas de este libro es un patrimonio heredado que tenemos la obligación de mantener y conservar para las generaciones futuras. A través de la lectura de esta guía conocerás y disfrutarás de los tesoros naturales que alberga y te ayudará a programar tus recorridos.

- En tus recorridos no abandones los senderos trazados y señalizados. Los atajos erosionan el suelo y destrozan las plantas, además de molestar a los animales salvajes.

- Al cruzar los campos de cultivo no pises los sembrados, sigue tus pasos por los senderos o caminos. No cojas nada que no es tuyo, frutas, hortalizas…Respeta la propiedad privada.

- Mucho cuidado con el fuego, no está permitido. No enciendas nunca fuego ni arrojes colillas, es una infracción grave. Si ves humo o cualquier otra anomalía o agresión a la Naturaleza no dudes en llamar al 112 (SOS Aragón), la llamada es gratuita y acudirán a resolver cualquier emergencia.

- No abandones ni entierres basura en el medio natural, recógela y deposítala en el contenedor adecuado.

- El agua es un bien escaso, respeta y cuida de las fuentes o ríos. No viertas en ellos residuos, jabones o productos contaminantes. No laves los vehículos en la orilla de los ríos.

- Los vehículos a motor (coches, motos, quads…) son para circular por carretera. Procura no circular con ellos por pistas o caminos forestales. Está prohibida la circulación monte a través. No destruyas con tus ruidos la armonía y la paz que se disfruta en la Naturaleza. Hay pistas que indican prohibición de paso. Disfruta del campo a pie, paso a paso.

- Cuando te encuentres puertas o barreras que atravesar en el campo, ciérralas bien para impedir que se escape el ganado u otros animales. Los perros deben de ir atados para que no asusten o molesten a la fauna silvestre o al ganado.

- La acampada libre no está permitida. Utiliza los lugares habilitados y permitidos, haz un buen uso de los mismos.

- Es recomendable vestir ropas discretas y poco llamativas que se mimeticen e integren con el entorno. Usar ropas adecuadas a cada estación del año. Ropas de abrigo en invierno, así como ropa ligera, gorra y cremas protectoras en verano.

- Si no queremos perdernos nada de lo que sucede a nuestro alrededor será recomendable llevar prismáticos para poder observar la fauna y el territorio, además de una cámara fotográfica para recoger las imágenes de la flora y de la fauna, así como del paisaje.

- Caminar en silencio nos permitirá observar con atención a la fauna que nos encontramos. Observa y fotografía a los animales sin molestarlos, así como a las plantas y flores, pero no las dañes ni arranques.

- Antes de salir planifica bien tu excursión, infórmate de las predicciones meteorológicas, adecúa tu recorrido a tus condiciones y experiencias y procura ir bien equipado según la época del año o la dificultad del recorrido.

Mariposa hormiguera de lunares.

APNs (Agentes de Protección de la Naturaleza) vigilando desde la Sierra de Orba.

"El que lee mucho y anda mucho,
ve mucho y sabe mucho".

Miguel de Cervantes.

Mapas y libros de la zona.

BIBLIOGRAFÍA

Alta Zaragoza. Viajes por la piel de Aragón. Cuadernos de Zaragoza, 21. Antonio Serrano Montalvo. Comisión de Cultura del Excmo. Ayuntamiento de Zaragoza. Zaragoza, 1977.

Anfibios y reptiles de Aragón, atlas de distribución. Benito Campo y Enrique Ruiz. Consejo de Protección de la Naturaleza de Aragón. Zaragoza, 2019.

Apuntes para el diccionario geográfico del Reino de Aragón, Partido de Cinco Villas. Mateo Suman, edición de Josefina Salvo y Álvaro Capalvo. Institución Fernando el Católico. Zaragoza, 2015.

Artieda: impulso vertical y hacia arriba con el fluido desalojado. Pablo Ferrer y Laura Uranga. Heraldo de Aragón, 12 de julio de 2018. Zaragoza.

Atlas climático de Aragón. Fernando López, Matilde Cabrera y José María Cuadrats. Departamento de Medio Ambiente del Gobierno de Aragón. Zaragoza, 2007.

Atlas de la flora del Pirineo Aragonés, tomos I y II. Luis Villar, José Antonio Sesé y José Vicente Ferrández. Consejo de Protección de la Naturaleza de Aragón. Zaragoza, 2001.

Aves de Aragón, atlas de especies nidificantes. Varios autores. Ibercaja y Gobierno de Aragón. Zaragoza, 1998.

Balnearios Aragoneses. Fernando Solsona. Mira Editores y Gobierno de Aragón. Zaragoza, 1992.

Bases técnicas para el Plan de Gestión de la Zona de Especial Conservación Sierra de Illón y Foz de Burgui. Gobierno de Navarra. Pamplona, 2014.

Bases técnicas para el Plan de Gestión de la Zona de Especial Conservación Sierra de Leire y Foz de Arbaiun. Gobierno de Navarra. Pamplona, 2017.

Bases técnicas para el Plan de Gestión de la Zona de Especial Conservación Ríos Eska y Biniés. Gobierno de Navarra. Pamplona, 2014.

Canal de Berdún: casi un siglo de agua y embutido de corazón íbero. Pablo Ferrer y Laura Uranga. Heraldo de Aragón, 6 de julio de 2018. Zaragoza.

Catálogo florístico de la Sierra de Leyre. J. Peralta, J. C. Bascones, J. Íñiguez. Príncipe de Viana. Suplemento de Ciencias. Gobierno de Navarra, 1992.

Cinco Villas. Fernando Sagaste (coordinador). Colección Red Natural de Aragón, 33. Prames y Departamento de Medio Ambiente del Gobierno de Aragón. Zaragoza, 2010.

Comarca de La Jacetania. José Luis Ona y Sergio Sánchez (coordinadores). Colección Territorio, 1 Gobierno de Aragón. Zaragoza, 2004.

Cuevas y simas de la provincia de Zaragoza. Mario Gisbert y Marcos Pastor. Centro de Espeleología de Aragón. Zaragoza, 2009.

El pozo de las sombras, un recorrido legendario por las Cinco Villas y la Alta Zaragoza. Alberto Serrano Dolader. Diputación de Zaragoza, Institución Fernando el Católico y Centro de Estudios de las Cinco Villas. Zaragoza, 2007.

El relieve del Alto Aragón Occidental. Serie Investigación, 58. Varios autores. Consejo de Protección de la Naturaleza de Aragón. Zaragoza, 2011.

Guía de montes de Zaragoza, 100 ascensiones montañeras. Eduardo Viñuales y Alberto Martínez. Sua Edizioak. Bilbao, 2018.

Historia de los Baños de Tiermas. Sebastián Contín Pellicer. Caja de Ahorros y Monte de Piedad de Zaragoza, Aragón y Rioja. Zaragoza, 1989.

Historias de la Alta Zaragoza, primera parte. Cuadernos de Zaragoza, 22. Sebastián Contín Pellicer. Comisión de Cultura del Excmo. Ayuntamiento de Zaragoza. Zaragoza, 1978.

Historias de la Alta Zaragoza, segunda parte. Cuadernos de Zaragoza, 28. Sebastián Contín Pellicer. Comisión de Cultura del Excmo. Ayuntamiento de Zaragoza. Zaragoza, 1978.

Irasco y otros nombres de animales y plantas de Esco. Juan Carlos López-Mugartza y José Luis Clemente. Cuadernos de Esco, 3. Ayuntamiento de Sigüés. Pamplona, 2009.

La Baronía de Sigüés y el Camino de Santiago. Sebastián Contín Pellicer. Cuadernos de Zaragoza. Ayto. Zaragoza, 1964.

La Jacetania y la vida vegetal. Pedro Montserrat Recoder. Caja de Ahorros de Monte de Piedad de Zaragoza, Aragón y Rioja. Zaragoza, 1971.

La Jacetania. Dionisio Sánchez (coordinador). Colección Red Natural de Aragón, 16. Prames y Departamento de Medio Ambiente del Gobierno de Aragón. Zaragoza, 2007.

La Jacetania. Rutas CAI, 41. Varios autores. Prames y Caja de Ahorros de la Inmaculada. Zaragoza, 2006.

La Kukula, recopilación del patrimonio cultural e histórico de la villa de Burgui, boletines 1 a 50. Varios autores. Asociación Cultural La Kukula. Burgui, 2018.

La tierra que vio nacer a Fernando II de Aragón. Zaragoza, rutas por la provincia, 9. Santiago Cabello y Marisancho Menjón. Diputación de Zaragoza, Turismo. Zaragoza, 2016.

Leyre. Geología 16, Navarra. Sociedad geológica Española. Pamplona-Zaragoza, 2016.

Los hayedos prepirenaicos aragoneses y su conservación. Luis Villar. Consejo de Protección de la Naturaleza. Gobierno de Aragón. Zaragoza, 1999.

Los mosaicos de Artieda de Aragón. Homenaje a Enrique Osset Moreno. José Luis Ona. Diputación Provincial de Zaragoza. Zaragoza, 2011.

Mianos: el parque infantil de piedra y un artesonado único en España. Pablo Ferrer y Laura Uranga. Heraldo de Aragón, 3 de julio de 2018. Zaragoza.

Montes de Navarra, tomo 2, guía montañera. Hermanos Feliu. Sua Edizioak. Bilbao, 1997.

Notas florísticas del Pirineo occidental aragonés. Lucas, Mallada, 3. José Antonio Sesé Franco. Instituto de Estudios Altoaragoneses. Huesca, 1991.

Salvatierra de Esca. Una aproximación a su historia y su patrimonio artístico. Ana Isabel Lapeña Paúl. Ed. Diputación de Zaragoza. Zaragoza, 2009.

Salvatierra de Esca: libros, devolución y humor del bueno en las montañas. Pablo Ferrer y Laura Uranga. Heraldo de Aragón, 9 de septiembre de 2018. Zaragoza.

Sierras de Leire e Illón. Gorka López. El mundo de los Pirineos, 54. Bilbao, 2006.

Sigüés: ¿Resignarse y buscar la rentabilidad de ser o no ser? He aquí el gran dilema. Pablo Ferrer y Laura Uranga. Heraldo de Aragón, 16 de julio de 2018. Zaragoza.

Toponimia de Esco. Mikel Benasco y José Luis Clemente. Cuadernos de Esco, 4. Ayuntamiento de Sigüés. Pamplona, 2011.

Toponimia de Sigüés. Mikel Belasko Ortega. Ayuntamiento de Sigüés. Pamplona, 2016.

Undués de Lerda. Entre reyes, señores y abades. Cuadernos de Aragón, 46. José Alfonso López Aguerri, Ángel Chaverri y Elena García-Valdecasas. Institución Fernando el Católico. Zaragoza, 2011.

CARTOGRAFÍA, MAPAS

Bagüés. Hoja 175-4. Escala 1:25.000. Instituto Geográfico Nacional. Madrid.

Monasterio de Leyre. Hoja 175-1. Escala 1:25.000. Instituto Geográfico Nacional. Madrid.

Roncal-Erronkari. Hoja 143-2. Escala 1:25.000. Instituto Geográfico Nacional. Madrid.

Salvatierra de Esca. Hoja 143-4. Escala 1:25.000. Instituto Geográfico Nacional. Madrid.

Sierra de Leire, mapas pirenaicos. Miguel Angulo y Gorka López. Editorial Sua. Escala 1:25.000. Bilbao.

Sigüés. Hoja 175-2. Escala 25.000. Instituto Geográfico Nacional. Madrid.

Sigüés. Hoja 175. Escala 1:50.000. Instituto Geográfico Nacional. Madrid.

Undués de Lerda. Hoja 175-3. Escala 1:25.000. Instituto Geográfico Nacional. Madrid.

Ilustración de hojas de roble rebollo.

Foz de Salvatierra.

EL PASO DE LAS ESTACIONES POR LAS FOCES DE RÍO ESCA.

EL PASO DE LAS ESTACIONES POR LAS FOCES DE RÍO ESCA

A veces la vida, la Naturaleza, nos ofrece casualidades asombrosas.

Estábamos presentando el recién publicado libro "El Moncayo, paraíso de los naturalistas" (Institución Fernando el Católico, DPZ, 2019) y, a la vez, ya nos hallábamos de lleno en la elaboración de este volumen dedicado a Alta Zaragoza.

Fue un luminoso día de diciembre cuando pudimos observar volando sobre la cara oculta del Moncayo a una nueva pareja reproductora de quebranta-huesos, procedente del Pirineo, cordillera que contemplábamos al norte, cerrando el blanco y nevado horizonte del Alto Aragón. Hacía más de un siglo que esta rapaz en peligro de extinción no había intentado volver a criar en estas montañas del Sistema Ibérico. Todo un hito histórico en nuestro medio natural.

Pero para los autores de este libro lo importante es que la casualidad quiso unir nuestros libros y pensamientos, puesto que uno de los individuos de esta nueva pareja de quebrantahuesos era "Ezka", una hembra nacida y marcada cinco años antes cuando era un pollo en la Foz de Salvatierra de Esca-Burgui.

Nuestros dos últimos libros –el Moncayo y la Alta Zaragoza– han quedado unidos así, de forma simbólica, por el vuelo majestuoso de estas hermosas aves carroñeras.

Este libro se terminó de imprimir
el día 21 de marzo de 2025,
Día del Árbol, fecha en la que se recuerda
la importancia de proteger las superficies
arboladas y los bosques.